財經企管 BCB598

鋼鐵人馬斯克

從特斯拉到太空探索，
大夢想家如何創造驚奇的未來

Elon Musk

Tesla, SpaceX, and the Quest for a Fantastic Future

By Ashlee Vance

艾胥黎・范思——著

陳麗玉——譯

才華洋溢、出類拔萃的鋼鐵人

張桂祥

對於台灣人而言，現代科技鉅子如微軟的蓋茲、蘋果的賈伯斯，大家可能已耳熟能詳，或是對臉書創辦人祖克柏、谷歌的共同創辦人佩吉也時有所聞，然而對於馬斯克，可能就相對陌生了，不過提起電動車特斯拉，相信許多人也許就能記起這位幕後的推手。

有別於蓋茲、賈伯斯等以資訊科技創新為主的企業家們，馬斯克雖然也因躬逢網際網路崛起而致富，而後卻成為橫跨太陽能、電動車與太空產業的全方位企業家，特別是他在商業太空產業扮演先驅者的角色，他的破壞性創新方式，有可能顛覆當今以俄羅斯、歐盟、中國、美國的波音與洛克希德馬丁等為首的全球衛星發射服務產業商業模式。正如他在接受作者訪問時開玩笑提到的「我的家人害怕俄羅斯人會刺殺我」，可見這家新興衛星發射服務公司所帶來的衝擊。

由於我國尚未具有衛星發射的能力，台灣的衛星發射皆委

由國外發射服務商代為發射，為了尋求一個價格合理且高可靠度的衛星發射載具，太空中心持續關注國際太空發射服務產業的動向，當太空探索科技公司（SpaceX）於2002年成立時，我們也開始留意到這家新興公司的發展。後來太空中心福衛五號於2010年採購SpaceX的獵鷹9號（Falcon 9）火箭做為發射載具，太空中心成了SpaceX的早期客戶之一。隨後台美國際合作的福衛七號，也採用SpaceX的重型獵鷹號（Falcon Heavy）的巨型火箭做為發射載具。

因業務需要，個人曾經於2011年與2013年兩次造訪鄰近洛杉磯機場的SpaceX總部，由SpaceX總裁蕭特威爾（Gwynne Shotwell）親自接待，對SpaceX的印象，就如同本書中描述的充滿了馬斯克的風格。

SpaceX總部辦公室及火箭生產線，是由舊波音公司製造747飛機的工廠改裝而成，入口處牆壁皆漆成白色，搭配高流明度的投影機放映獵鷹號發射及天龍號太空船的場景，充分展現簡潔的高科技感。偌大坐有上百人的開放空間辦公室，只有極少數的高階主管隔間辦公室，令人印象深刻。

由辦公區進入火箭生產線時，首先映入眼簾的竟是員工自助餐廳及免費的冰淇淋吧，就緊鄰火箭生產線，這樣的配置顛覆我們對嚴謹航太產業的刻板印象，馬斯克顯然將矽谷新創公司人性化且崇尚自由活潑的企業文化，帶入了食古不化的航太產業。

造訪期間，接待人員特別介紹放置於一個鋁製容器內的輪狀起司，這是SpaceX的天龍號太空船於2010年12月首次發射

成功的戰利品,發射之前,SpaceX只說天龍號太空船將攜帶特殊貨物,且列為最高機密,這起司隨著天龍號見證首次民間建造的太空船上太空並成功返回地球,馬斯克式的幽默,不禁令人莞爾。另外,在休息區內擺設有一尊1:1的鋼鐵人模型,因為賣座電影「鋼鐵人2」就在此取景,馬斯克也客串入鏡,似乎意涵馬斯克正是真實世界裡的史塔克!

太空探索需要無比的勇氣與熱情,更需要雄厚資金的賭注。由這本書,我們可以看到一個對太空發展充滿使命的企業家,如何在沒有受到太多人祝福的環境下,歷經破產的危機,仍帶領著一群優秀的太空工程師實現商用太空開發的目標與夢想。毫無疑問的,SpaceX公司的獵鷹號火箭,已是當今性能最優秀的火箭之一,但他們的夢想不僅於此,除了希望建立能夠自動返回地面的火箭系統外,更宣布發射數以千計的小型通訊衛星星系,在太空中建造高速衛星網路,終極目標則是完成登陸火星的夢想。

我本來就對馬斯克的故事充滿好奇,當收到這本書的初稿時,很快就被這本書的內容吸引。透過此書中譯本的上市,除了可一窺馬斯克的傳奇外,更佩服他以一介南非移民追求美國夢想的勇氣與決心,相較於其他成功的網路創業家,他們都有棄學創業的共同點,但馬斯克顯然更具備了洞燭機先的敏銳市場嗅覺、甘冒傾家蕩產風險也要全力以赴的創業決心,以及跨足太空、電動車、太陽能產業的雄心,創新的營運模式更衝擊固守窠臼的傳統舊思維。

本書以非常客觀的方式來觀察馬斯克,作者訪談超過三百

人，包括馬斯克的家人、親信、朋友、離職員工及業界敵人，深度剖析馬斯克的內心世界及創業歷程，正反兩極的來描述他們所認識的馬斯克，單就其曾是被霸凌的學生、當過清洗鍋爐房的臨時工、感染熱帶瘧疾而面臨死亡威脅、歷經喪子之痛及兩次離婚的人生歷練，加上馬斯克精采的創業歷程與今日的成就，人生舞台戲劇性十足，更別忘記馬斯克今年（2015年）只有44歲，他的人生下半場還沒開演。

自古英雄出少年，有別於矽谷家財萬貫的網路新貴，馬斯克超越同儕的思維與膽識，運用科技來改變你我生活的現狀，追求夢想全力以赴的創業態度，值得推薦本書給我們網路世代的年輕人，共同省思如何面對人生未來的挑戰。

（本文作者為國家太空中心主任）

鋼鐵人築夢之旅

梁華哲

受邀為這本馬斯克傳記的中譯版作序時,我並不敢馬上應允。因當時我剛從矽谷到台灣出差,截稿日期又是在我這段緊湊行程之間,實在不確定是否能夠有時間讀完整本書稿並寫序,再加上讀過太多歌功頌德、神化主角,或考證不嚴謹以致錯誤百出的傳記,很怕這本書也有同樣毛病,因此並未確認是否能及時交出序文。

沒想到,展卷一讀便欲罷不能,僅花了三天,我就讀完這本書,而且大部分是在台灣飛往深圳及深圳飛往上海的途中閱讀的。本書作者范思生動的描繪馬斯克的成長過程及精采的創業歷程,並對各個時期環繞馬斯克的時空背景及重要人物皆有完整的敘述,讓讀者能清楚了解馬斯克從南非童年至今贏得「鋼鐵人」美名的精采人生旅程。

除了生花妙筆外,作者更做足功課,大部分內容是第一手訪談與其深入的觀察。矽谷是馬斯克初試啼聲且日後成為他事

業版圖的重要基地,因此本書有許多與矽谷相關的場景。我在矽谷定居近三十年,我的公司與特斯拉也有長久合作關係,公司總部更與特斯拉及太陽城在費利蒙(Fremont)的工廠僅隔著灣區主要高速公路(Interstate 880)遙遙相望,因此對馬斯克在矽谷的發跡歷程有一定的了解。書中有關馬斯克個人行事風格與他在矽谷發跡及後來在特斯拉的敘述,跟我的認知差距不大。可見作者對於資訊的蒐集及求證下足了功夫,內容大多正確可信。

本書讓我們對馬斯克這位新矽谷之神的能力及個性,有了更深入的了解。從他早於1995年大學一畢業便毅然投入當時剛興起的網路商機,並在賺到第一桶金後,隨即創立另一家網路銀行,之後又成功賣掉公司,躋身億萬富翁的過程,可以看出馬斯克有敏銳的商業眼光及執行力。

然而,讓馬斯克超越眾多成功創業者並名留青史的,則是他為了達成自己的夢想而竭盡所有,同時跨界投入航太、電動車、太陽能領域的膽識及毅力。作者詳實的描述馬斯克如何同時帶領 SpaceX 及特斯拉團隊不屈不撓的克服研發、財務等難題與危機,並勇敢挑戰汽車及航太業既有的製造與商業模式,終於將兩家一度瀕臨破產的公司轉變為業界的領先者,這段非凡的經歷也證明馬斯克的「鋼鐵人」尊稱絕非浪得虛名。

另外,經由本書介紹分析馬斯克在SpaceX及特斯拉想達成的目標及布局規劃,我們可以進一步認知為何馬斯克本人和他的追隨者,以及許多觀察家深信馬斯克有能力打造出能改善人類未來的產品。

當然馬斯克的成功也得益於外在助力，如他明智的選擇到美國求學，並在矽谷創業，讓他有機會參與新趨勢的興起，並得以與來自全球的頂尖人才合作。而矽谷興盛的創業風氣、創新精神及創投資金，也給了像馬斯克這類創業家需要的資金及創業的各種助力。然而，我認為馬斯克能成功打造出這些能夠改變人類未來的事業，主要因素應該是他堅持做他想要的，並且永不放棄的那種毅力。馬斯克能贏得「鋼鐵人」美譽不是因為他有電影中的鋼鐵盔甲或夢幻武器，而是他那鋼鐵般的堅強毅力。

本書是我讀過有關馬斯克的著作中最好的一本，也是想了解馬斯克的最佳讀物。我全力推薦本書。現在就讓作者引領大家進入鋼鐵人馬斯克精采的築夢之旅。

（本文作者為貿聯控股董事長）

哲學家皇帝的遠征

林之晨

身為1999年入行的網路創業者，在某種程度上我們是看著伊隆‧馬斯克長大的 —— 當然不是真的從他身旁，但他與PayPal、eBay、Tesla、SpaceX等公司的故事與發展歷程，絕對是我們長期透過媒體、矽谷友人追蹤，試圖從中找到啟發的重要泉源。

即便是已經熟悉的大綱，本書精采故事的呈現手法，還是讓人一拿起就捨不得放下。它揭開的許多幕後轉折與祕辛，更是解開了不少我心中的懸案，也再次提醒我們歷史必然中充滿的偶然。

讀這本書，我除了欣賞馬斯克永不妥協的鴻鵠之志，也佩服作者范思不顧一切要把馬斯克的過去、現在、周遭完整呈現，藉以掀開他內心世界的那股決心。

我忍不住想，這本書講的是馬斯克種種更大於生命的冒險，但豈不也是范思的作家人生的巨大挑戰。

　　你想，身為一個作者，他耗費長達兩年多的人生，維持著恐怕只有微薄的收入，一開始在主角的堅決反對之下，厚臉皮的一個個去叨擾散落在南非、加拿大與加州的300多位關係人。這些馬斯克的家人、朋友、前同事，很多可能會拒絕受訪，即使願意開口的，記憶可能也已模糊，甚或可能因恩怨而加油添醋。在這樣錯綜複雜、真假未知的資訊網中抽絲剝繭，試圖拼湊出一個完整客觀的故事，光是這個挑戰，就足以讓許多人卻步。

　　但事情還不只這樣，即使范思真能組成這張拼圖，仍要擔心成書出版後乏人問津，甚或被評論家批為一文不值，那賠上的就不只是兩年多的人生與收入，還有身為一個作家的名節。更糟的是，在那之上，從一開始，身為億萬富翁的傳主就已明白表示，屆時如果書的內容有損他的商譽，他必將無所不用其極，讓范思的生活非常淒慘。

　　這也難怪在范思之前，那麼多作者起了頭要寫馬斯克，卻統統半途而廢。但范思就是與眾不同，他不僅不為所動、勇往直前，甚至還讓馬斯克最後不得不與他合作。馬斯克後來同意為此書接受採訪，並允許范思去找他的家人、朋友、旗下事業的主管進行訪談。

　　這不禁讓人好奇，是什麼讓范思鐵了心腸要完成這項任務？我的推測，是他看見了一個比維繫物質生活或是作家生涯還重要的目標 —— 眼前是一位極可能在十年、二十年後，成為近代科技史、甚至人類史上最重要領袖的人物，讓全人類能夠從他前半生的歷練中，得到珍貴的啟發與教訓，對於一個媒

體工作者而言，這是一個遠比個人名譽還重要的工作。

　　而這就是當馬斯克與范思兩道生命交錯，在本書裡迸發出的西方哲學家皇帝光芒。當這些人看到一件事情對於整個文明發展是重要的，他們就奮不顧身去完成它，雖千萬人吾往矣。

　　因此，在這本書中，我推薦你不僅要享受啟發人心的創業故事，更要感受那種對大是大非永不妥協，對現實追根究柢，西方哲學家皇帝獨有的遠征精神。

　　我從中得到很大啟發，希望你也是。

（作者為 AppWorks 之初創投創始合夥人，著有暢銷書《創業》）

持續創新的勇氣與動能

鄒若齊、王錫欽

　　中鋼與特斯拉技術團隊的初次接觸開始於2007月7月，雙方以一年九個月的時間，合作開發完成了特斯拉電動車馬達的高效能矽鋼片，2009年3月正式供料給特斯拉在台灣的馬達製造廠，2012年起需求量增加並持續成長。

　　為了配合特斯拉電動車長遠需求，並兼顧台灣高效馬達及壓縮機產業升級發展，中鋼投資新台幣140億元興建了一條頂級矽鋼片生產線，並於2014年5月投產，大幅提升中鋼供應特斯拉高效能矽鋼片的能力。中鋼也與特斯拉在台灣馬達製造廠展開更緊密的合作，擴大能量配合特斯拉未來的發展，不僅如此，中鋼持續推動矽鋼片協同研發工作，為特斯拉未來更高速及更精緻電動車馬達的開發做前期投入。在開發過程中，中鋼研發團隊對特斯拉馬達研發給予高度評價，引用中鋼蕭研究員的評語：「特斯拉馬達之測驗報告，是我們看過最完整深入的馬達測驗分析報告。」另值得一提的是，中鋼也是特斯拉傳動

變速齒輪製造廠的高品級鋼材供應商。

　　願景與高度使人偉大，是馬斯克的寫照，追求完美及鍥而不捨成就了令人驚豔的產品，搭配創新、便捷、可持續發展的商業模式，使得SpaceX、特斯拉及太陽城異軍突起，成為21世紀偉大的創新集團，其中最令人欽佩的是馬斯克不但堅持自行設計，還篤行內部製造，這為台灣產業升級開啟一盞明燈。

　　中鋼很榮幸成為特斯拉動力傳動系統中優質鋼材的協同研發供應者，中鋼集團產品還包括先進汽車用鋼、汽車用鋁板、鋰離子電池負極石墨材料、超級電容碳材料、鈦材、高溫鎳基合金等等，希望能有機會擴大參與特斯拉電動車、超級工廠及SpaceX的材料開發與供應，閱讀這本書給我們莫大勇氣與動能去不斷追求創新。

（本文作者鄒若齊現任中鋼董事長、
王錫欽現任中鋼技術部門副總經理）

「這是今年最好看的一本書。」
—— 經濟學家暨暢銷書《大停滯》作者柯文（Tyler Cowen）

「對科技、創業或偉大夢想有興趣的人來說，這本書提供了絕佳觀察，讓我們深入了解這位堪稱世界上最重要的創業家獨特的性格、永不知足的企圖心，以及在困難中茁壯的能力。本書充滿真情流露的祕辛，細膩描繪出最真實的馬斯克。」
——《華盛頓郵報》

「本書論述詳盡，堪為權威報導。讀完之後，你會了解沒必要把他和賈伯斯做比較。肯定馬斯克吧！他是獨一無二的。」
——《紐約時報》

「必讀佳作。非常精采的描述自賈伯斯以來，矽谷最具企圖心的創業家。」
——《金融時報》

「真正好的傳記必須在兩方面非常突出。其一，提供許多過去沒有人說過的精采故事；其二，不以偏概全，為一位重要人物的曲折人生，提供完整說明。顯然，這本馬斯克傳記在這兩方面都不負眾望。范思提供了豐富的深入觀察，讓我們了解這位科技巨人是如何成功的。」
——《富比士》

鋼鐵人馬斯克

從特斯拉到太空探索，大夢想家如何創造驚奇的未來

目錄

推薦序　　才華洋溢、出類拔萃的鋼鐵人　張桂祥　　　　　3

　　　　　鋼鐵人築夢之旅　梁華哲　　　　　　　　　　7

　　　　　哲學家皇帝的遠征　林之晨　　　　　　　　　11

　　　　　持續創新的勇氣與動能　鄒若齊、王錫欽　　　15

第1章　　馬斯克的世界：跨領域創造驚奇的未來　　　21

第2章　　出生地非洲：冒險無極限的基因　　　　　　45

第3章　　前進加拿大：追尋太陽的人　　　　　　　　69

第4章　　第一次創業：征服網路世界　　　　　　　　81

第5章　　PayPal黑手黨老大：發動網路金融革命　　　99

ELON MUSK
Tesla, SpaceX, and the Quest for a Fantastic Future

第6章	太空的召喚：建立 SpaceX 創新大軍	121
第7章	全電動車：外型酷又跑超快的特斯拉	171
第8章	現實版鋼鐵人：全新的商業版圖	209
第9章	發射升空：顛覆傳統航太產業	239
第10章	電動車的復仇：商機一直都在	289
第11章	馬斯克的統一場論：下一個十年	343
後記		387
謝辭		391
附錄		397

01

馬斯克的世界

跨領域創造驚奇的未來

「你認為我是個狂人嗎？」

伊隆‧馬斯克和我在矽谷一家高級餐廳共進一頓冗長的晚餐，就在快結束時，他提出這個問題。

幾個小時之前，我先抵達餐廳，坐定並點了一杯琴酒，我知道馬斯克會一如往常遲到。大約等了15分鐘之後，穿著皮鞋、身著設計師牛仔褲和格子正式襯衫的馬斯克現身了。他身高約190公分，但認識他的人都會說，他看起來更高大。他的肩膀不可思議的寬闊，身材強壯又結實。如果你以為他會發揮體格優勢，像王者般雄糾糾氣昂昂的走進來，那就錯了。他看起來有點侷促不安，走路時略低著頭，到了桌子旁，迅速跟我握手寒暄，就一屁股坐了下來。接著，馬斯克還花了幾分鐘熱身來讓自己自在些。

馬斯克找我吃一頓有點像是談判的晚餐。18個月前，我告訴馬斯克，我計劃寫一本關於他的書，但他告訴我，他不打

算配合。他的拒絕讓我大受打擊，但也迫使我採取追蹤調查的報導模式。如果我必須在沒有他配合的情況下寫這本書，那就這樣吧！馬斯克的事業，包括特斯拉電動車（Tesla Motors）、太空探索科技公司（SpaceX），都有不少離職人士，他們願意發表意見，而且我認識許多他的朋友。訪談於是一個接著一個進行，時間一個月又一個月過去了，在大約有兩百人接受我的採訪後，我再度收到馬斯克的回音。

馬斯克打電話到我家，宣稱我有兩個選項：他可以讓我的日子很難過，也可以不計前嫌的協助這個出書計畫。他表示願意合作，但在書出版之前，他得先讀過，而且他可以隨時補充說明。他不會干涉內容，但他想要有機會糾正他認為與事實不符的地方。

我了解馬斯克此舉的用意，他想要對他的傳記有一定的控制權。此外，他就像科學家上身，無法忍受看到錯誤，更何況是白紙黑字印刷成冊，可能會折磨他的靈魂一輩子。雖然我可以理解他的看法，但基於專業、個人和實際的理由，我無法讓他先讀這本書。

馬斯克有自己的真相版本，未必就是外界共通的版本。他的回答往往是長篇大論，就連最簡單的問題也不例外，而且想一想之後說不定還會再提供幾十頁的補充說明，這似乎真的有可能。不管如何，我們同意共進晚餐，把話都說開，看能達成什麼共識。

我們的對話從公關人員開始。他以非常馬斯克的風格問我：「誰是世界上最好的公關？」馬斯克消耗公關人員的速度

眾所皆知，特斯拉正在招聘新的公關主管。接下來，我們又聊到彼此認識的一些人，也談到美國傳奇企業家休斯（Howard Hughes）和特斯拉車廠。侍者過來點餐，馬斯克詢問有哪些低醣飲食可供點餐，他最後點了炸龍蝦佐墨魚汁。

我們的談判尚未啟動，馬斯克卻已開始談起這陣子讓他夜不成眠的重大憂慮，那就是Google共同創辦人佩吉（Larry Page）很可能建造出足以摧毀人類的先進人工智慧機器人。馬斯克說：「我真的很擔心這件事。」

馬斯克和佩吉是非常親密的朋友，而且他覺得佩吉是個良善的人，但這點並未讓馬斯克感到比較安心。事實上，或許那才是問題所在，佩吉的善良可能讓他認定這些機器會永遠聽命行事。「我沒那麼樂觀，」馬斯克說，「他可能不小心製造出某種邪惡的東西。」

食物才剛上桌，馬斯克即一掃而光。我想讓馬斯克保持聊天的興致，趕緊從自己的餐盤切了一大塊牛排放進他的盤子。這個計謀似乎成功了，馬斯克繼續他的話題，而且花了很長的時間才從人工智慧的悲觀言論轉入正題。

然後，就在我們的談話逐漸進入這本書時，馬斯克開始摸索我的態度，試探我到底為什麼想要寫他的故事、思考我的真正意圖。我伺機進入正題，打算掌控對話，我原本預估至少需要發動幾十分鐘的言語攻勢，才有機會一舉說服馬斯克讓我深入挖掘他的人生，而且不該要求他想要的控制權來做為回報。我事前做足了準備，尤其是針對馬斯克要是對新書做各種補充說明，會造成種種限制做為協商主軸，我想讓馬斯克知

道，如果他這麼做的話會讓他看起來像個控制狂，而我的新聞操守也會被質疑。

但大出我意料之外，我才開始說了幾分鐘，馬斯克就打斷我的話。他簡短的說：「好吧！」

馬斯克最看重的就是決心，他尊重被拒絕之後仍然不放棄的人。許多新聞從業人員曾請求他協助出書，但我大概是唯一被他拒絕之後仍不放棄的討厭鬼，而他似乎就欣賞那樣的人。這頓晚餐逐漸變成愉快的對話，馬斯克的低醣飲食計畫，也在侍者端出一大杯棉花糖甜點，而他挖走了一堆棉花糖下肚後破了功。

寫書計畫就這麼說定了，馬斯克同意我去找他旗下事業的主管、他的朋友和家人進行訪談，在寫作這本傳記的期間，他每個月都會和我碰面共進晚餐。馬斯克首次允許記者深入探視他的世界。

就在我們會面兩個半小時之後，馬斯克將手放在桌上，做出起身的姿態，然後停住，眼睛盯著我，冒出這個令人難以置信的問題：「你認為我是個狂人嗎？」這尷尬的一刻，讓我一時語塞，一方面我的神經突觸全開，試圖釐清這是不是某種啞謎，如果是，我要如何有技巧的回答？

一直到我與馬斯克相處多時之後，我才了解這個疑問更多是針對他自己，而不是我，我說什麼都不重要。馬斯克在結束這次會面之前停了下來，他顯然想要知道我是否足以信賴，接著他直視我的眼睛做出了判斷。幾分之一秒後，我們握手道別，馬斯克開著他的紅色特斯拉 Model S 揚長而去。

超越矽谷

要研究馬斯克，必須從SpaceX位於加州洛杉磯市郊霍桑的總部開始，霍桑臨近洛杉磯國際機場，在SpaceX總部，訪客會發現兩張巨大的火星海報，並排貼在通往馬斯克辦公隔間的牆上。左邊海報描繪的是今日火星：寒冷、荒蕪的紅色星球；右邊海報的火星，則有一大片被海洋環繞的綠地，已被轉化成適合人類居住的星球。

馬斯克一心想要實現這個夢想：開拓太空成為人類的殖民地，這是他致力達成的人生目標。「我深信人類有光明的未來，」他說，「如果我們可以解決能源永續的問題，並穩步朝向成為多星球公民邁進，擁有在其他行星上生活、自給自足的文明，防止會導致人類滅絕的最壞情況發生，那麼，」他停頓了一下，「我認為那會是非常美好的。」

如果馬斯克的某些言行聽起來很瘋狂，那是因為從某種程度上來說，它們確實有些天馬行空。例如馬斯克說這些話的時候，助理剛遞給他一些餅乾和上面灑有糖珠的奶油冰淇淋，他一邊吃點心，一邊很認真的跟我討論如何拯救人類。

馬斯克處理不可能任務的從容作風，使得他成為新矽谷之神，佩吉等企業執行長提到他時，總是充滿敬畏（編注：佩吉曾直言，若自己死了，寧願把龐大財產捐給像馬斯克這樣的資本家來改變世界。他認為馬斯克把火星做為人類「第二家園」的想法意義深遠），初露頭角的創業家們就像當年人們模仿賈伯斯（Steve Jobs）一樣，爭相「效法伊隆」。

雖然矽谷是在扭轉現實的狀態下運作，不受各式各樣的幻想制約，但馬斯克表現出來的，卻往往更加極端，馬斯克是擁有電動車、太陽能板和火箭事業的創業家，也是非常善於推銷遙不可及夢想的人。忘了賈伯斯吧！馬斯克是科幻小說版的「P. T. 巴納姆」（P.T. Barnum），現在換他來向世人推銷遠大夢想與希望；去買部特斯拉電動車吧！暫時忘卻你在這個星球製造的髒亂。

長久以來，我一直密切關注矽谷的發展，馬斯克最令我印象深刻的是，他是個立意良善的夢想家，也是矽谷「科技理想國」俱樂部的一員。這群人通常是蘭德（Ayn Rand）的擁護者與「工程絕對主義者」的混合體，視自己的超邏輯世界觀能解決所有人的問題，如果我們不擋路，他們會解決我們所有的問題。有朝一日，不用太久，我們將能夠把大腦記憶下載到電腦裡；放輕鬆點，電腦運算會處理一切。他們的野心大多能啟迪人心，而且他們推出的作品對世人大有助益。

但這些科技理想國成員對科技前景往往可以滔滔不絕的長篇大論，卻又說不出太多普羅大眾聽得懂的實質內容，也真的很容易惹人厭。更令人受不了的是，他們的言談經常隱含一個訊息：人類是不完美的，人性需要適時矯正以免走向毀滅。我在矽谷活動中碰到馬斯克時，他的言論往往聽起來就像是直接出自這個科技理想國的劇本。最糟的是，他用來拯救世界的公司似乎也不是經營得很順利。

然而，就在2012年初，情況改變了。不管是喜歡或不喜歡他的人，都注意到了馬斯克這個非典型創業家，實際上正在

逐步完成他的遠大理想。他旗下那些一度陷入困境的公司，正在一些前景看好的領域，取得空前成功。

跨界奇蹟

2012年，SpaceX將一艘補給太空船送上國際太空站，並安全返回地球；特斯拉Model S正式上市，這是一款美到讓業界屏息的全電動轎車，狠狠打醒了美國汽車業。這兩大成就讓馬斯克晉升至僅有少數企業家能達到的地位，過去只有賈伯斯可以在截然不同的兩種產業取得類似成就，像是在同一年推出新的蘋果產品和一部賣座的皮克斯電影。但馬斯克不只如此，他也是太陽城（SolarCity）的董事長與最大股東，這是一家發展迅速的太陽能源系統設備公司，這一年正準備上市。馬斯克彷彿以某種神奇的方式，一舉完成了數十年來航太、汽車和能源產業未能達成的最大進展。

就在2012年，我決定深入了解馬斯克。我先是以第一手報導為《彭博商業週刊》撰寫了一期封面故事，當時馬斯克的所有事務都是透過他的忠心助理布朗（Mary Beth Brown）打點，她邀請我參觀SpaceX總部，這是我第一次進入馬斯克的事業王國。

任何初次造訪這裡的人都會有相同疑惑。他們告訴你將車子停在SpaceX總部所在的霍桑市火箭路1號，但霍桑怎麼看都不像是被稱為企業總部的地方，它位在洛杉磯一處荒涼地區，那裡除了破敗的房屋、商店和餐館，只有一棟棟工業建築物，看起來像是在某個無聊的長方形建築風潮時期留下的。

馬斯克真的把他的事業建立在這堆建築之中嗎？車子再往裡面開，接著進入眼簾的景象，開始比較有趣了，你會看到占地約5公頃的長方形建築物，外牆全漆上醒目的白色，這正是SpaceX的主建築。

只有當你深入SpaceX內部，才會明顯感受到馬斯克新創事業的獨特與偉大。

從零開始

馬斯克在洛杉磯中部建造了一座真正的火箭工廠，這座工廠可以同時製造多組火箭，而且是從零開始打造。

整座工廠是個巨大的共用工作區，靠近後面有個寬敞的送貨區，容納運送進來的大量金屬，這些金屬被輸送到兩層樓高的焊接機。轉到另一側，可看到身穿白上衣的技師，他們正在製作主機板、無線電和其他電子器材。其他人則在一間特製的密閉式玻璃屋內，建造火箭要運送到太空站的太空船。綁著頭巾、身上刺青的男人，一邊聽著震耳欲聾的范海倫（Van Halen）搖滾音樂，一邊幫火箭引擎連接電路。完成的火箭體依序排列，等著被放上卡車。在這棟建築的另一區，還有更多的火箭等著上白漆。

數百人圍繞各式各樣的機械零件忙碌工作著，你根本無法一眼望盡整座工廠。

這只是馬斯克王國的第一棟建築。SpaceX已收購了好幾棟建物，這裡曾是波音公司製造747機身外殼的工廠。這些建築中，有一棟擁有弧形屋頂，看起來像是飛機棚，這裡正是特

斯拉電動車的研發設計工作室，Model S 轎車及後來的 Model X 休旅車的設計，就是在此進行。工作室外面的停車場，設置了一座特斯拉充電站，供洛杉磯的車主免費充電。這座充電站很顯目，因為馬斯克在一個巨大水池中央，設置了一座有特斯拉商標的紅白方尖碑。

我就是在特斯拉的設計工作室，與馬斯克進行第一次專訪，並開始認識他的說話方式和他獨特的商業模式。馬斯克是個有自信的人，但他未必擅長展現這點，初次見面，他可能顯得有些木訥。他還是有南非口音，但已不太明顯，最難以掩蓋的其實是他說話時特有的「停頓模式」。

馬斯克就像許多工程師或物理學者，會在尋找精確用詞時停頓，而且往往會陷入複雜、冗長、晦澀難懂的科學陳述，過程中沒有輔助的說明，或是簡化的說法。馬斯克期待你跟上他的思路。這一切並不會讓人討厭，事實上，馬斯克會說很多笑話，可以十分迷人，只是跟這個男人的任何對話，都不免讓人感受到一些壓力，總覺得彼此是有目的而來，馬斯克不是很容易跟人聊天的人。結果我們在過去兩年多、約三十個小時的專訪之後，馬斯克才真正卸下心防，讓我得以進入他的心靈與性格的更深層面。

多數大企業執行長身邊不乏幫忙處理要事的人，但馬斯克往往事必躬親，他經常親自巡視他的王國，他不是那種出其不意出現的人，身材高大的他，喜歡昂首闊步四處巡視。馬斯克一邊和我說話，一邊在設計工作室的主要樓層走動，查看原型零件和車輛。每到一站，員工就衝上前，一股腦的倒了一堆資

訊給馬斯克。他專注聆聽、處理問題,或點頭以示滿意。員工說完離開,馬斯克就移駕到下一個「資訊接收站」。

范霍茲豪森(Franz von Holzhausen)是特斯拉的首席設計師,他請馬斯克對剛送來的 Model S 專用新輪胎和輪圈,以及 Model X 的座椅安排發表意見。他們聊著,然後一起走進一間密室,裡面有家尖端繪圖電腦銷售商的主管們正準備向馬斯克做簡報。他們想要展示新的 3D 透視圖技術,讓特斯拉可以對虛擬的 Model S 進行最後加工,並可巨細靡遺的呈現陰影和街燈投射在車身上的效果。

特斯拉的工程師們顯然非常想要這套電腦系統,但需要馬斯克批准。這些人使出渾身解數,向馬斯克詳細解說這個概念,但一旁的鑽孔機和巨大的工業電扇聲響,卻將他們的努力給淹沒了。

馬斯克穿著他的標準工作服,黑色 T 恤、皮鞋和設計師牛仔褲,為了這次展示,他特地戴上 3D 眼鏡,但他似乎對這項新技術不為所動。他告訴他們,他會考慮,然後就頭也不回的走向最大的噪音來源,深入設計工作室裡的廠房,在那裡特斯拉電動車的工程師們正在為充電站外,約 9 公尺高的裝飾塔建造鷹架。「那個東西看起來好像厚到可以承受五級颶風,」馬斯克說,「把它再弄薄一點。」最後,馬斯克帶我坐進他的黑色 Model S,快速駛回 SpaceX 的主建築。

「我想或許是因為有太多聰明人選擇追逐網路、金融和法律,以致我們這一代未能看到更多創新。」回程路上,馬斯克語重心長的說。

從網路狂潮到創新停滯

馬斯克的事業王國，是給世人的創新啟示錄。

2000 年我來到矽谷，最後落腳舊金山田德隆（Tenderloin）。這是當地人會建議你避開的地區，隨處可見有人隨地大小便，或是碰到精神錯亂的人用頭猛撞巴士亭。在脫衣舞俱樂部的廉價酒吧裡，變裝癖挑逗著好奇的商務人士，身上沾著穢物的醉鬼們醉臥在沙發上，是懶散週日常見場景。舊金山這個瘋狂奔放的地區，最後成為人們觀察達康（dot-com）夢想死亡的好地方。

舊金山的貪婪史源遠流長。這個城市因為淘金熱潮而誕生，即便曾發生過一場毀滅性的地震，也無法減緩舊金山的經濟成長欲望。千萬不要被嬉皮運動給騙了，商業興衰才是這個地方的律動。2000 年，舊金山擁抱有史以來最蓬勃的經濟成長，同時也被貪婪給吞噬了。這是一段美好時光，幾乎所有人都陷入了一場美夢，一場快速致富的網路狂潮。源於這種集體幻想的城市脈動是很明顯的，興奮的耳語不斷，整個城市熱血沸騰。就在這裡，在舊金山最墮落的地區，我親眼目睹人們如何在無節制的貪欲吞噬之下狂喜狂悲。

企業在這些日子的瘋狂事蹟，許多人都不陌生。當時要開一家大受歡迎的公司，不需要生產有人要買的實質商品，你只要有個跟網路有關的概念，並向全世界宣布，就會吸引許多投資人捧著錢給你去進行商業實驗。大家只有一個目的，就是要在最短時間內賺進最多的錢，或許在潛意識裡每個人都清醒的知道，現實終會降臨。

充滿熱血的矽谷人深信要努力工作，也要努力玩樂，不管是哪個世代的人，從二十世代到五十世代，都在熬夜加班，以公司為家，個人衛生也不顧了。說也奇怪，沒有實際產出，卻這麼耗費苦工。想要紓解壓力時，也有各種放縱方法，當時的熱門企業和媒體巨擘陷入比炫派對大戰中，努力想要跟上潮流的傳統公司，也會斥資包場辦派對，請來舞者、特技演員、搖滾樂團，提供免費飲食，年輕的科技新貴暢飲調酒，在流動廁所裡吸食古柯鹼。人們認為貪婪、自利是理所當然。

後來，隨著快速致富的網路幻想破滅，舊金山和矽谷陷入深度蕭條，科技業一時之間不知如何自處。在網路泡沫破滅時期吃了悶虧的創業投資人不再當冤大頭，他們完全停止資助新創公司。創業家們的宏大概念被最狹隘的想法取代，矽谷宛如集體進入勒戒所。這一切聽起來好像很不可思議，卻是真實上演。數百萬的聰明人一度相信自己正在創造未來，然後⋯⋯咻的一聲，打安全牌突然流行起來。

矽谷變成好萊塢

這種不安現象，普遍存在這段時期成立的公司，以及他們提出的商業概念之中。Google 在這之前已經出現，並自 2002 年開始快速崛起，它算是異數。從 Google 崛起至蘋果公司於 2007 年推出 iPhone 之間，矽谷看起來就像是個了無新意的企業荒地。臉書、推特這些才剛嶄露頭角的熱門事業，不像惠普、英特爾、昇陽等大企業是製造實體產品，可以在生產過程中雇用數萬人。

有好幾年的時間，企業設定的目標，從甘冒巨大風險去創造新行業和追尋偉大概念，變成透過娛樂消費者，以及大量製作簡單的應用程式和廣告來賺輕鬆錢。

「在我的世代，最聰明的人想的是如何讓人點擊廣告，」 臉書早期工程師也是數據分析團隊負責人翰莫巴契爾（Jeff Hammerbacher）告訴我，**「這真是太遜了。」**

矽谷開始看起來很像好萊塢，而且它服務的消費者已經轉向內心世界，沉迷於他們的虛擬人生。

許布納（Jonathan Huebner）是率先提出創新停滯現象可能預示更大問題即將出現的人之一，他是五角大廈海軍空戰中心（位於加州中國湖）的物理學家。年屆中年的許布納，身材瘦削、頭髮漸禿，喜歡穿著卡其褲、棕色條紋襯衫和帆布材質的卡其夾克。自1985年以來，他就專事武器系統設計，對材料、能源和軟體方面最先進和最精良的技術，有最直接深入的了解。在網路泡沫破滅之後，他對擺在桌上那些了無新意的設備極為不滿。2005年，許布納以「全球創新有可能呈現大衰退」為題發表了一份報告，這是對矽谷的控訴，或至少是不祥的預警。

許布納利用樹的隱喻來形容當時他看到的創新大停滯現象：人類已經爬過了樹幹，離開了挖掘出多數真正巨大、足以改變遊戲規則的概念（輪子、電力、飛機、電話、電晶體）的主枝幹，現在我們懸吊在接近頂端的樹枝末梢，大多只是針對過去的創新技術進行修改。在報告中，許布納指出，那些可以改變生活的創新事物，出現速度已大幅減緩。他也利用數據證

明，人均申請專利件數已呈現下滑趨勢。

「我認為，我們發現另一個百大發明的可能性已經愈來愈低了，」許布納在一次採訪中告訴我，「創新是一種有限的資源。」許布納當時預測，我們大概需要五年時間才能趕上他的想法，這項預言後來應驗了。

提爾（Peter Thiel）是 PayPal 共同創辦人，也是臉書早期投資人之一。他在 2010 年開始提出科技業已經讓人失望的主張。「**我們想要飛行車，結果卻得到 140 個字元**」，成為他的創投公司創辦人基金（Founders Fund）的宣傳口號。提爾和他的夥伴在一篇題為「未來怎麼了」的論文中指出，推特及它的140 個字元訊息等類似發明，是如何讓大眾失望。

過去，我也是這個思潮的支持者之一，但在造訪馬斯克的事業王國之後，開始改觀了。

一人挑起四大產業革命

馬斯克從未掩飾他追求的夢想，但外界卻少有機會親眼看到他的工廠、研發中心、機械廠房，並從第一手資料中見證他的事業版圖。馬斯克汲取了矽谷大多數的創業與創新精神，像是行動快速、沒有官僚階層的組織運作等，他利用矽谷精神來改良體積龐大、工序繁雜的機器設備與工廠運作，打造出令人驚奇的產品，他追求真正的突破性成就，這一切有可能正是這一代創業家錯失的。

當第一代網路狂潮破滅時，馬斯克原本也有可能受到萎靡不振的大環境影響，但他反而跨領域匯聚了更大的能量，開創

出新的時代。

1995年，他大學一畢業就投入達康狂潮，創辦一家名為Zip2的公司，它是簡陋版的Google地圖和評論網站Yelp的綜合體。他初次創業，很快就大有斬獲。1999年，康柏（Compaq）以3.07億美元買下Zip2。馬斯克從這筆交易中賺到2,200萬美元，並幾乎全數投入他的下一家新創公司，也就是後來的PayPal。2002年，eBay以15億美元收購這家公司，身為PayPal最大股東的馬斯克，自此晉升億萬富翁之列。

但成為富豪的馬斯克沒有像他的同儕一樣繼續待在矽谷，並在日後網路狂潮破滅後陷入恐慌，他轉移陣地到了洛杉磯。當時的聰明做法是耐心等待下一件大事，馬斯克卻完全謝絕這個邏輯，他在往後幾年接連投入1億美元在SpaceX、7,000萬美元在特斯拉，還有3,000萬美元在太陽城。

除了建造出真能把錢砸碎的機器，馬斯克大概找不到更快的方法來運用他的財富了。他成為超高風險的創業投資人，同時在世界上成本最昂貴的兩個地方：洛杉磯和矽谷，製造超級複雜的實體商品。馬斯克的公司盡可能從零開始做起，重新思考航太、汽車和太陽能產業一直以來視為理所當然的做法，利用新技術與新想像，展開前所未有的產業革命。

SpaceX的競爭對手，包括美國軍事產業巨擘波音公司和洛克希德馬丁（Lockheed Martin）等，馬斯克的競爭對手還有國家，最具威脅的是俄羅斯和中國。今天的SpaceX已經贏得太空產業的低價供應商名號，但單憑這點並不足以克敵制勝。太空事業需要應付一大堆政治折衝、利益交換，以及有違

資本主義基本原則的保護主義。

當年賈伯斯槓上唱片業，推出 iPod 和 iTunes 時，也曾面臨類似壓力。但比起馬斯克面對的那些以建造武器和靠國家維生的對手，音樂界這些搞怪的反科技進步人士其實好應付多了。

SpaceX 一直在測試可以重複使用的火箭，這些火箭能夠運送酬載至太空並返回地球，精準降落在發射台上。如果 SpaceX 可以將這項技術做到完美，勢必會給所有的競爭對手致命一擊，而且幾乎毫無疑問，一些火箭工業的主要供應商將被淘汰，同時美國將成為運載貨物和人類到太空的領導者。

馬斯克認為，SpaceX 對競爭對手造成的威脅，已經為他製造許多可怕的敵人，「不介意我消失的人愈來愈多了，我的家人害怕俄羅斯人會刺殺我。」

在**特斯拉電動車**方面，馬斯克不僅徹底改造車輛的製造和銷售方式，同時擴建了一個全球性的燃料經銷網絡。馬斯克認為，油電混合車是不盡理想的妥協商品，而特斯拉則是致力於製造超越技術極限且人們渴望的全電動車。特斯拉沒有透過經銷商銷售，而是在網路上和位於高檔購物中心有蘋果風格的展示場賣車。

特斯拉不期待靠提供車輛售後服務賺錢，因為電動車不需要換油及其他傳統的車輛維修服務。特斯拉採用直接銷售模式，等於公然與汽車經銷商為敵，那些經銷商習慣與客戶討價還價，並收取高昂的維修費用來獲利。特斯拉的充電站現正在美國、歐洲和亞洲的許多主要高速公路沿線運轉，大約 20 分鐘內就可以替車子補充數百公里的續航力。這些所謂的超級充

電站採用太陽能，提供特斯拉車主免費充電。

就在美國基礎建設投資衰退的當下，馬斯克提出極具未來性的全新科技運輸系統 **Hyperloop** 計畫，足以讓美國大幅超越其他國家。馬斯克的遠見和執行力結合了福特（Henry Ford）和洛克斐勒（John D. Rockefeller）的特質與優點。

在**太陽城**方面，馬斯克不僅是主要出資者，也為太陽城建立獨特的營運模式，他擔任該公司董事長，而他的表親賴夫兄弟──林登（Lyndon Rive）和彼得（Peter Rive）則負責經營，太陽城現在已是美國最大的消費者和商用太陽能板安裝及融資服務公司。太陽城成功的以低於數十家公用事業的價格，靠自己的能力成為一家大型公用事業。

在從事綠能或潔淨科技的公司以驚人速度宣告破產的年代，馬斯克成立了世界上最成功的兩家潔淨科技公司（特斯拉與太陽城）。從太空火箭、電動車、太陽能發電到高速列車，馬斯克挑起四大尖端產業的革命，現在他擁有好幾座大型工廠、數萬名員工，以及強大的產業影響力，他的身價超過百億美元，是世界上最富有的人之一。

馬斯克如何建立起這些可能牽動全人類命運的事業？

造訪馬斯克事業王國，讓我對一些事實的輪廓有了更清楚的了解。儘管「讓人類在火星上生活」的言論可能讓某些人覺得瘋狂，但也給了馬斯克事業王國一個獨一無二的戰鬥口號。馬斯克做的每件事，都是為了達到這個目標。他的員工都很清楚這點，也很清楚他們日復一日的努力，就是為了達成這項看似不可能的任務。馬斯克設下這個「不現實」的目標，有

時對員工口出惡言,並逼他們賣命,有些員工崇拜他,有些人咒罵他,但也有許多人則是出於對他的動機和使命的認同與尊敬而對他忠心耿耿。

馬斯克的世界觀,顯然比許多矽谷創業家更加深遠,他懷抱前所未有的最大遠征壯志,他不是追逐財富的企業執行長,而是瘋狂的工程師,也是運籌帷幄決勝千里的將軍。臉書創辦人祖克柏(Mark Zuckerberg)幫你分享寶寶的照片,而馬斯克想要拯救人類免於自我毀滅,或因天有不測而滅絕。

巧妙結合原子與位元

從那次與馬斯克的晚餐約會,以及後來定期造訪馬斯克事業王國,我試圖揭露關於這個男人的不同面向與可能真相。馬斯克打算建造的,有可能比休斯或賈伯斯的作品偉大,他選擇的航太業和汽車業,在美國已幾乎成長停滯,但他卻在十幾年間就把這些產業重新塑造成令人驚豔的新事業。

成功轉型的關鍵之一在於馬斯克擁有強大的軟體技術,以及他將這些新技術運用在機械上的能力。馬斯克以少有人認為可行的方式將原子和位元巧妙結合,而且結果令人驚歎。沒錯,馬斯克尚未引發像iPhone那樣的消費熱潮,或像臉書擁有10億用戶,目前他似乎還處於製造富人玩具的階段,也許一枚爆炸的火箭,或是特斯拉電動車大規模召回,就會令他剛崛起的帝國分崩離析。但馬斯克王國的成就,早已超過那些最嚴厲批評他的人所能想像的,而且他承諾的未來願景,即便是那些死硬派人士,在冷靜思考過後也能感受到一絲新希望。

「對我而言，伊隆是一個出色的例子，告訴我們矽谷可以如何再起，要具備更遠大的目標，而不只是追逐快速上市和推出漸進式創新的產品，」知名軟體專家暨發明人榮格（Edward Jung）說，「那些事情是重要，但遠遠不夠。我們必須勇於檢視不同模式，了解如何做更長遠規劃，做出能將不同領域技術加以整合的大事。」

榮格提到的整合領域，包括軟體、電子工程、先進材料和運算能力，這些正是馬斯克的強項。如果我們夠深入檢視，就可看到馬斯克可能有能力利用他的技術來幫助我們邁向不可思議的機器年代，說不定還會讓科幻小說裡的夢想成真。

就這點而論，馬斯克表現得更像愛迪生，而非休斯。他是發明家、成功商人和工業家，有能力將大想法轉化為偉大產品。在一個被認為不可能成事的年代，他雇用了上萬人在美國的工廠裡鍛造金屬、製造出精良的實體產品。

出生於南非的馬斯克，已成為美國最創新的工業家，也是風格獨具的思想家，而且是最有可能將矽谷推向一個更具野心的行動方向的人。因為馬斯克，美國人可能在十年內擁有全世界最現代化的高速公路：一個由數以千計的太陽能充電站運轉的運輸系統，電動車在這個系統上穿梭。屆時，SpaceX 很可能天天發射火箭，載著人類和物品到數十個太空基地，並準備遠征火星。我們難以對這些進步的發展有全面了解，但如果馬斯克有足夠時間實現它們，這些進展又似乎是必然的。

如他的前妻潔絲汀所言：「他只是做他想做的，而且永不放棄。這是伊隆的世界，而我們其他人就活在這個世界裡。」

馬斯克的一週

為了管理特斯拉、SpaceX、太陽城等事業,馬斯克的生活對一般人來說是很不可思議的。通常,他的一週從位於洛杉磯貝萊爾(Bellaire)的別墅展開。

週一,他會在SpaceX工作一整天。週二,他先在SpaceX上班,然後跳上他的噴射機飛到矽谷,花兩天在特斯拉工作。特斯拉在帕羅奧圖有辦公室,在費利蒙也有工廠。馬斯克在北加州沒有家,他會待在豪華的紅木酒店,或住在朋友的房子。為了安排他借住朋友家,馬斯克的助理會發郵件詢問:「有單人房嗎?」如果朋友說:「有。」馬斯克就會在深夜現身。他多數時間會待在客房,但有時也會打電玩放鬆一下,就睡在沙發上。

週四,他回到洛杉磯和SpaceX。他與前妻潔絲汀共同擁有五個小男孩(雙胞胎和三胞胎)的監護權,一週有四天孩子會跟著他。馬斯克每年都會將每週飛行時間列表,幫助他了解情況有多失控。我問馬斯克,這樣緊湊的行程是怎麼辦到,他說:「我的童年過得很艱苦,或許那有很大的幫助。」

有一次,我前往馬斯克的工廠採訪,他必須擠出時間安插這次訪談,之後出發前往奧瑞岡州火山口湖國家公園露營。當時已是週五晚上將近八點,馬斯克很快將他的兒子和保母們安排坐進他的私人噴射機,然後和接機的司機會合,司機載他去和露營區的朋友碰面,他的朋友接著幫馬斯克一群人卸下行

李，摸黑完成任務。

週末有一些登山健行活動，然後輕鬆的時間結束，週日下午，馬斯克和男孩他們飛回洛杉磯。當晚他自己搭機回到紐約。

週一，參加晨間談話節目、開會、收發電子郵件、睡覺。週二早晨，飛回洛杉磯，在SpaceX工作，下午飛到聖荷西視察特斯拉車廠，當晚飛到華盛頓特區與歐巴馬總統會面。週三晚間，飛回洛杉磯，花兩天在SpaceX工作。然後前往Google董事長施密特（Eric Schmidt）在黃石公園舉行的週末會議。

採訪當時，馬斯克剛與第二任妻子萊莉分手，並試著估算他是否可以將私人生活與所有這些行程結合。「我認為分配給公司和孩子的時間還可以，」馬斯克說，「不過我想要分配更多的時間約會，我需要找個女友。那是為什麼我必須多擠出一點時間，我想或許多出5小時到10小時。女人一週需要多少時間陪她？或許10小時？那好像是最低限度？我不太懂。」

馬斯克很少找時間紓壓，當他這麼做時，這些慶祝活動就跟他的人生一樣戲劇化。30歲生日時，他租下英格蘭一整座城堡，招待大約20個人。從清晨兩點至六點，他們玩一種不一樣的捉迷藏遊戲，有一人躲起來，其他人則去找他。

另一場派對是在巴黎，馬斯克、他的弟弟和表兄弟半夜醒來，決定騎腳踏車穿越這座城市直到清晨六點。然後他們睡了一整個白天，於傍晚時搭上東方快車，他們再次徹夜不眠。前衛表演團體LDE（Lucent Dossier Experience）在這列豪華火車

上看手相和演出雜技。隔日火車抵達威尼斯時，馬斯克一群人吃了晚餐，然後在俯瞰大運河的飯店露台上逗留，直到翌日早上九點。馬斯克也喜歡化妝舞會，有一次他以騎士裝扮出現，並用一把陽傘和一名打扮成黑武士的侏儒決鬥。

最近一次生日，馬斯克邀請50人來到紐約泰瑞鎮的一座城堡，或至少是美國最接近城堡的建築。這次派對主題是日本蒸汽龐克，有點像是科幻小說迷的春夢 —— 緊身衣、皮革和機器崇拜的混合體。馬斯克則打扮成日本武士。

慶祝活動包括在市中心小型劇院演出由劇作家吉爾柏特和作曲家蘇利文，以日本為背景創作的維多利亞時代喜劇「日本天皇」。「我不確定美國人看得懂，」馬斯克一週約會10小時的計畫失敗後又復婚的妻子萊莉說。不過，美國人和所有其他人確實欣賞接下來發生的事情。回到城堡，馬斯克蒙上眼睛，被推到牆上，兩手各拿氣球，兩腳也夾著氣球。接著特技演員就開始表演飛刀射氣球。

「我看過他表演，但的確擔心他可能失手，」馬斯克說，「不過，我認為他或許會射中一顆睪丸，但不會兩顆都中。」現場觀眾都為馬斯克的安危捏了把冷汗。「那真的讓人覺得很怪異，」馬斯克的好友李比爾（Bill Lee）說，「但伊隆相信事物的科學性。」

一名世界頂尖的相撲選手和他的日本友人也出現在派對上，城堡裡已設好相撲台，由馬斯克對戰這名相撲冠軍。「他

有350磅，而且是結結實實的肌肉，」馬斯克說，「我使盡吃奶的力氣才把這傢伙抬離地面。他讓我贏第一回合，然後把我擊倒。我想我的背傷至今都還沒好。」

萊莉已經把規劃這些派對變成一門藝術。兩人是在2008年馬斯克的幾家公司正在走下坡時相遇。她看著他失去所有財富，並受到媒體揶揄，她知道這些年的傷害還在，並與馬斯克人生中的其他創傷，包括兒子夭折的悲痛和南非暴力的成長過程，一起創造了一個痛苦的靈魂。萊莉費了很大的工夫確保馬斯克能有這些機會，逃離工作和這段過去，就算不能療癒他的傷痛，至少能為他注入新的活力。「我試著想一些他沒有做過、可以讓他放鬆的有趣事情，」萊莉說，「我試圖彌補他的悲慘童年。」

儘管萊莉很用心，但並未完全奏效。相撲派對後不久，我發現馬斯克回到位於帕羅奧圖的特斯拉總部工作。那天是週六，停車場停滿了車輛。在特斯拉辦公室裡，數百名年輕人正在工作，有些人在電腦上設計車子的零件，還有人利用桌上的電子設備進行實驗。馬斯克時而爆出大笑聲，傳遍整個樓面。我在會客廳等候，馬斯克走進來，我提到，週六這麼多人上班真令人佩服。馬斯克卻有不同的看法，抱怨近來週末上班的人愈來愈少。「我們已經變得該死的散漫，」馬斯克說。

這些話似乎符合我們對其他夢想家的印象。不難想像休斯或賈伯斯用類似的方式，去鞭策他們的工作團隊。

　　建造事物，尤其是偉大的事物，向來就是大工程，馬斯克花了二十年的時間創立了幾家事業，有人崇拜他，也有人厭惡他。在我寫書期間，這些與馬斯克和他的事業有關的人，對我細述他們對馬斯克的看法，以及馬斯克和他的公司如何運作的真實細節，讓外界首度可以一窺這位勇於冒險的連續創業家如何一一實現令人驚奇的夢想。

02

出生地非洲
冒險無極限的基因

馬斯克第一次登上媒體版面是在1984年。南非當地雜誌《個人電腦與辦公室科技》（*PC and Office Technology*）刊登了馬斯克設計的一款電腦遊戲原始碼，這款名為Blastar的遊戲，靈感來自科幻小說，需要跑167行指令。當年的早期電腦用戶必須寫指令，才能進行多數操作，在那樣的時空背景下，馬斯克的電腦遊戲雖未一炮而紅，但開發這款遊戲的功力確實超越多數剛起步的12歲少年。

這款遊戲讓馬斯克賺了500美元，他的人格特質也初露端倪。在那篇關於Blastar的報導寫到，這個年輕人為自己取了一個聽起來像科幻小說作者的名字E. R.馬斯克，他的腦海裡早已舞動著征服者的偉大願景。這段簡短說明還提到：「在這款遊戲中，你必須摧毀一艘裝載了致命氫彈和狀態光束機器的外星人太空船。這款遊戲靈活運用精靈和動畫，從這個觀點來看，這些指令值得一讀。」（我在寫這一段時，根本查不到什

麼是「狀態光束機器」）

男孩著迷於太空、打擊惡魔的戰爭並不稀奇，但會認真看待這些幻想的卻非比尋常。少年馬斯克就是這樣的男孩，青春期已過了一半，對內心的幻想與現實的環境，卻經常混淆不清。小小年紀已視改變人類在宇宙中的命運為己任，如果那意味追尋更乾淨的能源技術，或是建造太空船來擴大人類物種所能到達的範圍，那就這樣吧！等他長大後，一定會找到方法讓這些事情發生。

「或許是小時候，我讀太多漫畫了，」馬斯克說，「漫畫書裡的人物，總是想盡辦法拯救世界。人類應該試圖讓世界更美好，因為反之毫無意義。」

最難的是問對問題

少年馬斯克在大約14歲的時候，曾經有過最強烈的存在感危機。就像許多少年天才一樣，他也曾試圖求助宗教和哲學來找尋解答，他嘗試追求一些意識型態的思維，最後又退回原點，擁抱他在亞當斯（Douglas Adams）所著的《銀河便車指南》（*The Hitchhiker's Guide to the Galaxy*）裡發現的科幻小說課題，這是影響他一生最深的書籍之一。

「亞當斯說，問對問題才是最難的事，」馬斯克說，「但一旦你弄清楚問題，一切都將迎刃而解。我後來得出了結論，為了理解哪些問題值得探究，我們真的應該提高人類意識的範疇與深度。」少年馬斯克接著做出他的超邏輯任務聲明，「尋求更偉大的集體啟蒙，事實上是唯一值得追尋的事。」

　　馬斯克出生於1971年，在距離約翰尼斯堡僅一個小時車程的南非東北部大城普勒托利亞長大。對於像馬斯克家族這樣的富裕白人而言，當時南非生活有其特有魅力，他們身邊總有一群黑人僕人隨侍在旁，生活無憂無慮，他們熱愛生活，喜歡開奢華派對，在後院架上烤肉架，上面烤幾隻羊，一群人暢飲紅酒，女僕們在一旁照顧孩子，非洲舞者則在一旁助興，熱舞直到深夜。周遭自然環境的壯麗實在無與倫比，與西方世界相較，這裡的人對時間比較隨性。南非人喜歡說馬上就去做，但「馬上」可能代表5分鐘至5小時不等。伴隨著非洲大陸原始、質樸的活力，整體環境有種自由奔放的氛圍。

　　然而，在如此愉快的生活底下，卻暗藏種族隔離政策的幽靈，南非經常因為緊繃的族群關係和暴力事件而動盪不安。黑人和白人之間經常暴發衝突，不同族群的黑人之間也常有衝突。馬斯克的童年，剛好遭逢南非種族隔離時期最血腥、衝突最大的幾個事件。

　　就在馬斯克四歲生日的前幾天，南非發生了索維托起義（Soweto Uprisng），在這次事件當中，數百名黑人學生因抗議白人政府的政令而遇害。南非多年來因為種族歧視政策遭受國際社會制裁，童年時期的馬斯克因家境富裕得以經常出國旅遊，對外界如何看待南非略有所知。在這段時期接收到完整資訊的南非白人小孩，對這個國家的種族隔離制度感到非常羞愧，他們知道這是不對的。

　　自童年起就一心想拯救人類的馬斯克，幾乎從一開始就不打算留在當時腐敗的南非，他將關注焦點放在整體人類福祉

上,並將美國當做機會之地,也是最有可能實現他夢想的舞台。這也是為什麼這個看起來有些靦腆寂寞的南非男孩,後來懷抱至誠的心來到美國,勇敢追逐與創造他心中的「集體啟蒙」,最終成為美國新一代最具冒險精神的工業家。

超齡的獨立與抗壓基因

馬斯克在20幾歲時,終於抵達美國,其實也有認祖歸宗的意義。族譜顯示,在美國獨立戰爭期間,馬斯克家族母系裡擁有瑞士德語區郝德曼(Haldeman)姓氏的祖先離開歐洲前往紐約。他們從紐約往中西部大草原遠征,尤其是伊利諾州和明尼蘇達州。「我們的族人很明顯曾在內戰時為雙邊作戰,而且是個務農家族,」馬斯克的舅舅史考特說,他也是本書中有關馬斯克家族史的提供者。

由於名字特殊,馬斯克小時候經常被小男孩們嘲笑。他的名字來自外曾祖父約翰‧伊隆‧郝德曼,約翰出生於1872年,在伊利諾州長大,之後前往明尼蘇達州。他在那裡結識小他5歲的妻子艾爾米達,兩人婚後在明尼蘇達州中部佩科特鎮定居,他們的兒子約書亞於1902年出生,即馬斯克的外祖父。長大後的約書亞,是個愛冒險、個性獨特又極有才華的人,也是馬斯克心中仿效的對象。[1]

人們口中的約書亞,是個活潑又獨立的男孩。1907年,他和家人搬到加拿大薩克其萬省,但不久後他的父親約翰就過世,留下當時年僅7歲的約書亞幫忙持家。約書亞喜歡這片遼闊土地,還學會騎野馬、拳擊和摔角。他會幫當地農民訓練馬

匹（過程中經常受傷），還曾規劃加拿大最早期的一場牛仔競技表演；在幾張家族照片裡，約書亞穿著一件上面有裝飾的皮套褲，展示他的套繩技術。青少年時期，約書亞離家，在愛荷華州的帕默爾脊骨神經學院（Palmer School of Chiropractic）取得學位，之後返回薩克其萬省，成了一名農夫。

1930年代暴發經濟大蕭條，約書亞陷入財務危機。他因無法償還設備貸款，兩千多公頃的土地遭銀行沒收。「從那時候開始，父親就不相信銀行，也不太看重金錢，」史考特說。他後來跟他的父親一樣，取得同一所學校的脊骨神經醫學學位，並成為世界頂尖的脊椎病痛專家。大約在1934年間，失去農場後的約書亞過著游牧生活，數十年後，他的孫子也在加拿大度過類似的生活。約書亞身高約190公分，當過建築工人和牛仔競技表演等零工，後來才安定下來成為一名脊骨神經醫師。[2]

約書亞與一位舞蹈老師溫妮芙芮德結為夫妻，並開始他的脊骨神經醫療事業。1948年，這對已有一兒一女的夫妻，迎接雙胞胎女兒凱伊和梅伊的到來，梅伊就是馬斯克的母親。一家人住在一棟三層樓有二十間房間的房子，其中有個房間是女主人的舞蹈教室。

事業發展順利又喜歡嘗試新事物的約書亞，學會了駕駛飛機，並買了一架私人飛機。這家人在當地小有名氣，據說夫妻兩人會帶著孩子們，駕駛一架單引擎飛機遊歷北美。約書亞經常開著飛機到各地，出席政治活動或脊骨神經醫學聚會，還曾和妻子合著《飛行的郝德曼家族》（*The Flying Haldemans*）。

　　儘管一切看似順遂，約書亞卻於1950年決定搬離加拿大，前往南非。約書亞對政治事務熱衷，長久以來他抱怨政府過分干預個人生活，認為他們太官僚、管制太多。約書亞在家嚴禁粗話、抽菸、可樂和精製麵粉，他堅信加拿大的道德已開始墮落。更重要的是，他有一顆渴望冒險的心。這家人在接下來的幾個月，賣掉房子，結束舞蹈教室與脊骨神經事業，決定搬去南非 —— 一個約書亞從未見過的地方。

　　史考特記得，曾經幫助他的父親將家裡的飛機 —— 一架1948年製造的紅色貝蘭卡（Bellanca Cruisair）解體，裝箱運送到南非。到了非洲，這家人又將飛機重新組裝，並開著它在南非搜尋好的居住地，最後選定普勒托利亞，約書亞在這裡創辦了一所新的脊骨神經醫院。

　　這家人的冒險精神似乎沒有極限。1952年，約書亞和妻子駕駛自己的飛機完成超過3萬公里，由非洲北上至蘇格蘭和挪威的往返旅程。溫妮芙芮德負責導航，雖然她沒有飛行執照，但有時候會接手飛行任務。1954年，這對夫婦又突破紀錄，飛行將近5萬公里往返澳洲。報紙還曾報導這對夫妻的壯舉，據說他們是唯一駕駛單引擎飛機從非洲飛往澳洲的私人飛行員。[3]

　　除了空中飛行，郝德曼一家人也曾在荒野進行長達一個月的偉大探險，尋找喀拉哈里沙漠裡失落的城市，這是一個傳說中被遺棄的南非城市。在這些冒險旅行中，從一張家族照片可看到，幾個小孩在非洲荒野，圍繞著一個大金屬火盆，利用營火餘燼取暖。孩子們表情輕鬆，坐在攤開的摺疊椅上看書。在

他們身後是有著紅寶石色澤的貝蘭卡飛機、一個露營帳篷和一輛車。畫面中的寧靜，會讓人對這些旅行的危險性產生錯覺。

有一次，這家人的卡車撞上樹樁，保險桿貫穿散熱器，全家人被困在前不著店、後不著村的地方，也沒有通訊設備，約書亞花了三天修理卡車，期間一家人則靠打獵覓食。還有幾次，土狼和豹在夜裡包圍營火。某天早上，這家人醒來發現一隻獅子就站立在他們眼前，跟他們的大桌子僅相距三步之遙。約書亞抓起他第一時間可以找到的物品檯燈揮舞著，並叫獅子走開，結果獅子真的很聽話走了。[4]

郝德曼家採取自由放任的方式教養孩子，這種教養方式也延續到馬斯克這一代。他們的孩子從來沒被體罰過，因為約書亞相信，孩子會憑直覺摸索出適當的行為。父母外出進行他們的偉大飛行時，孩子們就自理。史考特記得，他的父親從未去過他的學校，即使他是橄欖球隊長和完美的孩子。

「對我的父親而言，那些都只是預料中的事情，」史考特說，「我的父母讓我們覺得，我們有能力做任何事情，只要下決心，去做就對了。從這點來看，我的父親應該會非常以伊隆為榮。」

約書亞於1974年過世，享年72歲。在最後一次飛行時，他因降落過程中沒看到兩根電線桿連著一條電線，這條電線鉤住飛機的輪子，導致飛機翻覆，約書亞跌斷脖子。當時馬斯克還在蹣跚學步，但他從小就聽過許多關於外祖父的英勇事蹟，並看了無數次記錄他的旅行和荒野冒險的幻燈片。

「外祖母說，他們在旅行過程中幾度面臨生死關頭，他們

幾乎是在毫無儀器裝備下駕駛飛機，甚至沒有無線電，只有道路地圖，沒有航測圖，那些地圖甚至不正確。我的外祖父渴望冒險、探索、做瘋狂的事。」馬斯克深信，他承受風險的獨特能力，很可能直接遺傳自他的外祖父。多年之後，馬斯克曾試圖想要找尋和購買一台紅色貝蘭卡飛機，但遍尋不著。

馬斯克的母親梅伊在成長過程中，一直把自己的父母當做偶像。她喜歡數學和科學，課業成績很好，身邊的人都覺得她是個書呆子。不過，打從她15歲起，大家開始注意到她的其他特質。

梅伊長得十分美麗，身材高挑，一頭淡金色頭髮，還有高顴骨和稜角分明的五官，她走到哪都會引人注目。這個家族有一名友人經營模特兒公司，梅伊上了一些課程。週末時，她走伸展台、當雜誌的平面模特兒、偶爾出席參議員或大使在家舉辦的宴會，後來還當上南非小姐的決賽佳麗。如今年過甲子的梅伊仍舊在擔任模特兒，《紐約》（*New York*）、《她》（*Elle*）等雜誌，都曾以她做為封面，她還曾在碧昂絲的音樂錄影帶裡演出過。

梅伊和艾洛爾・馬斯克（Errol Musk）在同一個地區長大。兩人初次相遇時，梅伊才11歲。相較於梅伊的書呆子氣息，艾洛爾是個酷小孩，而他一直愛慕著梅伊。「他喜歡我的長腿和牙齒，」梅伊說。這兩個人在大學時期分分合合。根據梅伊的說法，艾洛爾花了約七年的時間不停向她求婚，終於攻破她的心防。「他就是不停求婚，」梅伊說。

他們的婚姻從一開始就變得複雜。梅伊在他們蜜月時懷

孕，並於1971年6月28日生下伊隆‧馬斯克。儘管婚姻生活可能不盡如意，但這對夫妻在普勒托利亞的生活仍過得相當優渥。艾洛爾是電機工程師，經手的都是辦公大樓、零售商場、住宅區和空軍基地等大案子；而梅伊則是執業的營養師。馬斯克出生一年後不久，他的弟弟金博爾就來報到，不久，他們的妹妹托絲卡也出生了。

獨特沉思模式，被誤認耳聾

馬斯克自小即展現出好奇兒童的一切特質，學習能力超強，而梅伊就像許多母親一樣，認定兒子是個早慧的天才。「他理解事情的能力似乎比其他孩子更快、更好，」她說。不過，令人費解的是，馬斯克有時候似乎會陷入自己的世界，他眼中帶著專注神情，思緒卻與現實抽離，人們跟他說話時，他完全聽不見似的。由於這種情況經常發生，馬斯克的父母和醫生以為他可能是耳聾。

「有時候，他就是聽不到你說的話，」梅伊說。醫生曾對馬斯克進行一連串測試，並選擇拿掉他的腺樣體，此舉可改善孩童的聽力。「但情況並未改善。」

小馬斯克沉醉在自己世界裡的情況，跟他的聽力關係不大，而是跟他的心智運作方式有關。

「他陷入他的思緒後，你會看到，他好像活在另一個世界裡，」梅伊說，「他現在還是會這樣，我就隨便他了，因為我知道，他正在設計一款新火箭或是某種新東西。」

但他這種常想到入神的狀態，卻讓周遭的孩子很反感。你

可以在馬斯克身旁做跳躍運動，或對他大吼大叫，而他卻一點反應都沒有，繼續想他的事情，這讓周遭的人認為，他要不是沒禮貌，就是個怪咖。

「我確實認為，伊隆一直有點與眾不同，可能會讓人覺得他是個書呆子、認為他有點無趣，」梅伊說，「這使得他無法被同儕喜愛。」

但對馬斯克而言，這些沉思時刻真的太棒了。他在5歲或6歲的時候，自己找到一種方法，可以將世界隔離在外，並把所有注意力都放在他感興趣的一件事情上。這種特殊能力有部分是來自馬斯克的心智運作方式，他的心智運作是非常視覺性的，他內心似乎有雙眼睛，可以清楚看到影像，我們可以想像成是今日電腦軟體所製作的工程繪圖那樣仔細。

「這就好像你的內在思考過程取代了大腦用來處理視覺的部分，也就是原本被用來處理進入眼睛影像的部分被內在思考取代了，」馬斯克認真的跟我解釋，「我現在沒辦法經常這麼做，因為我要關注的事情太多了，但小時候，它經常發生。」

電腦將最困難的工作交給兩類晶片，繪圖晶片處理像是電視節目數據流或電子遊戲產生的影像，運算晶片則處理一般事務和數學運算。馬斯克認定自己的大腦相當於一顆繪圖晶片，讓他得以看見外在世界的事物，在腦中複製，並想像它們與其他物體互動時，可能會有什麼改變。

「我可以在腦中處理影像和數字之間的相互關係與進行演算，」馬斯克說，「關於加速度、動力、動能如何因物體而異，總會以非常生動的形式呈現在我的腦子裡。」

對世界很著迷，書不離手

馬斯克的童年，性格上最特別的是他有極強烈的閱讀欲望。打從很小的時候，他似乎就書不離手。「一天閱讀十個小時，對他而言，並不稀奇，」他的弟弟金博爾說，「如果是週末，他可以一天之內讀完兩本書。」一家人在外購物，好幾次中途發現馬斯克不見了，梅伊或金博爾就會到最近的書店去找人，通常在靠近書店後面的某個地方，會找到坐在地板上正讀得入神的馬斯克。

等到馬斯克再大一點的時候，學校兩點放學後，他會自己去書店看書，一直待到大約下午六點，他的父母下班回到家。他讀小說，然後是漫畫，接著是非小說類。「有時候，書店的人會趕我出去，但通常不會，」馬斯克說。除了《銀河便車指南》之外，《魔戒》、艾西莫夫（Isaac Asimov）的《基地》系列和海萊因（Robert Heinlein）的《怒月》，都是他最喜歡的書。「我一度把學校圖書館和社區圖書館的藏書都讀完了，」馬斯克說，「這好像是小學三年級或四年級時候的事，我還曾試圖說服圖書館員為我訂書。後來我開始讀《大英百科全書》，對我幫助很大，因為你不知道哪些事物是自己不知道的，讀了百科全書後，你會了解到，這個世界充滿未知。」

馬斯克將兩套百科全書讀得滾瓜爛熟，但這是一項無助於他交友的成就。這個男孩有個類似攝像功能的記憶，這些百科全書讓他變成了一間事實工廠。他表現得就像是一名典型的萬事通。

晚餐桌上，妹妹托絲卡問地球到月球的距離，馬斯克立即脫口說出近地點和遠地點的距離。「如果我們有問題，托絲卡會說：『問天才少年就對了，』」梅伊說，「我們可以問他任何事情，他就是記得答案。」馬斯克透過有點笨拙的方法，鞏固了他的書蟲名聲。

對事實很執著，人緣卻不佳

梅伊說了一個關於馬斯克與他的弟弟、妹妹和表親某晚在外面玩的故事。當中有人說害怕天黑，馬斯克解釋說「天黑只是缺少光」，但這顯然無法安撫那個害怕天黑的小孩。年少時，馬斯克不停想要指正別人，以及他生硬粗暴的做法，使得其他小孩對他敬而遠之，也加深了他的孤立感。

馬斯克真心認為，人們會很高興聽到自己想法中的謬誤。「但小孩子一點也不喜歡那樣的回答，」梅伊說，「他們跟伊隆說，再也不跟他玩了。身為母親，我覺得非常難過，因為我認為他想要朋友。金博爾和托絲卡會帶朋友回家，而伊隆不會，他會想要跟他們玩，但你知道的，他很笨拙。」梅伊敦促金博爾和托絲卡，讓馬斯克一起玩。他們的回答就像一般孩子會說的那樣：「但是，他不好玩。」

不過，馬斯克長大後，對他的弟弟、妹妹和表兄弟（阿姨的兒子們），有著堅定的手足之情。雖然馬斯克在學校獨來獨往，但他與家族成員在一起時卻很活潑，並扮演兄長和領袖的角色。

有一段時間，馬斯克的家庭生活相當不錯，父親艾洛爾的

工程生意非常成功，這家人在普勒托利亞擁有大房子。有一張家中三個小孩的合照，是在馬斯克大約8歲時拍攝的。照片上，三個金髮、健康的孩子並肩坐在一個磚砌門廊上，背景是普勒托利亞著名的藍花楹。馬斯克圓滾滾的臉頰，還掛著大大的笑容。

然而，這張照片拍攝後不久，這個家庭就破碎了。他的父母在那一年離婚。梅伊和孩子們搬到南非東海岸德班的度假屋。幾年之後，馬斯克決定要和父親同住。「我的父親似乎有點哀傷和寂寞，我的母親有三個孩子，他什麼都沒有，」馬斯克說，「這好像不公平。」一些馬斯克家族成員相信，馬斯克的邏輯性格促使他這麼做，也有人認為是他的祖母柯菈對這個男孩施壓。

「我無法理解伊隆為什麼會離開我為他建造的快樂家庭，這是個非常快樂的家庭，」梅伊說，「但伊隆從小就是個有主見的人。」馬斯克的前妻潔絲汀推斷，馬斯克比較能理解這個家男主人的想法，這個決定並沒有情感層面的因素。「我認為當時他跟任何一方都不是特別親密，」潔絲汀說，不過她形容整個馬斯克家族都很冷靜且嚴厲。金博爾後來也選擇和馬斯克一起住。

每次提及父親艾洛爾，馬斯克與其他家族成員就三緘其口。他們一致認為艾洛爾不是一個容易相處的人，卻又不肯進一步說明。艾洛爾已經再婚，有兩個女兒，馬斯克對同父異母的妹妹相當保護，而且他和弟妹們似乎決心不對外發表不利艾洛爾的言論，免得她們難過。

艾洛爾的家族在南非有很深的淵源，可以回溯到大約兩百年前，他們聲稱在普勒托利亞的第一本電話簿上就有登錄。艾洛爾的父親渥爾特是個陸軍中士。「我記得他幾乎從來不和人說話，」馬斯克說，「他只會喝威士忌和發脾氣，而且很會玩拼字遊戲。」

艾洛爾的母親柯菈出生於英格蘭的書香門第。她非常喜歡成為公眾焦點，也熱愛她的孫兒們。「我們的祖母有種非常堅強的性格，是相當積極進取的女性，」金博爾說，「她對我們的人生有很大的影響力。」馬斯克認為他與祖母的關係尤其緊密，「父母離婚後，她非常照顧我，她會到學校接我，我們常一起玩拼字塗鴉遊戲。」

被迫快速成長的童年

表面上，艾洛爾家的生活似乎很優渥。他有許多書供馬斯克閱讀，也有錢購買電腦和其他馬斯克想要的東西。艾洛爾多次帶孩子們到國外旅遊，「這是非常快樂的時光，」金博爾說，「我有許多快樂回憶。」孩子們仰慕艾洛爾的才華，而他也分派一些實際的學習課題給他們。「他是個有才華的工程師，」馬斯克說，「他知道所有機器設備是怎麼運作的。」艾洛爾會要求馬斯克和金博爾去建築工地，學習如何堆磚、安裝水管、組裝窗戶及裝設電線等。「我們有快樂的時候。」

金博爾形容艾洛爾「個性極端又激烈」，他會要求兩個兒子乖乖坐好，並對他們訓話三、四個小時，不准他們吭聲。他對他們很嚴厲，似乎也以此為樂，但他顯然也剝奪了他們童年

的樂趣。馬斯克有時候會試圖說服他的父親搬到美國，也常說他以後打算住在美國。艾洛爾則試著給馬斯克一些教訓來打擊這個美國夢，他支開僕人，要馬斯克做所有的家務，讓他知道「當個美國人」是什麼樣子。

馬斯克和金博爾不願意重提往事，但都談到與父親同住的那段日子必須忍受心靈上的痛苦，他們顯然經歷過某些很不愉快的事情。「他絕對有嚴重的情緒問題，」金博爾說，「這是一種情感上極具挑戰性的成長過程，但也造就了今日的我們。」提及艾洛爾，梅伊難掩怒氣。「沒有人能和他相處，」她說，「他對所有人都很嚴厲。我不想描述細節，因為太可怕了。你知道的，就是不想談，這當中牽涉到孩子和孫子。」

我請艾洛爾談馬斯克，他透過電子郵件回覆：「在家裡的伊隆，是個非常獨立且目標明確的孩子。在南非人甚至還不清楚電腦是什麼的時候，他已經喜歡電腦科學了，而且他的能力在12歲時已經受到肯定。伊隆和弟弟金博爾的童年和青少年時期，活動非常多采多姿，所以很難只提一樣，從6歲起，他們就跟我在南非及世界各地旅行，定期造訪各大洲。伊隆及他的弟弟、妹妹過去是完全按照父親希望的樣子成為他人模範，未來也將持續。」

艾洛爾將這封電子郵件也寄給馬斯克，而馬斯克後來則告誡我不要再和他的父親通信，他說他的父親對過去事件的看法不足採信。「他是怪胎，是個十足的瘋子。」當我想要馬斯克說更多時，他卻閃躲，「正確說法是我沒有一個美好的童年，可能外人聽起來很不錯，也不是全然沒有好的回憶，但整體而

言不是快樂的童年，它就像是一場磨難，可以確定的是，他擅長讓人生變得悲慘。不管事情再怎麼好，他都有辦法讓它變糟。他不是個快樂的人，我不知道怎麼有人可以變得像他那樣。告訴你更多，只會造成太多麻煩。」馬斯克和潔絲汀發誓，他們不會讓他們的孩子去見艾洛爾。

迷上電腦，三天學會程式設計

馬斯克將近10歲的時候，他在約翰尼斯堡的桑頓購物中心第一次看到電腦。「有一家電子產品商店，賣的大部分是高傳真音響設備，但有個角落，開始有一些電腦上架，」馬斯克說。這台可以靠編寫程式來執行指令的機器，讓他感到十分驚奇，「哇，太酷了！我心想一定要擁有那台電腦，然後死纏爛打要我的父親買下它。」很快的，他擁有一台1980年上市的熱門家用電腦Commodore VIC-20，這部電腦有5KB的記憶體和一本BASIC語言的教程。

「它原本是六個月的課程，」馬斯克說，「但我就像得了強迫症一樣，不眠不休花了三天學成。彷彿是我見過最超級緊迫的事情。」馬斯克的父親雖然是工程師，卻是個反先進科技的「盧德份子」（Luddite），對這台機器嗤之以鼻。馬斯克回憶道：「他說這只是用來玩遊戲，你永遠無法在上面做真正的工程。」

除了大量閱讀、沉迷新電腦，馬斯克還會經常帶領金博爾和賴夫家的表兄弟羅斯、林登和彼得（阿姨凱伊的孩子），一起去冒險。有一年，他們試著在鄰近地區挨家挨戶兜售復活節

彩蛋，這些裝飾蛋做得不是很好，但這些男孩為了賣給他們的有錢鄰居，將售價硬是提高了數倍。

馬斯克還常帶頭製造爆裂物和火箭。南非並沒有很受業餘者喜愛的Estes火箭模型套件，馬斯克必須自己創造化學混合物，並將它們裝入罐子裡。「有這麼多東西可以引爆，真有意思，」馬斯克說，「硝石、硫磺和木炭是火藥的基本成分，然後如果你將強酸和強鹼混合，就會釋放出很大的能量。顆粒狀的氯加上煞車油，爆破效果相當驚人。幸好，我的十指完好無缺。」如果不玩爆裂物和自製火箭，這些男孩會穿上好幾層衣服並戴上護目鏡，用BB槍互射。馬斯克和金博爾也常在沙地比賽騎腳踏車，直到有一天，金博爾整個人飛出去，衝進有刺的鐵絲網。

年紀稍長後，這群表兄弟對於創業的追求變得更認真，甚至一度試圖開辦一家電子遊樂場。這些大男孩在父母不知情下，替他們的遊樂場找到一個地點、取得租約，並想辦法要取得營業許可證。最後，他們必須找到一個18歲以上的人來簽署一份法律文件，而賴夫兄弟的父親和艾洛爾都不肯幫忙，他們只好放棄。但二十年後，馬斯克和賴夫兄弟最終還是一起進入了商場。

這些男孩數次往返普勒托利亞和約翰尼斯堡的經驗，可算是他們當時最大膽的事蹟。1980年代期間，南非是個充滿暴力的地方，連結普勒托利亞和約翰尼斯堡這段長達50多公里的火車之旅，可說是世界上最危險的路程之一。金博爾認為，這些火車旅行是影響他和馬斯克頗深的成長經驗。「當時

的南非不是一個無憂無慮地方，我們目睹一些極為殘暴的事件在我們周遭發生，這絕對不是個典型的成長經驗，正是這類瘋狂經驗，挑戰你如何看待風險。長大後，你不會只想找一份工作，那不夠有趣。」

當時這群年齡介於13至16歲的男孩，對於在約翰尼斯堡舉辦的電腦怪傑冒險遊戲的派對活動非常熱中。有一次，他們參加了一個「龍與地下城」的競賽。「我們成為電腦怪傑的霸主，」馬斯克說。這些男孩全參加了這個角色扮演遊戲，這個遊戲需要有人透過想像力，來為這場競賽設定情節，並描述場景。「你進入一間房間，角落裡有一口箱子。你要怎麼辦呢？……你打開箱子，觸動陷阱。數十名小妖精跑出來。」馬斯克扮演地下城主的角色表現優異，他還熟記各種怪物的特徵和不同角色的陳述。

「在伊隆的領導下，我們的角色扮演相當成功，並贏得比賽，」彼得說，「贏得勝利需要極佳的想像力，而伊隆確實建立了一種獨特氛圍，讓眾人深受他的吸引。」

然而，在同學眼中，馬斯克卻不太具有感染力。他在中學期間轉了幾所學校，在念八、九年級的時候，他就讀於布萊恩斯頓高中，某天下午，馬斯克和弟弟金博爾坐在水泥臺階上吃東西，有個男孩攻擊他。

「基本上，我在躲避不知道為了什麼該死的原因在追打我的這幫人。我想，那天早上集會時，我不小心撞到這個傢伙，而他認為受到嚴重冒犯。」這個男孩偷偷跑到馬斯克身後，踢他的頭，然後將他推下階梯。馬斯克滾到地上，幾名男

孩很快跳到他身上，狠狠的踹他，為首的男孩則抓他的頭猛撞地板。「他們是一群該死的神經病，」馬斯克說，「我昏厥過去。」金博爾驚恐的看著這一幕，他衝下樓梯，發現哥哥的臉在流血，還腫了起來。「他看起來像是剛比過拳擊一樣，」金博爾說。馬斯克後來被送到醫院。

「我大約一週後才回學校，」馬斯克說。（在2013年的一場新聞記者會上，馬斯克透露，由於這次攻擊事件，他曾經做過鼻子整形手術。）

大約有三、四年的時間，馬斯克忍受這些霸凌者的無情迫害。他們甚至毆打馬斯克最好的朋友，直到這個孩子同意不再和馬斯克在一起。「更過分的是，他們要那個朋友把我騙出去，好讓他們可以痛扁我一頓，那真的讓人很難過。」說到這段往事的時候，馬斯克眼睛湧出淚水，聲音也在顫抖。

「為了某種理由，他們決定把我當成攻擊目標，打算無止境的追打我，那使得成長變得難以承受。而且長達數年，沒有停止。我在校園被小混混到處追著跑，他們想盡辦法要痛扁我一頓，然後回到家裡面對父親，也一樣很可怕，就像是無止境的惡夢。」馬斯克說。

馬斯克高中生涯的最後階段是在普勒托利亞男子高校度過，在那裡，他突然長得很高，加上同學普遍行為良好，他的生活變得比較好過。普勒托利亞男子高校名義上是公立學校，但百年來運作上類似私校，許多父母將孩子送來這裡，是為了他們的孩子日後能上牛津或劍橋大學。

在班上男同學的記憶中，馬斯克是個討人喜歡、個性安

靜,看起來很平凡的中學生。「當時班上有四、五個男孩被認為是非常聰明的,」有幾堂課坐在馬斯克後面的普林斯盧(Deon Prinsloo)說,「但伊隆不在其中。」還有六名中學時期同學也呼應了這樣的說法,他們也提到馬斯克不喜歡運動,使得他在一個運動風氣興盛的校園文化裡顯得有些孤立。「坦白說,當時沒有任何跡象顯示他會成為億萬富翁,」馬斯克的另一名同學弗瑞(Gideon Fourie)說,「他在中學時不曾擔任過領導者,看到他現在的成就,讓我相當意外。」

從科幻小說中發現未來志業

雖然馬斯克在學校沒有任何親密的朋友,但他古怪的興趣確實讓人印象深刻。同學伍德(Ted Wood)記得馬斯克曾將火箭模型帶到學校,並在休息時間將它們點火升空。這不是展現馬斯克人生志向的唯一線索。

在一場科學課的辯論賽中,伊隆因為痛斥礦物燃料,支持太陽能,而引來側目,在這個致力於挖掘地球天然資源的國家,這種立場幾乎可說是離經叛道。「他對事物總是抱持堅定的看法,」伍德說。多年來仍與馬斯克保持聯繫的班尼(Terency Beney)更透露,馬斯克在高中時就已經開始幻想殖民到其他星球。

有一次課堂休息時間,馬斯克和金博爾在戶外聊天。伍德湊過去問兩兄弟在聊什麼,「他們說:『我們在討論金融業是否需要設分行,還有我們是否會邁向無紙化銀行。』我記得當時心裡覺得很尷尬,不知道該說什麼,只好說:『是喔,那很

棒啊。』」[5]

馬斯克的成績在班上並非名列前茅，但他和幾個中學生因成績和興趣，被選中參加一項實驗性的電腦學習計畫。這些從不同學校被挑選出來的學生，在一起學習 BASIC、Cobol 和 Pascal 程式語言。馬斯克以他所愛的科幻小說和幻想世界為基礎，進一步強化這些科技的能力，並試著撰寫關於龍和超自然生物的故事。「我想要寫一些像《魔戒》一樣的奇幻故事，」他說。

梅伊以母親的角度來看馬斯克的高中歲月，她很驕傲的細數兒子的表現。她說，馬斯克寫的電子遊戲，連科技高手們都感到驚豔，這些人比他年長許多，也更有經驗。他的數學成績遠超過同齡的孩子，而且記憶力超強，他之所以無法名列前茅，唯一原因是對於學校指定的功課缺乏興趣。

馬斯克說：「對於學校指定課業，我是這樣想的：『我需要得到什麼樣的成績，來達成我想要的目標？』有些必修課程，如南非荷蘭語，我就是不明白為什麼要學。這個課程似乎很可笑，所以我就拿個及格的分數，這樣就好了。至於物理和電腦等，我就拿那些課程可以得到的最高分數。要拿高分，必須要有好理由。如果得到最優等卻沒有意義，那我寧可去玩電子遊戲、寫軟體程式和閱讀自己愛看的書，也不要把時間花在去拿最優等。我記得在四、五年級時，有幾科還被當掉，那時候，我母親的男友告訴我，如果我沒有及格，我就會被留級。我不知道這些科目必須及格，才能升上更高年級。在那之後，我拿了班上最高分。」

勇闖天涯

　　馬斯克在17歲時離開南非，前往加拿大。他曾經在媒體上多次提到這段歷程，關於此行動機，主要有兩種說法。簡短版本是，馬斯克想要盡快去美國，透過他有加拿大人的血統，可以利用加拿大做為中繼站。馬斯克的第二個版本出走故事，則帶有比較多的社會良知成分。南非當時要求人民服兵役，馬斯克曾說，他想要避免在南非從軍，因為這會迫使他加入種族隔離政權之列。

　　但很少人提過的是，馬斯克在展開這次偉大的冒險行動之前，曾經在普勒托利亞大學就讀了五個月。他開始追求物理和工程的夢想，但他沒有投入太多心力在這段求學過程，而且很快就休學了。馬斯克形容這段求學經歷，只是在等待加拿大的文件期間找點事做。除了這是馬斯克生命中一段無足輕重的經歷外，他在學校混日子以逃避在南非服兵役，相當程度有損他的青春冒險故事，這很可能是為什麼普勒托利亞大學的這段經歷似乎從未被人提起。

　　但毫無疑問的，馬斯克心裡很早就打定主意要去美國。馬斯克年少時，對電腦和科技的熱愛，使得他對矽谷極度感興趣，而他多次的海外旅行，也強化了這個想法：美國是他實現夢想的地方。南非提供給創業家的機會太少了。誠如金博爾所言：「對於伊隆這樣的人而言，南非就像是座監獄。」

　　由於加拿大法令更改，梅伊的孩子得以取得加拿大的公民權，馬斯克逃離南非的機會到了。馬斯克立即開始研究如何填

寫這項程序的文件，他花了大約一年的時間，收到加拿大政府的許可，並取得加拿大護照。

「那也是伊隆說，『我要離開這裡去加拿大』的時候，」梅伊說。在還沒有網路的年代，馬斯克必須苦等三週，才能取得機票。機票一到手，他即無所畏懼的離家勇闖天涯了。

03

前進加拿大
追尋太陽的人

　　1988 年 6 月，馬斯克遠赴加拿大的大冒險，事前並未經過深思熟慮。他只知道有個舅公住在蒙特婁，就滿懷希望上了飛機。飛機一落地，馬斯克立刻找了公用電話，試圖借助電話簿找他的舅公。但沒找到，於是打對方付費電話給他的母親。

　　梅伊給了他一個壞消息。在馬斯克離家之前，梅伊寫了一封信給這位舅舅，就在馬斯克上了飛機之後，她收到回信。這位舅舅已經去了明尼蘇達州，這代表馬斯克將沒有地方可以棲身。馬斯克只好拎著幾袋行李，去住青年旅館。

　　馬斯克花了幾天時間探索蒙特婁這個城市，試圖想出一個長遠計畫。梅伊的親人散居加拿大各地，馬斯克開始與他們聯繫。他花了 100 美元買了一張全國通用的公車票，讓他可以隨處通行，他選擇到外祖父的舊居所在薩克其萬省。在歷經三千公里的長途公車旅行後，他最後抵達有 15,000 人口的急流市（Swift Current）。馬斯克臨時從公車站打電話給一個遠房表

親，然後搭便車過去他家。

接下來一年，馬斯克在加拿大各地打工，從事過各式各樣的工作。他先在沃爾德克小鎮（Waldeck）一個表親的農場裡照料蔬菜、鏟穀物，並在那裡慶祝18歲的生日，與剛見面的親人和幾名來自鄰近地區的陌生人分享生日蛋糕。之後，他在溫哥華學會了用電鋸鋸木頭。

有次，他到失業救濟所詢問什麼工作的薪水最高，結果問到在鋸木場的工作，他後來到那裡當清洗鍋爐房的臨時工，一小時18美元，這是他做過最辛苦的工作。「你必須穿上一套防護衣，小心穿越幾乎無法容身的小通道，」馬斯克說，「然後，用鏟子鏟起還在冒煙的滾燙沙子、黏稠物和剩下的殘渣，而且你必須從你進來的洞出去，沒有逃生口。另一人則在另一邊將沙子鏟入手推車裡，如果你待在那裡超過30分鐘，你肯定會因過熱致死。」那一週，一開始有三十個人，到了第三天，只剩五個人。週末時，就只有馬斯克和另外兩個男人在做這份工作。

正當馬斯克在加拿大四處遊歷時，他的母親和弟弟、妹妹也在計畫前往加拿大[6]。最後，他們在加拿大團聚。

主動去認識有趣的人

1989年，馬斯克進入位於安大略省金斯頓的皇后大學就讀。他放棄滑鐵盧大學，因為他覺得皇后大學有更多美女。學習之餘，馬斯克和金博爾會一起閱讀報紙，找出他們想要認識的有趣人士，然後冒昧打電話給這些人，問對方是否可以撥空

與他們吃頓午餐。這些被他們騷擾的人，包括多倫多藍鳥棒球隊行銷主管、《環球郵報》的財經作者和豐業銀行（Bank of Nova Scotia）高階主管尼克森（Peter Nicholson）等。

尼克森對這兩個大男孩記憶猶新。「我並不常接到這種突如其來的請求，」他說，「我很樂意跟這種有膽識的孩子吃頓午飯。」這一頓飯，在六個月之後，才排進尼克森的行事曆，馬斯克兄弟搭了整整三個小時的火車準時赴約。

尼克森對馬斯克兄弟初次見面的印象，就跟許多第一次見到他們的人一樣，覺得兩兄弟表現得體，非常有禮貌，而相較於金博爾的陽光開朗，馬斯克則明顯有些木訥和靦腆。「但和他們談話，我很快就被他們打動和吸引，」尼克森說，「他們非常有決心想要成功。」尼克森最後提供馬斯克暑期銀行實習機會，日後成了馬斯克信賴的顧問。

這次會面後不久，馬斯克邀請尼克森的女兒克莉絲汀參加他的生日派對。克莉絲汀帶了一罐自製的檸檬醬，出現在梅伊位於多倫多的公寓，迎接她的是馬斯克和大約十五名賓客。馬斯克和克莉絲汀初次見面，但他立刻走向她，並把她帶到沙發坐下。「然後，我記得從他口中冒出的第二句話是：『我想了許多關於電動車的事情，』」克莉絲汀說，「接著，他轉向我說：『你對電動車有什麼看法？』」

這段對話讓現在已是科學作家的克莉絲汀留下深刻印象，她覺得馬斯克真的是個英俊又親切的超級書呆子。「不管怎樣，當下坐在沙發的那一刻，我感到非常驚訝，你可以看得出來，這個人真的很不一樣。」

　　克莉絲汀有稜角分明的五官和金髮，是馬斯克喜歡的類型，馬斯克在加拿大時，兩人一直保持聯絡。他們從未真正約會過，但克莉絲汀覺得馬斯克很有趣，兩人總是可以在電話上聊很久。「某天晚上，他告訴我：『如果有辦法不用吃東西，好讓我可以做更多工作，我就會不吃。我希望有辦法可以不用坐下來用餐，就能得到營養。』這是我聽過相當不尋常的事情之一，比起同齡的人，他驚人的工作道德標準和極端的性格，讓我印象深刻。」

　　在加拿大這段期間，馬斯克和皇后大學的同學潔絲汀發展出更深入的關係。擁有長腿和棕色長髮的潔絲汀，散發著浪漫氣質和性感活力。她之前與一名較年長的男子談戀愛，然後甩了他，跑去上大學。她下一個打算征服的是穿皮夾克、類似詹姆斯迪恩的叛逆小子。然而，命運的捉弄，外表一絲不苟、操著上流社會口音的馬斯克在校園裡看上了潔絲汀，他立刻想辦法要約她。

　　「她看起來是理想對象，」馬斯克說，「她很聰明，而且很有個性。」她是跆拳道黑帶，看起來卻又像是個浪漫不羈的波西米亞人。他在她的宿舍外面，展開第一次行動，他假裝不期而遇，然後提醒她，他們之前在一個派對見過面。入學才一週的潔絲汀，答應和馬斯克去吃冰淇淋。等到馬斯克去接潔絲汀時，卻在宿舍房門上找到一張紙條，通知他被放鴿子了。「紙條上寫著，她必須準備考試，無法赴約，」馬斯克說。他追問潔絲汀最好的朋友，加上自己做了一些研究，得出潔絲汀可能去哪裡讀書，以及她最喜歡的冰淇淋口味。最後，馬斯

克找到躲在學生中心讀西班牙文的潔絲汀，他出現在她的身後，手裡拿著正在融化的巧克力片捲筒冰淇淋。

潔絲汀一直夢想與作家談一場火熱的浪漫戀情。「就像美國詩人希薇亞與英國詩人泰德那樣，」她說。但她最後卻愛上了一個不擇手段、野心勃勃的電腦技客。他們一起上心理學課程，考試後比較分數，潔絲汀拿到97分，馬斯克98分。「他回去找教授，說服教授還他兩分，拿到100分，」潔絲汀說，「感覺上，我們一直在競爭。」馬斯克也有浪漫的一面。有一次，他送潔絲汀十二朵玫瑰，每一朵都附上一張短箋。他也送過潔絲汀詩集《先知》(*The Prophet*)，書上寫滿他手寫的浪漫感言。「他可以讓你神魂顛倒，」潔絲汀說。

大學期間，這兩個年輕人分分合合，馬斯克必須很努力維持這段關係。「她非常時髦，總是和最酷的傢伙約會，而且對伊隆一點都不感興趣，」梅伊說，「那讓伊隆很難過。」馬斯克追求過幾個女孩，但又不斷回到潔絲汀身邊。每次潔絲汀對他表現冷淡，馬斯克總是展現他慣有的毅力。「他會死命的打電話，」潔絲汀說，「你知道一定是伊隆打來的，因為電話會響個不停。這個男人不接受拒絕，你擺脫不了他，我真的認為他是『魔鬼終結者』。他盯上某個東西並說：『這應該是我的。』漸漸的，他成功贏走我的心。」

在大學獲得成長養分

大學環境很適合馬斯克，他盡可能不要表現得像個萬事通，同時也找到一群尊重他智力的人。當他對能源、太空和當

時吸引他的事物固執己見時，周遭的人不僅不會取笑或嘲弄他，還能對他的雄心壯志有所回應。他在大學裡獲得了成長的養分。

1990年秋天，在日內瓦長大的加拿大人法魯克（Navaid Farooq）入住馬斯克的大一宿舍。他們兩人都被安排住在國際學生宿舍，加拿大學生會與海外學生配對當室友。馬斯克算是加拿大人，但他對這個國家卻幾乎一無所知。「我有個室友是香港人，是個非常不錯的傢伙，」馬斯克說，「他非常認真的上每一堂課，這太好了，因為我盡量不去上課。」

有一段時間，馬斯克在宿舍販售電腦零件和個人電腦，想要多賺點錢。「我可以組裝某些東西來滿足他們的需求，像是改裝版的遊戲機，或是簡單的文字處理軟體，價格低於商店售價，」馬斯克說，「或是如果他們的電腦不能正常啟動或有病毒，我也可以幫忙修理，幾乎所有問題我都可以解決。」法魯克和馬斯克都有居住海外的背景，也是電子遊戲的同好，兩人很快結為好友。

「我認為，他不容易交朋友，但他對朋友非常忠誠，」法魯克說。電子遊戲「文明帝國」推出時，這對大學密友花了數小時建造他們的帝國，法魯克的女友就在另一個房間空等，惹得她非常不高興。「伊隆可以連續數小時沉迷其中，」法魯克說，他們也喜歡當獨行俠，「我們這種人在派對上可以自得其樂，不覺得尷尬，我們可能沉浸在自己的世界裡想事情，也不覺得失禮。」

大學時期的馬斯克，比起高中時更富有雄心壯志。他攻讀

商業課程、參加演講比賽，並開始展現他今日行為上特有的高度專注和超強競爭力。有一次考完經濟學後，馬斯克、法魯克和班上一些學生回到宿舍，開始對照筆記，想要確認考試的表現。大家很快發現，馬斯克對於內容的理解勝過所有人。「這是一群高分學生，而伊隆的能力顯然超過他們，」法魯克說。法魯克和馬斯克一直維持好友關係，他觀察到，「當伊隆投入某件事情時，他展現的專注與持之以恆的毅力異於常人，那是伊隆超越他人之處。」

攻讀物理與經濟

1992年，馬斯克就讀皇后大學兩年之後，拿到獎學金，轉學到賓州大學。馬斯克認為，這所名校可能為他帶來新機遇，他決定攻讀雙學位：華頓商學院的經濟學位，以及物理學士學位。潔絲汀留在皇后大學追求成為作家的夢想，並與馬斯克維持遠距戀情。她時常來找他，兩人有時候會去紐約共度浪漫週末。

馬斯克在賓大更是活躍，與物理系同學在一起時，他真正開始有如魚得水的感覺。「在賓大，他遇到跟他志同道合的人，」梅伊說，「那裡有一些怪咖，他非常喜歡他們。我記得和他們去吃午餐，他們在討論物理學，像是『A加B等於圓周率的平方或什麼的』，然後一群人哄堂大笑，看他這麼快樂真好。」不過，在更廣大的校園裡，馬斯克仍一如以往並沒有交很多朋友。要找到記得他曾在那裡就讀過的同學並不容易，但他確實有個非常要好的朋友名叫瑞希（Adeo Ressi）；瑞希後

來白手起家成了矽谷的創業家，他和馬斯克的關係至今依然相當密切。

瑞希長得又瘦又高，身高超過180公分，行為舉止有點怪異。他的藝術氣息和有趣的性格，襯托出馬斯克的認真好學和相對寡言。這兩個年輕人都是轉學生，都被安排住在獨具風格的新鮮人宿舍。瑞希不喜歡這種平淡無奇的社交環境，他說服馬斯克租下校外一棟大宅。他們用相當便宜的價格租下這棟有十間房、兄弟會閒置的房子。平日馬斯克和瑞希在住處讀書，但到了週末，瑞希會把房子改裝成夜店。他用垃圾袋遮住窗戶，讓屋內變得一片漆黑，並用螢光漆和可以找到的東西裝飾牆壁。「它是一間功能齊全、沒有執照的非法酒吧，」瑞希說，「可容納多達五百人參加，每人收取5美元，飲料應有盡有 —— 啤酒、果凍酒及其他東西。」

當週五夜晚來臨，瑞希的重低音喇叭放出節奏強烈的音樂，讓房子四周的地面跟著震動。梅伊曾經造訪其中一次派對，發現瑞希把一些東西敲進牆裡，並漆上會在黑暗中發光的漆。她最後淪落在門口幫忙收衣帽和錢，還抓住一把剪刀自衛，因為現金就堆在一個鞋盒裡。

他們租下的第二棟房子有十四間房。馬斯克、瑞希和另一名室友就住在那裡。他們將夾板放在舊桶子上做成桌子，並想出其他點子拼裝出家具。某一天，馬斯克進屋，發現瑞希將他的書桌釘在牆上，並漆上螢光漆。馬斯克的反應是扯下書桌，塗上黑漆，並開始讀書。「我的態度是：『那是我們派對屋的裝置藝術』，」瑞希說。當我向馬斯克提起這件事，他的

回應是：「那是一張桌子。」

馬斯克偶爾會喝伏特加和健怡可樂，但他喝得不多，也不是很喜歡酒精的味道。「在這些派對裡，必須有人保持清醒，」馬斯克說，「我自己負擔大學的生活費，一個晚上就可以賺到整個月的房租。瑞希負責把房子弄得很酷，而我則是經營派對。」按照瑞希的說法，「伊隆是你這輩子遇過最正經八百的哥兒們，他從沒有喝醉過，也沒幹過任何壞事，完全沒有。」瑞希唯一必須出面制止馬斯克的放縱行為，是馬斯克玩電子遊戲的時候，因為他可能會不停的連打好幾天。

開始實驗新想法

馬斯克在賓大開始充分展現他對於太陽能和找尋新能源利用方法的高度興趣。1994 年 12 月，他必須為某堂課提出一項事業計畫，結果他寫了幾份報告，其中之一標題為「太陽能的重要」。這份報告一開始就帶有馬斯克式的諷刺性幽默感，他在頁首寫道：「明天太陽會出來……── 小孤女安妮論可再生能源」（譯注：百老匯音樂劇「安妮」的歌曲「明天」中，首句歌詞就是「明天太陽會出來……」）。

這份報告接下來預測，基於材料的改進，太陽能技術將會提升，還有人們將建造大規模的太陽能電廠。馬斯克深入探究太陽能電池如何運作，以及可提升太陽能電池效率的各種化合物。他以一幅「未來發電站」的圖片，做為這份報告的總結。這張圖描繪太空裡一對四公里寬的巨大太陽能電池板，透過微波光束，將能源送到地球上的一個直徑七公里的接收天

線。這份報告讓馬斯克拿到98分，他的教授認為，這是一份
「論點非常有趣且寫作精采的報告」。

他的第二份報告談的是用電子方法掃瞄研究文件和書
籍，進行光學字符識別，並將所有的訊息放入單一資料庫，很
像今日的Google圖書搜索和學術搜索的混合體。

第三份報告則詳細闡述另一項馬斯克最喜愛的主題 ——
超級電容器。在這份44頁的報告中，馬斯克對於這種新形式
的能源儲存概念，顯然感到雀躍不已，這個概念對於日後他追
求的電動車、太陽能和火箭事業有相當大的助益。他指出來
自一間矽谷實驗室的最新研究：「自電池組和燃料電池開發以
來，（本研究的）最終結果是第一種儲存大量電能的新方法。
此外，因為超級電容器保留電容器的基本性能，它傳送電能
的速度比同重量的電池快一百倍以上，而且充電一樣快速。」
馬斯克這份報告獲得97分，還贏得教授給予「非常透徹的分
析」、「財務上效益極高」的讚美。

預見未來世界的變化

這位教授的評語非常中肯。馬斯克精準的陳述重點，簡明
扼要的寫作方式充分展現他是精通邏輯的人，但他真正突出
之處在於，他能夠在實際的事業計畫中，掌握困難的物理概
念。他早在那時候就已經展現一種不凡的能力，能夠**從科學的
進步，看到通往獲利事業的道路**。

馬斯克開始認真思考大學畢業後要做什麼，他一度考慮從
事電子遊戲事業。他從小就迷電子遊戲，也曾經在電子遊戲公

司實習。但他後來了解到，這個事業沒有偉大到足以成為他追求的目標。「我非常喜歡電子遊戲，但如果我做出非常棒的電子遊戲，對這世界能有多大的影響？」他說，「它不會有大影響，即使我骨子裡熱愛電子遊戲，我還是無法讓自己以它做為志業。」

接受媒體訪問時，馬斯克努力讓人們知道，他在人生的這個階段，內心已有一些想法，他在皇后大學和賓州大學時，經常思考未來世界的可能發展，最後得到一個結論：網際網路、可再生能源和太空，是未來幾年將會進行重大變革的三項領域，也是他能夠創造重大影響的幾個市場。他誓言要在這三個領域追求事業發展。「我把這些想法告訴我的前女友及前妻，」他說，「這或許聽起來像是超級瘋狂的談話。」

從馬斯克堅持解釋他熱愛電動車、太陽能和火箭的初衷看來，或許有人會認為他似乎想強迫自己以此塑造自己的人生故事。但對馬斯克而言，無意間捲入某個時代潮流和有意去做一件大事，兩者截然不同，馬斯克長久以來希望這個世界知道，他與一般矽谷創業家並不相同。

馬斯克預見了趨勢，但並沒有沉迷於發財夢，他自始至終都在追求、實現一般人難窺其貌的大夢想。「我在大學時，就認真在想這件事，」他說，「這不是事後諸葛。我不想要看起來像是追逐流行的新手，或是投機取巧的投機者。我不是個做投資的人，我喜歡把我認為對未來重要的且在某些方面很有用的技術，變成現實。」

04

第一次創業
征服網路世界

　　1994年夏天，馬斯克和弟弟金博爾邁出成為真正美國人的第一步，展開橫越美國的公路旅行。金博爾一直在經營「大學生專業粉刷」加盟店的小生意，而且做得相當不錯，他賣掉在加盟店的權益，並將這筆錢和馬斯克的錢湊起來，購買了一輛1970年代破舊的BMW 320i。兩兄弟於氣溫飆升的8月，從舊金山展開他們的旅程。這趟公路旅行首站南下來到位於莫哈韋沙漠的城市尼德爾斯（Needles），他們在沒有空調的車內，經歷攝氏逼近50度的高溫，兩人汗流浹背，他們把小卡爾漢堡店當做休息站，在那裡花上數小時休息吹冷氣。

　　就像許多20幾歲的年輕人一樣，他們一路上嬉笑玩鬧，但這趟旅行也給了他們充分時間去做瘋狂的資本家白日夢。當時正值雅虎等入口網站及網景的瀏覽器興起，大眾剛開始接觸網路。兩兄弟也注意到網際網路，並想一起開公司在網路上做生意。

他們從加州出發，路經科羅拉多州、懷俄明州、南達科他州和伊利諾州，沿途輪流開車、努力發想和閒扯淡，他們朝東岸開回去，好讓馬斯克趕回學校上那年的秋季課程。

這趟旅行，他們想出的最棒構想是設立專為醫生服務的線上網絡。這個系統不像建立電子病歷那樣龐大，比較像是提供內科醫師交換資訊及合作的平台。「醫療產業像是一個可以被徹底改造的產業，」金博爾說，「我著手研擬一份商業計畫，後來還加入一些銷售和行銷構想，但最後沒有成功，它不夠好，我們不是太喜歡。」

矽谷實習生

那年暑假，馬斯克在矽谷找到兩個實習工作。白天，他在尖峰研究所（Pinnacle Research Institute），該機構位於洛思加圖斯，是一家被媒體大肆吹捧的新興企業，它有一群科學家在探索超級電容器的用途，超級電容器可做為電動車和油電混合車的革命性燃料來源。

這份工作也激發出馬斯克不同的想像，至少是概念性的發想。馬斯克向周遭的人巨細靡遺的說明，如何利用超級電容器來改造「星際大戰」等影片中傳統的雷射武器，像是新雷射槍在釋放數波巨大能量後，射擊手可快速更換槍底的超級電容器，就像抽換子彈匣一樣，然後繼續發動攻擊；還有超級電容器在提供飛彈動力方面，也大有可為，它們在發射的機械壓力下，比一般電池更耐用，長期而言，儲存電荷更穩定。

馬斯克愛上在尖峰研究所的工作，並在這裡進行賓大的一

些商業計畫實驗，開始發揮他的工業家想像力。

到了晚上，馬斯克則去位於帕羅奧圖的火箭科學遊戲公司
（Rocket Science Games）實習，這家新興企業打算創造史上最
先進的電子遊戲，並將電子遊戲從卡帶轉換到儲存容量更大的
光碟。理論上，他們可利用光碟，把好萊塢風格的說故事模式
及高製造品質帶入遊戲中，他們組成一個超級明星團隊，結合
工程和電影界的新秀來推動這項任務。

費德爾（Tony Fadell）是開發蘋果iPod和iPhone的主要功
臣，他當時就在火箭科學遊戲公司工作，這裡的員工，也有人
日後為蘋果開發出QuickTime多媒體軟體，還有的人之前曾在
工業光魔（Industrial Light & Magic）製作原版「星際大戰」特
效，或在盧卡斯藝術娛樂公司（LucasArts Entertainment）做過
遊戲軟體。

火箭科學遊戲公司讓馬斯克了解到矽谷擁有哪些多樣的
人才和文化。這家公司一天24小時都有人上班，馬斯克每天
下午五點左右出現，開始做他的第二份暑期工作，對其他人
來說，這並不奇怪。「我們雇用他，原本只是要他寫一些低
階程式，」該公司創辦人之一的澳洲籍工程師貝瑞特（Peter
Barrett）說，「但他的頭腦非常清楚。很快的，在沒有人給他
任何指導下，他就做出他自己想要做的。」

公司指派馬斯克寫驅動程式，讓遊戲控制桿和滑鼠能適用
於各種電腦和遊戲。印表機或照相機必須安裝一種麻煩的程
式，才能和家用電腦一起運作，驅動程式就是這類程式。這是
非常枯燥乏味的工作。馬斯克是自學而成的程式設計師，自

認相當懂程式設計，很快主動給自己找了難度更高的工作。「基本上，我想要弄清楚怎樣可以同時執行多重任務，如此一來，你可以從光碟讀取影像，同時還能執行遊戲，」馬斯克說，「當時，你做了這個，就不能做那個，所以這種程式設計還挺複雜的。」

前蘋果QuickTime主管里克（Bruce Leak）是馬斯克當時的老闆，他對馬斯克的熬夜功力感到不可思議。「他好像有用不完的精力，」里克說，「現在的孩子根本不懂硬體或是東西怎麼運作，但當時的馬斯克，除了有高水平的電腦技術背景，而且有決心把事情搞清楚。」

馬斯克在矽谷發現了許多他一直在尋找的機會，而這裡也是能讓他一展雄心壯志的地方。他連續兩個暑假回到矽谷，並在賓大拿到雙學位之後，長期定居西岸。他本來打算在史丹佛大學攻讀材料科學和物理博士學位，進一步發展他在尖峰研究所的超級電容器研究。但據說，馬斯克發現自己無法抗拒網際網路的召喚，兩天之後就從史丹佛大學退學。他也說服弟弟金博爾搬到矽谷，一起征服網路世界。

馬斯克在實習期間，已經對發展某種網路事業有了初步想法。當時一名黃頁電話簿公司的銷售人員走進馬斯克實習的公司，他試圖兜售線上名錄的概念，以加強又大又厚的黃頁電話簿常見的商家名錄功能。這名銷售人員推銷得相當吃力，他很明顯不懂網際網路，也不知道如何幫助人們在上面尋找商機。這種不具說服力的銷售，卻給了馬斯克靈感，他聯繫金博爾，大談如何幫助沒有網路經驗的企業上網。

創立線上黃頁Zip2

「伊隆說：『這些傢伙不知道自己在講什麼，或許這反而是我們可以做的事，』」金博爾說。當時是1995年，兩兄弟打算成立全球連結資訊網（Global Link Information Network），這家公司後來更名為Zip2。

Zip2的概念很單純，1995年的小型企業並不了解網際網路的衍生商機。他們不懂如何上網，也看不出建立公司網站或擁有類似黃頁線上名錄的價值。馬斯克和金博爾希望能說服餐廳、服裝店、髮廊等業主，讓上網民眾知道它們存在的新時代已經來臨。Zip2想要創造一個可以搜尋的商家目錄，並將這份目錄與地圖結合。

馬斯克經常透過披薩店解釋這個概念，他說每個人都有權知道離他們最近的披薩店地址和詳細路徑。今日，這個想法聽起來可能稀鬆平常，想想Yelp加上Google地圖就明白了，但在當時就算是嗑了藥，也想不出這樣的服務。

馬斯克兄弟在帕羅奧圖的謝爾曼大道430號催生了Zip2。他們租了一間套房大小的辦公室，並買了一些基本家具。這棟三層樓建築有點奇怪，它沒有電梯，馬桶經常堵塞。「這個地方簡直爛透了，」一名早期員工說。為了取得更快速的網路連結，馬斯克與辦公室樓下的網路服務供應商基洛爾德（Ray Girouard）達成協議。基洛爾德說，馬斯克在靠近Zip2大門的牆上鑽洞，然後從樓梯間安裝了一條乙太網路線到這家網路服務供應商，「他們曾經遲付幾次帳單，但從來沒賴過帳。」

馬斯克包辦了這項服務最早期的程式設計，親和力較佳的金博爾則負責強化挨家挨戶的銷售業務。馬斯克以低廉的價格取得一份灣區商家名錄的資料庫使用權，該資料庫提供商家的名稱和地址。他接著聯繫納特公司（Navteq），這家公司花了數億美元製作數位地圖和路線，這些內容可被運用在早期衛星定位導航裝置上。馬斯克和這家公司達成一個很棒的協議。

「我們打電話給他們，結果對方同意免費提供我們這項技術，」金博爾說。馬斯克將兩個資料庫合併，得到一套初步運行正常的系統。Zip2 的工程師後來大幅強化了這套資料庫，他們利用更多的地圖內容，涵蓋主要大都會地區的外圍區域，並建立客製路線規劃，在家用電腦上呈現出好看又實用的效果。

艾洛爾資助兩兄弟 28,000 美元，幫助他們度過草創階段，但兩兄弟在租下辦公空間、支付軟體授權費和購買一些設備之後，就差不多沒錢了。Zip2 創業後的頭三個月，馬斯克兄弟就住在辦公室，他們有個小櫃子放衣服，要洗澡就到 YMCA。「有時候，我們一天吃四頓傑克盒子的漢堡，」金博爾說，「它是 24 小時營業，適合我們的作息。有次我買了一杯冰沙，發現裡面有異物，我把它抓出來之後繼續喝。我後來再也不想去那家餐廳吃飯，但他們的菜單我還背得出來。」

接下來，兩兄弟租了一間兩房公寓。他們沒有錢，也不打算添購家具，因此只在地板上擺了兩張彈簧床墊。馬斯克不知道用什麼方法說服了一名年輕的南韓工程師，以實習生的身分到 Zip2 工作並換取食宿。「這個可憐的孩子以為來到一家大公司工作，」金博爾說，「結果他和我們同住，完全搞不清楚自

己的處境。」有一天，這名實習生開著馬斯克的BMW 320i破車上路時，有個車輪竟然脫落了，輪軸在馬路上劃出一道痕跡，幾年後仍然清晰可見（在Page Mill Road和El Camino Real的十字路口）。

如果不做，就會錯失良機

Zip2是瞄準資訊時代的時髦網路公司，但要讓它起飛，需要挨家挨戶的老派銷售術。他們必須說服商家，網路有種種好處，並吸引他們投資這個未知領域。1995年底，馬斯克兄弟開始雇用第一批員工，組織了一個雜牌銷售團隊。當時正在尋找人生方向的黑爾曼（Jeff Heilman），是個願意接受新事物的20歲年輕人，成為了Zip2首批雇員之一。

某天深夜，黑爾曼和他的父親在看電視，螢幕上廣告下方印了一個網址。「那是某種達康的東西，」黑爾曼說，「我記得坐在那裡，問我爸爸，我們看到的是什麼，他說他也不知道。就在那時候，我知道我必須對網際網路做一些了解。」黑爾曼花了幾週的時間，試圖想和能夠清楚解釋網際網路前景的人深入聊聊，有天他偶然在《聖荷西信使報》（*San Jose Mercury News*）看到一則Zip2招聘廣告，上面寫著：「誠徵網路銷售員」，於是他前去應徵，最後得到了這份臨時雇員的工作。除了黑爾曼，還有幾名業務人員也加入這家新公司。

馬斯克似乎一整天都沒有離開辦公室，晚上他就睡在桌子旁的懶骨頭沙發。「我每天早上進來，他幾乎都睡在那個懶骨頭上，」黑爾曼指出，「或許他週末有淋浴，我不知道。」馬

斯克要求Zip2的第一批員工進公司時要踢他一下，然後他會醒來回去工作。就在馬斯克著了魔般的寫程式時，金博爾成了銷售的啦啦隊長。

「金博爾是永遠的樂觀主義者，他非常懂得鼓舞士氣，」黑爾曼說，「我從未遇過像他那樣的人。」金博爾派黑爾曼去高級的史丹佛購物中心，以及帕羅奧圖的主幹道大學大道，說服零售商登錄Zip2，解釋加入贊助商名錄會把企業送上搜尋結果頂端。當然，最大問題是沒有人願意購買服務。一週週過去，黑爾曼繼續敲著商家的門，然後一無所獲的回公司報告。

黑爾曼得到的最好回應是，網路廣告聽起來像是他們聽過最愚蠢的事情，而大多數時候，店家只是叫黑爾曼走開，不要再打擾他們。午餐時分，馬斯克兄弟會從存放現金的雪茄盒拿錢，帶黑爾曼出去，聽取令人沮喪的銷售報告。

莫爾（Craig Mohr）是另一名早期員工，他放棄不動產銷售的工作，沿街叫賣Zip2的服務。他決定向汽車代理商拉生意，因為他們通常花很多錢在廣告上。他告訴他們有關Zip2官網www.totalinfo.com的訊息，並試著說服他們相信這類線上商家名錄的需求很高。莫爾在做展示時，這項服務有時候不能正常運作，或是有時候網頁顯示得很慢，這在當時是很常見的現象。這時候，他只好使出渾身解數說服客戶去想像Zip2的潛力。「有一天我拿著總金額大約900美元的幾張支票回來，」莫爾說，「我走進辦公室，問這些傢伙，希望怎麼處理這筆錢。伊隆停止敲鍵盤，從他的顯示器後面探身出來並說道，『不會吧！你拿到錢了。』」

　　馬斯克持續不斷改進Zip2軟體，也鼓舞了員工士氣，這項服務已經從「概念實驗」，成為可以被使用和展示的實質產品。精通行銷的馬斯克兄弟，賦予這個網路服務一個氣派的實體，試圖讓它看起來很重要。馬斯克建造了一口大箱子，包住一台標準個人電腦，並裝上一個有輪子的底座。當潛在投資人來訪時，馬斯克會進行展示，推出這台大機器，讓它看起來像是Zip2在一台迷你超級電腦上運作。

　　「投資人對它留下深刻印象，」金博爾說。黑爾曼也注意到，馬斯克為公司做牛做馬的付出，才使得投資人願意投資這家公司。「即便當時伊隆根本還是個臉上有青春痘的大學生，他卻有這種決心：這件事必須做好，如果他沒做，就會錯失良機，」黑爾曼表示，「我認為創業投資人看到了他願意賭上性命把這個平台建造出來。」馬斯克確實對一名創業投資人，說過類似的話：「我抱持的是武士心態，不成功便成仁。」

　　在Zip2創業前期，馬斯克遇到一位知音 ── 當時年約35歲的加拿大商人柯里（Greg Kouri）。柯里在化解馬斯克兄弟的衝動與衝突上，發揮關鍵的調和作用。柯里在多倫多結識兩兄弟，並在Zip2早期構思階段就提供資金。某天早上，馬斯克兄弟出現在柯里家，說他們打算去加州闖天下。柯里當時身上還穿著紅色浴袍，他轉身進屋，東翻西找了幾分鐘後，拿出一疊總計6,000美元的鈔票給他們。1996年初，他也搬到加州並加入Zip2，成為共同創辦人。

　　柯里曾做過許多不動產交易，有做生意的實務經驗和識人的能力，他在Zip2擔任大家長的監督角色。這名加拿大人有

讓馬斯克冷靜下來的本領，在馬斯克發展事業的過程中，扮演心靈導師的角色。

「非常聰明的人有時候不了解，不是每個人都可以趕上他們，或是走得跟他們一樣快，」後來成為Zip2執行長的創業投資人普魯迪恩（Derek Proudian）說，「柯里是少數幾位能讓伊隆聽話的人，而且他有辦法為伊隆說的話補上來龍去脈，以幫助別人了解他的意思。」柯里還扮演馬斯克和金博爾在公司裡拳頭相向時的仲裁者。

「我不會和別人打架，但伊隆和我都是非常固執己見的人，」金博爾指出。在一次特別嚴重的公司決策衝突中，馬斯克的拳頭破皮，還必須去打針避免感染，柯里平息了這些衝突。柯里因投資馬斯克的公司而致富，他於2012年死於心臟病，享年51歲。馬斯克參加了他的葬禮，「我們都非常感激他，」金博爾感念的說。

1996年初，Zip2有了巨大的變化。莫爾戴維多創投公司（Mohr Davidow Ventures）聽說有兩名南非男孩試圖製作線上黃頁，於是前來拜訪兩兄弟。雖然馬斯克的簡報技巧生硬，但在推銷公司產品上還是做得相當不錯，投資人對他的幹勁都留下深刻印象。

莫爾戴維多決定挹注這家公司300萬美元。[7]有了這筆新資金後，這家公司也正式將名稱從全球連結改為Zip2，就是像拉鍊拉來拉去的意思。公司也搬到帕羅奧圖劍橋大道390號，有了更大的辦公室，並開始聘請優秀工程師。Zip2也改變它的商業策略，當時公司已是網路上最好的商家目錄系統商之

一，Zip2後來又將這個技術提升，並將服務範圍從聚焦灣區轉向全美。

不過，公司未來發展重點將是全新做法，Zip2不再挨家挨戶兜售它的服務，而是製作一個專門銷售給報社的套裝軟體，報社再用它建造自己的不動產、汽車經銷商和分類廣告目錄。報業集團對網路會如何影響生意的認知顯得有些後知後覺，Zip2提供他們一個快速上網的方式，不必從頭開始研發這些技術。但其實對Zip2而言，它可以吸引更大的客戶上門，在全美目錄網路市場取得一席之地。

這次商業模式的轉型和公司資金的補強，對馬斯克的人生造成很大影響。創業投資人要馬斯克擔任技術長，並雇用索爾金（Rich Sorkin）擔任執行長。索爾金曾任職音頻設備製造商創新科技（Creative Labs），並管理該公司的商業發展團隊，主導過網路新創公司的投資案。Zip2的投資人認為他經驗老到且熟悉網路。雖然馬斯克同意這項安排，但他痛恨放棄Zip2的控制權。「在我和他共事的這段期間，或許他最大的遺憾是和莫爾戴維多達成了這項魔鬼交易，」Zip2工程副總裁安姆布拉斯（Jim Ambras）說，「伊隆從此不必負擔營運責任，但他想當執行長。」

安姆布拉斯曾任職於惠普實驗室和SGI（Silicon Graphics Inc.），是第一波資金到位之後，Zip2引入精英人才的代表性人物。SGI製造好萊塢鍾愛的先進電腦，是當時最酷炫的公司，擁有矽谷最佳的電腦怪傑。不過，安姆布拉斯以躋身網路新貴行列的承諾，從SGI挖走了一批最聰明的工程師，跳槽到

Zip2。「我們的律師收到 SGI 的信，說我們挑走了最好的人，」安姆布拉斯指出，「伊隆覺得太棒了。」

一旦做了，就會做到底

馬斯克是自學成材的程式設計師，儘管技術不錯，但並不如新員工那麼精練。他們看了 Zip2 的原程式碼後，開始重寫該軟體的大部分程式碼。馬斯克對於某些改動非常生氣，但這些電腦專家達成目標所需的程式碼行數，遠少於馬斯克。他們有技巧的將軟體項目分成幾個模組，這些模組日後可以再被修改和精進，而馬斯克卻掉入典型自學程式設計者的陷阱，他寫的程式是程式設計師們所謂的毛球，也就是一大塊莫名其妙就會失控的程式碼。

這些軟體工程師也為工程團隊帶來更精練的工作結構，以及更實際可行的完工期限。這種改變比原來馬斯克的方法受歡迎，他一直設定過於樂觀的截止期限，然後試著讓工程師在最後數日馬不停蹄的趕工以達成目標。「如果問伊隆做某件事情需要多久時間，在他的內心，沒有任何事情會超過一個小時，」安姆布拉斯說，「我們後來對一小時的解讀是實際上需要花一、兩天；如果伊隆說某件事情要花一天，我們就有心理準備有可能要一、兩週。」

創辦 Zip2 並看著它成長茁壯，給了馬斯克自信。馬斯克的中學時期友人班尼到加州來訪時，立刻注意到馬斯克的改變。馬斯克的母親在城裡租了一間公寓，他看到馬斯克勇敢對抗一直刁難他母親的惡劣房東。「他說：『如果你要欺負人，

就衝著我來。」看到他掌控局面的樣子，令我非常震驚。上一次我見到的他還是個偶爾會發脾氣、個性有些古怪又笨拙的孩子，會讓人忍不住想要捉弄他。現在，他既有自信且能夠掌控局面。」

馬斯克也開始刻意試圖控制他對別人的批評。「伊隆不會說：『我知道你的感受，我了解你的觀點，』」潔絲汀說，「因為他沒有那種『我知道你的感受』的那一面，有些事對別人似乎顯而易見，對他卻不是。他必須學習，20幾歲的人不應該狠狠駁斥資深年長者提出的計畫，還當面一一指正他們的錯誤。他後來學會以某些方法修正自己的行為，我想他是透過自定的策略和聰明才智來弄清楚這個世界。」

這種性格調整的功效不一。馬斯克對工作的要求和直言批評，還是經常把年輕工程師逼得抓狂。「我記得有一次在會議上大家自由討論一項新產品 —— 新的汽車網站，」Zip2創意總監道尼斯（Doris Downes）說，「有人抱怨我們想要的技術改變是不可能做到的，伊隆轉過去說：『我才不在乎你怎麼想。』然後就離席。對於伊隆而言，『不』這個字並不存在，而且他預期他周遭所有人都有那樣的態度。」

馬斯克也不時會對比較高階的主管發火。「你會看到他們開完會走出來，臉上掛著忿忿不平的表情，」業務人員莫爾說，「永遠當好人，你達不到伊隆現在的地位，而且他就是那麼有成功的決心和自信。」

在馬斯克盡可能對投資人要求的改變做出妥協時，他也享受大筆金援帶來的福利。這些金主幫助馬斯克兄弟解決了簽證

問題，還給他們每人30,000美元買車。當時馬斯克和金博爾已賣掉他們的破舊BMW，換成另一台破舊的轎車，他們用噴漆將它漆成圓點花紋。金博爾從這台破車升級到BMW 3系列，而馬斯克則是買了一輛捷豹E型。「這輛車不停出狀況，還是動用卡車送來公司的，」金博爾說，「但伊隆就是這樣，不管做什麼事，一旦做了，就會做到底。」[8]

在一次培養團隊精神的運動中，馬斯克、安姆布拉斯，以及幾名員工和友人，於週末騎上腳踏車，穿越聖塔克魯茲山脈的薩拉托加山谷。大部分的人平時都有做訓練，也習慣了費力的路段及夏日的炎熱。他們以瘋狂的速度騎上山，一小時之後，馬斯克的表弟羅斯抵達山頂，隨即吐了，緊跟在後的是其他騎士。然後，15分鐘後，馬斯克出現在這群人眼前。他的臉色發紫，大汗淋漓，終於成功登上了山頂。「我一直在想那次活動，以他的狀況根本無法登頂，」安姆布拉斯說，「要是別人早就放棄，或是扛起腳踏車上山。當我看他滿臉痛苦的騎最後一段路時，我心想：『那就是伊隆。』可以失敗，但絕不放棄。」

馬斯克在公司仍然像個充滿活力的孩子。在創業投資人和其他投資人來訪前，他會召集部隊，指揮他們全部拿起電話，創造忙碌的氛圍。他也組成了一個電子遊戲團隊，去參加「雷神之鎚」競賽。「我們參加全美第一屆競賽中的一場，」馬斯克說，「我們得到第二名，本來應該第一，但我們有名頂尖玩家因圖形卡插得太用力，把機器弄壞了。我們最後贏了幾千美元。」

有了索爾金掌舵，Zip2非常成功的爭取到報業集團的生意。紐約時報集團、偉達報業集團（Knight-Ridder）、赫斯特集團和其他媒體機構紛紛採用它的服務，有些公司還額外投資5,000萬美元於Zip2。Craigslist等免費線上分類廣告服務已開始冒出頭，這些報業集團需要一些行動對策。「這些報業人士知道，隨著網際網路興起，他們有麻煩了，他們的想法是盡量多登錄，」安姆布拉斯說，「他們想要不動產、汽車和娛樂的分類廣告和商家目錄，並利用我們做為這些線上服務的平台。」

Zip2替公司的新口號：「我們賦予媒體力量」（We Power the Press），取得註冊商標，吸引更多資金湧入，促使Zip2快速成長。公司總部很快變得太小、太擁擠，最後連桌子都直接擺在女廁前面。1997年，Zip2搬入山景城卡斯特羅街444號，一個更高級、空間更大的辦公場所。

Zip2以報業集團做為主要客戶，這點讓馬斯克很不高興。他相信這家公司可以直接為消費者提供更多元有趣的服務，並鼓吹購買網域名稱city.com，希望將其目標轉為消費者導向。但在媒體公司的龐大資金誘惑下，索爾金和董事會一方面堅持走保守路線，另一方面則是擔心馬斯克將來會推動以消費者為導向的企業策略。

1998年4月，Zip2基於策略考量，主動對外宣布一項非常轟動的交易，它打算以約3億美元與主要競爭對手城市搜尋（CitySearch）合併。新公司將保留城市搜尋的名稱，由索爾金帶領新公司。就合約來看，這項結盟似乎是對等合併。城市搜尋公司已在全美各大城市建立大量的商家名錄，也看似有強大

的銷售和行銷團隊,與Zip2的優秀工程師們是最佳組合。這個併購案先在媒體公布,看來是勢在必行。

但接下來怎麼做,各方意見分歧。重整牽涉多人的複雜狀況,需要兩家公司仔細查看彼此帳目,以釐清哪些員工要被裁撤,避免角色重疊。這個過程引發有人對城市搜尋公司的財務真實性提出質疑,也惹惱Zip2的一些主管,他們可以預見自己在新公司將被降職或裁撤。Zip2有少數人主張應該放棄這筆交易,但索爾金要求讓合併案通過。

馬斯克原本支持這項交易,後來也轉為反對立場。1998年5月,這兩家公司取消合併,媒體撲了上來,大肆報導這次混亂的關係決裂。馬斯克敦促Zip2的董事會開除索爾金,並重新任命自己為執行長。董事會不但拒絕,還讓馬斯克失去董事長頭銜,由索爾金繼任,普魯迪恩則成為新執行長。索爾金認為馬斯克在這整個事件中的行為糟透了,他舉出董事會的反應和馬斯克的去職為證,認為董事們也有相同感受。「當時有許多激烈反應和指責,」普魯迪恩說,「伊隆想要當執行長,但我跟他說:『這是你的第一家公司。讓我們找到買家,賺一些錢,這樣你也可以去創造你的第二、第三和第四家公司。』」

隨著交易破裂,Zip2發現自己陷入困境,它的資金在流失。馬斯克仍然想要走消費者路線,但普魯迪恩害怕那會耗費太多資金。微軟已經進攻相同的市場,而且提出地圖製作、與不動產和汽車有關概念的新創公司也大量增加。Zip2的工程師們覺得心灰意冷,並擔心他們可能無法在這場競爭中勝出。

接著在1999年2月，個人電腦製造商康柏突然提議以3.07億美元現金收購Zip2。「這就像錢從天上掉下來，」前Zip2主管何艾德（Ed Ho）說。Zip2董事會接受這項提議，公司在帕羅奧圖包下一間餐廳並開了一場盛大派對。莫爾戴維多賺回原先投資的20倍資金，而馬斯克和金博爾則分別賺到2,200萬美元和1,500萬美元。

從騷亂中脫身，投入下一個事業

馬斯克壓根無意繼續留在康柏轄下的這家公司。「公司出售案明朗化之後，伊隆立刻投入他的下個計畫。」普魯迪恩說。從此之後，馬斯克將會捍衛他的公司控制權，並堅守執行長的位子。「當時我們有點不知所措，只能想這些傢伙肯定知道自己在做什麼，」金博爾說，「但事實並非如此，他們接手後沒有提出新願景。他們是投資人，而我們試著與他們相處融洽，但公司的願景就此消失。」

幾年後，馬斯克回想Zip2當時的狀況，意識到自己可以用更好的方式來處理跟員工之間的問題。「在這之前，我從來不曾真正管理過任何團隊，」馬斯克說，「我甚至從未擔任運動比賽的隊長或是帶頭發起任何活動，或是管理過一個人。當時我沒有好好思考影響一個團隊運作的是哪些事情？我假設別人會表現得跟我一樣，但那是不對的。即便他們想要表現得像我一樣，他們也未必有我內心所有的認知或資訊。所以，如果我知道事情的來龍去脈，而我只跟我的分身（團隊成員）說了一半訊息，我不能期待這個分身會得出相同的結論。我應該換

個角度想：基於他們所知，他們聽到這件事會怎麼想？」

Zip2的員工早上來上班時，發現馬斯克在未知會他們的情況下，更改了他們的作品，而馬斯克的衝突式作風只是讓事情更糟，於事無補。

「沒錯，在Zip2，我們有一些非常好的軟體工程師，但我的意思是，我的程式寫得比他們好太多了。所以我就直接走進去修改他們那該死的程式，」馬斯克說，「等待他們自己想出好東西，會讓我焦急又沮喪，所以我直接修改，現在程式執行速度快了五倍。還有個傢伙在白板上寫了一個量子力學方程式，一個量子概率，而且他寫錯了。我就說：『你怎麼可以寫成那樣？』然後，就幫他修改了。那些事發生之後，他恨死我了。我最後了解到，『好吧，我或許修正了那件事情，但現在我已經讓這個人失去工作動力與生產力。』那實在不是處理事情的好方法。」

在達康世界奮鬥的馬斯克，運氣很好，也很順利。他有不錯的構想，並將其轉化為真實的服務，順利讓現金入袋，又及時從達康的騷亂中脫身，這比起許多人來說是相當幸運的。不過，這整個過程也是很痛苦的，馬斯克渴望成為領導者，但他身邊的人卻看不出馬斯克是當執行長的料。

對馬斯克而言，他們全錯了，而且他會用更加戲劇化的成果，來證明這點。

05

PayPal 黑手黨老大
發動網路金融革命

　　成功創辦並順利出售 Zip2，為馬斯克帶來新自信，就像他喜愛的電子遊戲角色，他已經升級了。他體現了矽谷精神，成為當時人人稱羨的網路新貴，他的下一個事業當然必須配得上他快速壯大的野心，他開始尋找潛力大又欠缺效率的產業，好讓他可以在網際網路一展身手。馬斯克很快想起在加拿大豐業銀行實習時，他對當時金融業的最大感想是，銀行家既富有又愚蠢。他感覺那將會是個龐大商機。

　　1990 年代初期，馬斯克為該行的策略長工作時，老闆要他研究公司的第三世界債權投資組合。這個投資組合有個令人沮喪的名稱「低度開發國家債」，而且豐業銀行持有價值數十億美元的債權。因南美各國和其他區域的低開發國在過去幾年一直無法履行債務，迫使該行降低對它們的持債部位。馬斯克的老闆希望他好好研究這些外國債權，並學習判斷它們的真正價值。

在進行研究時，馬斯克意外發現了一個明顯的商機。美國一直試圖透過布雷迪債券（Brady bonds），幫忙一些開發中國家減少債務負擔，在這當中，美國政府基本上為巴西和阿根廷等國家的債務提供擔保。

馬斯克注意到一種套利的玩法，「我計算最後擔保價值大約50美分，而實際債務的交易價格在25美分，」馬斯克說，「這是個前所未有的機會，卻似乎沒有人注意到。」馬斯克試著保持冷靜，去電給這個市場的主要交易商高盛，對他觀察到的現象進行測試。

他詢問對方，目前市場上可以買到多少價格25美分的巴西債。「這傢伙問：『你想要多少？』我提出類似100億美元的荒謬數字，」馬斯克說。電話那頭的交易員證實這是可以操作的，馬斯克既驚喜，又覺得不可思議，他立刻掛上電話，「我當時想，他們肯定瘋了，因為只要下單就可現賺一倍，山姆大叔在背後支撐一切，不用花大腦想就可大賺一筆。」

馬斯克花了一整個暑假打工，辛苦工作，時薪僅約14美元，還因為用了主管的咖啡機及做了一些逾越身分的事情被斥責，這時他覺得出人頭地、賺大筆獎金的時刻到了，他飛奔到主管的辦公室，推銷這個一生難得的機會。「你可以輕鬆賺進數十億美元，」他說。他的老闆要馬斯克寫一份報告，這份報告很快上呈給銀行執行長，結果卻遭到斷然否決，說公司之前已投入太多錢在巴西和阿根廷國債上，不想再搞砸了。

「我試圖告訴他們那不是重點，」馬斯克說，「重點在於後面撐腰的是美國政府，南美人做什麼都不重要。你不可能在

這筆生意上賠錢，除非你認為美國財政部不打算履行債務。但他們還是無動於衷，我真的非常驚訝。之後，當在我跟這些銀行競爭時，回想起這一刻給了我相當大的信心。所有銀行家都一樣，別人怎麼做就跟著做，如果有人跳入斷崖，他們也會馬上跳下去；如果屋子裡擺了一堆黃金，卻沒人動手去撿，也不會有人去拿。」

創立一家網路銀行

幾年後，馬斯克開始認真思考如何開辦網路銀行業務，1995年當他在尖峰研究所實習時，還曾公開和那裡的人討論過這件事，年輕的馬斯克向這些科學家提出報告，他說金融業無可避免的將朝線上系統發展，但他們卻狠狠的潑他冷水，說網路安全要好到足以博取消費者信任還久得很。不過，馬斯克仍然堅信金融業的運作非常需要大幅提升，而且他可以用相對少的投資，讓銀行業務擁有巨大影響力。「金錢操作是低頻寬，」2003年，他在史丹佛大學的一次演講中說明他的想法，「你不需要大幅提升基礎架構來做這件事，只要把資料輸入資料庫就可以了。」

馬斯克真正構思的計畫，超乎想像的宏觀。尖峰研究所的科學家之前指出，一般人勉強只敢冒險輸入信用卡號，在線上購書，但要他們的銀行帳戶在網路上曝光，對許多人而言根本不可能。

但馬斯克不這麼想，他想要建立一個提供各項服務的線上金融機構：有存款和支票帳戶，以及代理業務和保險業務。建

立這種服務在技術上是可行的，但從零開始創立一家網路銀行，必須通過政府的層層監管，即使是在最樂觀者眼裡仍是個棘手問題，任何腦袋清醒的人都會認為這是不可能的任務。這不是提供到披薩店的路徑或放上房屋目錄，而是處理人們的財務，只要一出錯，後果將會不堪設想。

馬斯克無所畏懼，在出售 Zip2 前，他已開始進行這項計畫。他與公司裡最優秀的一些工程師討論，想知道誰可能願意加入他的新公司。馬斯克也探詢他在豐業銀行舊識的想法。1999 年 1 月，在 Zip2 董事會尋找買家時，馬斯克正式確立他的網路銀行計畫。Zip2 與康柏的交易在隔月宣布，3 月馬斯克就創辦了 X.com，一家聽起來像色情行業名稱的金融新創公司。

馬斯克在不到十年的時間，從一個加拿大背包客，搖身一變成為 27 歲的千萬富翁。有了 2,200 萬美元，馬斯克搬出與三名室友合租的公寓，買下一間約 50 坪的公寓並重新裝修。他還購買了一輛 100 萬美元的邁拉倫 F1 跑車（McLaren F1）及一架小型螺旋槳飛機，並學開飛機。

躋身網路富豪之列的馬斯克還滿享受名人光環的，他請 CNN 記者早晨七點出現在他的公寓，拍攝這輛跑車的運抵畫面。一輛有 18 個輪子的黑色卡車停在馬斯克家門前，這輛流線型銀色跑車緩緩降下被放置在街道上，馬斯克雙臂交叉站著，喜形於色。「世界上有 62 輛邁拉倫 F1 跑車，其中一輛是我的，」他告訴 CNN 記者，「我不敢相信它真的在這裡，實在太瘋狂了！」

CNN 記者在馬斯克的專訪中，插播這輛豪華跑車的運抵

畫面。整個過程中，馬斯克看起來像是一名誇張可笑的成功工程師。那時馬斯克的頭髮已開始稀疏，所以剪得很短，凸顯他孩子氣的臉龐。他穿著一件大得離譜的棕色外套，坐在豪華跑車裡查看他的手機，身旁坐著他的漂亮女友潔絲汀，他似乎陶醉在他的富翁生活中。馬斯克說了一些聽起來有些可笑的富人台詞，先是談Zip2交易，「那是一大筆現金，就是好大一筆數目，」接下來是關於他的精采生活，「就在那裡，那是世界上跑得最快的車子。」

然後是關於他的巨大野心，「我也可以買下一座巴哈馬群島的島嶼，將它變成我的私人領土，但我對於創立新事業更感興趣。」

攝影團隊跟著馬斯克來到X.com的辦公室，在那裡，他又高談闊論了一番令人不舒服的聲明：「我並不符合銀行家的形象……募資5,000萬美元就是打一連串的電話，而且錢就在那裡……我認為X.com日後絕對能夠成為一家價值數十億美元的大金礦。」

馬斯克從佛羅里達一個賣家那裡買到邁拉倫跑車，當時知名時尚設計師羅倫（Ralph Lauren）也想買這部車，馬斯克硬是把它搶過來。但即便是羅倫這種大富豪，也只會在特殊場合開這種跑車，或是偶爾週日開出去兜風。馬斯克卻是開著它在矽谷到處跑，還把車停在X.com辦公室旁的街道。

他的朋友看到這樣藝術之作上覆蓋著鳥屎，或是停在平價連鎖超市喜互惠（Safeway）的停車場，簡直嚇壞了。有一天，馬斯克突然寫了一封電子郵件，給同為邁拉倫車主的軟體

製造商甲骨文共同創辦人艾利森（Larry Ellison），問他是否有興趣去賽車場玩一下。喜歡追求速度的億萬富翁克拉克（Jim Clark）風聞這項提議，告訴友人，他必須趕快去當地法拉利經銷商那裡購買可以比賽的車子。馬斯克已加入這個大男孩俱樂部，「伊隆對這一切感到非常興奮，」創業投資人也是馬斯克的密友扎克瑞（George Zachary）說，「他拿和艾利森的通信內容給我看。」

隔年，馬斯克沿著沙丘路開車去見一名投資人，途中他轉向車內的友人說：「你看這個。」他將油門踩到底，變換車道，最後車子打滑失控撞上路基，像飛盤一樣在空中旋轉，車窗和輪胎撞得粉碎，車身也損毀。馬斯克再度轉向他的同行友人說：「好玩的是，它沒有保險。」他們兩人後來只好搭陌生人的便車去找這名創投者。

大膽挑戰傳統金融業

值得讚揚的是，馬斯克只將部分金錢投入這種紈褲子弟的行徑上。事實上，他把從Zip2賺到的多數財富都投入X.com。這個決定有現實上的考量，根據稅法如果投資人在幾個月內將意外所得投入新事業，可享租稅優惠。但即使按照矽谷的高風險標準，將這麼多財富投入線上銀行這種高度不確定的事業，還是令人非常震驚。馬斯克總共投資約1,200萬美元到X.com，稅後他只剩約400萬美元可用。「那正是伊隆有別於一般人之處，」前Zip2主管，後來又跟馬斯克共同創辦X.com的何艾德說，「他願意冒高風險做那種生意，不成功便成仁。」

　　馬斯克決定投資這麼多錢在X.com，事後來看甚至更不尋常。在1999年成為網路富豪，對於許多人來說，最大意義在於：成功證明自己一次，然後藏起你的數百萬所得，再利用你的名聲與信用，去說服別人將他們的錢押注在你的下一次創業。馬斯克當然會繼續尋找外部投資人，但他也一起承擔了主要風險。所以，你可能在電視上看到馬斯克的說話態度，就像其他自戀自大的網路富豪一樣，但他的行為卻更像是回到矽谷早期階段，如當年英特爾等企業創辦人願意押注大筆資金在自己的公司上。

　　Zip2從創立開始就是一個完整、有用的商業概念，而X.com的發展也很有可能引發重大的產業革命。馬斯克生平首度正面挑戰一個擁有雄厚財力且已根深柢固的產業，盼能顛覆現有一切。馬斯克也開始鍛造他的典型風格：進入一個超級複雜的產業，儘管他不了解這個產業的各種複雜細節，但他絲毫不受干擾。他隱約覺得這些銀行家做生意的方式全錯了，而他可以做得比任何人好。

　　馬斯克的自尊和自信程度，有些人深受啟發，也有人認為他自大狂妄。X.com的創立與發展，一方面展現出馬斯克的創造力與堅韌意志，但也透露出他極具衝突性的行事風格，以及種種尚不成熟的領導怪癖。最後，年輕的馬斯克會再度面臨被自己創辦的公司排擠的困境，以及他的偉大願景無法由他親自實現的痛苦。

　　馬斯克召集了各方高手建立一個團隊，創辦了X.com。何艾德曾在SGI和Zip2擔任工程師，他的能力大受同儕肯定，

而來自加拿大擁有財經背景的富里克（Harris Fricker）和潘恩（Christopher Payne）也加入他們。馬斯克在豐業銀行實習時，結識富里克，兩人一見如故。富里克是羅德學者，他帶給X.com所需的銀行業運作知識，潘恩則是富里克在加拿大金融圈的朋友。這四個人是這家公司的共同創辦人，馬斯克因直接投資大筆資金，成了最大股東。X.com就像許多矽谷公司一樣，這些共同創辦人從一棟住宅裡開始他們的新事業，後來才搬入帕羅奧圖大學大道394號，有了比較正式的辦公室。

敏銳的商業眼光

這四位創辦人一致認為，隨著網路時代來臨，傳統銀行業已經落伍，到分行找櫃檯行員幫你辦事，似乎是相當古老的做法。這些論述聽起來很不錯，這四人也充滿熱情與幹勁，唯一阻止他們的是現實。馬斯克只有一些銀行業務的經驗，還有一本剛買來的書籍幫助他了解銀行內部運作。這群事業夥伴對他們的作戰計畫設想愈多，愈了解到阻礙創辦網路銀行的監管障礙真的很難克服。「四、五個月過去了，現實只是愈來愈明朗，」何艾德說。[9]

打從一開始，公司成員就有一些性格上的衝突。馬斯克已是嶄露頭角的矽谷超級明星，媒體都在吹捧他，這點讓富里克不太能接受。他從加拿大搬來，將X.com視為他以銀行奇才的身分留名青史的機會。根據一些人士的說法，富里克想要以較傳統的態度來經營X.com，看到馬斯克對媒體宣示要顛覆銀行業的願景，富里克覺得很愚蠢，因為這家公司正苦於求生。

「我們對外向媒體做出各種美好的承諾，」富里克說，「伊隆說我們的新事業不是在尋常的商業環境，必須暫時排除尋常的商業思維。」許多人指控馬斯克過度誇大產品及玩弄大眾，富里克不會是最後一個，不過，究竟這是商人馬斯克的缺點，還是過人之處，仍有待時間證明。

富里克和馬斯克之間的不和，導致雙方很快撕破臉。就在X.com創辦5個月後，富里克發動叛變。「他說，讓他接任執行長，不然他要帶走公司所有的人，並創辦自己的公司。」馬斯克表示，「我不太能忍受勒索，我說：『請便。』他就照辦了。」[10]馬斯克試圖說服何艾德和一些主要工程師留下來，但他們都跟著富里克離開了。馬斯克最後剩下空盪盪的辦公室和少數忠心的員工。

「這件事發生之後，我與伊隆坐在他的辦公隔間，」留下來的X.com早期雇員安肯布蘭特（Julie Ankenbrandt）說，「當時有百萬條法令阻擋X.com這樣的公司出現，但伊隆不在乎。他只是看著我說：『我想我們應該雇用更多人。』」

馬斯克試圖為X.com募集新資金，他去找新的創業投資人，並向他們坦承公司人才差不多走光了，儘管如此，紅杉資本（Sequoia Capital）的著名投資人莫瑞茲（Mike Moritz）依然支持這家公司，他賭的就是馬斯克一人，別無其他。

馬斯克再度踏上矽谷的大街小巷招兵買馬，透過拚命鼓吹網路銀行的未來，成功吸引工程師人才加入。在這次集體出走事件後，沒有幾天的時間，年輕的電腦工程師安德森（Scott Anderson）因看好這個願景，於1999年8月1日加入。「回想

起來，這實在太瘋狂了，」安德森說，「我們的網站有如好萊塢電影場景般，差點過不了創投那一關。」

一週週過去，隨著更多工程師加入，這個願景也變得更真實。公司取得銀行執照與共同基金執照，並與巴克萊銀行建立夥伴關係。到了11月，X.com的軟體小團隊已創造出一家線上銀行，是世界最早的網路銀行之一，加上美國聯邦存款保險公司（FDIC）提供銀行帳戶存款保障，以及三個共同基金供投資人選擇。馬斯克更自掏腰包10萬美元給工程師進行測試。

1999年的感恩節前夕，X.com啟動系統開放大眾使用。「我在那裡待到凌晨兩點，」安德森說，「然後回家準備感恩節晚餐。幾個小時後，伊隆打電話給我，要求我進辦公室支援其他工程師。伊隆待在那裡整整48小時，確保運作順利。」

第三方支付的開端

在馬斯克的帶領下，X.com嘗試了一些激進的銀行概念。消費者只要註冊使用這項服務，就可以收到20美元的現金卡，每推薦一人就有10美元的現金卡。馬斯克廢除小額服務費用和透支罰款。X.com也以非常現代的做法，建立一套個人對個人的支付系統，只要在網站上填寫電子郵件地址，就可以把錢轉給對方。銀行業者的行動緩慢，其主機處理支付作業得花上好幾天，X.com的概念是要改變這種情況，進而創造一種靈活的銀行帳戶，點幾下滑鼠或寄一封電子郵件，就能使資金流通。這是革命性的做法，開業頭幾個月，有超過20萬人接受這個概念，在X.com註冊。

　　很快的，X.com有了一個主要的競爭對手。有兩個聰明的
年輕人萊齊恩（Max Levchin）和提爾（Peter Thiel）一起創辦
了Confinity，也在發展線上支付系統。這兩人一開始其實是向
X.com租了一個辦公空間——一個美化過的掃帚間，並試圖
讓掌上型電腦Palm Pilot的用戶透過這些設備上的紅外線裝置
來匯錢。X.com加上Confinity，這家在大學大道上的小辦公室
成為推動網路金融革命熱潮的核心。「真正厲害的是年輕人的
髒亂，」安肯布蘭特說，「那裡面真的好臭，我現在還可以聞
到——吃剩的披薩、體臭和汗味雜陳。」

　　X.com和Confinity間的友好關係沒維持多久就分道揚鑣，
Confinity搬到同條街的另外一頭，而且就像X.com一樣，開
始將他們的注意力集中在以網路和電子郵件為基礎的支付方
式，他們的服務稱為PayPal。

　　這兩家公司陷入白熱戰，較量彼此的服務特色，並吸引
更多用戶，他們知道誰成長得快，誰就會是贏家。為此他們
花費數千萬美元做宣傳，還花了數百萬美元對付駭客，這些
服務被駭客當成詐騙新樂園。「這就像是在脫衣舞俱樂部撒錢
雨，」當時擔任X.com工程師、後來成為Yelp執行長的史達波
曼（Jeremy Stoppleman）說，「大家瘋狂的把錢撒出去。」

　　這場網路支付系統競賽給了馬斯克機會，去展現他的敏
捷思維和工作價值觀，他不斷擬定戰略來對抗PayPal已在eBay
等拍賣網站上建立的優勢。他召集X.com的員工，冷酷的訴諸
他們的競爭天性，以求盡快實現這些戰術。「他一點都不講情
理，」安肯布蘭特說，「大家一天工作20小時，而他則是工作

23 小時。」

2000 年 3 月，X.com 和 Confinity 終於決定要結合雙方的力量，停止繼續燒錢來消滅對方。Confinity 擁有看起來最熱門的 PayPal 服務，但一天要支出 10 萬美元的獎勵金給新客戶，而他們沒有現金儲備來支撐營業。相較之下，X.com 擁有許多現金儲備，以及多樣化的金融產品。於是 X.com 帶頭設定合併案的條款，這使得馬斯克成為最大股東，合併之後公司名稱將為 X.com。這項交易完成後不久，X.com 從德意志銀行和高盛等投資人那裡募集到 1 億美元，並擁有超過百萬名客戶。[11]

這兩家公司很努力協調彼此的文化，但成效不彰。數批 X.com 員工用電源線將他們的電腦顯示器綁在桌椅上，沿街推往 Confinity 的辦公室，與他們的新同事並肩工作。但這些團隊始終無法意見一致。馬斯克堅持保留 X.com 的品牌，而其他人多偏好 PayPal。在公司的技術架構設計上則暴發更多爭執，萊齊恩領導的 Confinity 團隊偏好 Linux 這類開放原始碼軟體，而馬斯克則主張微軟的資料中心軟體比較可能維持高生產力。

對於門外漢來說，這種爭吵聽起來很可笑，但對於工程師而言，這等同於宗教戰爭。許多工程師視微軟為落伍的邪惡帝國，而 Linux 則是人類的現代軟體。合併兩個月之後，提爾辭職了，而萊齊恩則因技術的歧見，威脅要出走。馬斯克留下來管理這家分崩離析的公司。

由於電腦系統無法跟上用戶量的激增，X.com 面臨的技術問題日益嚴重，公司網站每週癱瘓一次。多數工程師被下令開始設計新系統，這使得主要技術人員心有旁鶩，並讓 X.com 更

容易受到網路詐騙的攻擊。「我們以驚人的速度流失金錢，」史達波曼說。隨著X.com變得更受歡迎，它的交易量爆炸，所有的問題變得雪上加霜，詐騙情況愈嚴重，來自銀行和信用卡公司的費用愈多，來自新創公司的競爭也更激烈。

X.com欠缺一個整合良好的商業模式去彌補這些損失，並從它管理的金錢中獲利。當時擔任這家新創公司財務長、也是今日紅杉資本著名的創業投資人波薩（Roelof Botha）認為，馬斯克並未把X.com的問題真相告知董事會。面對這一切危機，公司裡有愈來愈多人質疑馬斯克的決策能力。

被迫交出執行長職位

接踵而至的是，矽谷長期以來著名的醜陋叛變史中最醜陋的叛變之一。某天晚上，在位於帕羅奧圖現已不存在的一家酒吧（Fanny & Alexander），一小群X.com員工聚集在一起商討怎樣將馬斯克弄走。[12]他們決定向董事會提出讓提爾回任執行長的想法，萊齊恩與他的共謀們決定不和馬斯克起正面衝突，而是在他的背後採取行動。

馬斯克和潔絲汀已於2000年1月結婚，但一直太忙沒時間去度蜜月。2000年9月，他們計劃將公事和私事結合，進行一次募資之旅，結束時在雪梨度蜜月，可趕上奧運活動。就在他們登機那天晚上，X.com的主管們向董事會遞上不信任書。一些忠於馬斯克的人感到有些事情不對勁，但為時已晚。「當晚十點半，我去公司，所有人都在那裡，」安肯布蘭特說，「我不敢相信，我發瘋似的試圖打電話給伊隆，但他在飛機

上。」等飛機落地時，馬斯克已經被提爾取代。

聽到消息後的馬斯克，立即趕搭下一班飛機回到帕羅奧圖。「太令人震驚了，但我會給伊隆這樣的評價 —— 我認為他處理得非常好，」潔絲汀說。馬斯克一度想要反擊，他敦促董事會重新考慮這項決策。但顯然公司已重新上路，馬斯克的態度軟化了。「我和莫瑞茲及其他人談，」馬斯克說，「重點不是我想要當執行長，而是比較像『嘿，我認為有些相當重要的事情必須實現，如果我不是執行長，我不確定這些事情會發生。』但接著我和萊齊恩及提爾談，他們看起來似乎很有把握可以做到。所以，我的意思是，這並非世界末日。」

許多早期與馬斯克一起奮鬥的 X.com 員工，對於這件事比較不能認同。「我感到震驚又憤怒，」史達波曼說，「在我看來，伊隆就像搖滾明星。我毫不掩飾說出我的不滿，但我知道，基本上這家公司發展得不錯，它是一艘快速上升的火箭太空船，我還不打算離開。」當時 23 歲的史達波曼走進會議室，對提爾和萊齊恩發飆，「他們讓我把我的不滿全部發洩出來，而他們的回應態度是我留下來的部分原因。」但其他人仍舊無法釋懷，「這不光明磊落，也是懦夫的行徑，」Zip2 和 X.com 工程師史派克斯（Branden Spikes）說，「如果伊隆當時也在場，我會比較支持這項決議。」

PayPal 戰爭

2001 年 6 月，馬斯克在公司的影響力快速消退。當月，執行長提爾將 X.com 更名為 PayPal。馬斯克很少容忍被人忽視，

但在這個嚴酷的考驗中，他卻展現驚人自制力。他接受公司顧問的角色，並繼續投資這家公司，提高他身為 PayPal 最大股東的股權。「以伊隆的處境，照理說他會痛苦並心懷怨恨，但他沒有，」波薩說，「他支持提爾，他表現得像個王者。」

接下來幾個月，是馬斯克未來發展的關鍵時刻。達康的好日子即將告終，人們想盡辦法脫手套現。eBay 決策者開始接觸 PayPal 談收購的問題，大多數人傾向於出售，而且要趕快。不過，馬斯克和莫瑞茲力促董事會拒絕一些收購提議，並堅持要求更高金額。PayPal 年營收約 2.4 億美元，可望以獨立公司的名義上市。

馬斯克和莫瑞茲的堅持得到了回報，而且收購金額提高了許多。2002 年 7 月，eBay 向 PayPal 開價 15 億美元，馬斯克和董事會的其他成員接受這筆交易。馬斯克從 eBay 收購案中淨賺約 2.5 億美元，稅後為 1.8 億美元，足以讓他實現後來非常瘋狂的一些夢想。

對於馬斯克而言，PayPal 這段經歷算是五味雜陳。這場交易後，他的領導聲譽受創，媒體第一次認真的把矛頭指向他。Confinity 早期員工傑克森（Eric Jackson）於 2004 年寫了一本《PayPal 戰爭》（The PayPal Wars），揭露這家公司一路以來的紛爭。這本書將馬斯克描述成自大狂兼固執的混蛋，每每在關鍵時刻做出錯誤決策，並將提爾和萊齊恩塑造成救世天才。科技業的八卦網站「矽谷閒話」（Valleywag）也跟著撲上去，將攻擊馬斯克變成它最熱門的話題之一。批評聲浪高漲到人們開始大聲質疑，馬斯克是否算是 PayPal 真正的創辦人，還

是只是搭順風車才成功。傑克森的這本書，加上網站部落格貼文，激怒了馬斯克，他於2007年寫了一封長達兩千多字的電子郵件寄給「矽谷閒話」，向大眾公開他的事件版本。

在這封電子郵件中，馬斯克揮灑他的文采，並讓外界直接看到他好鬥的一面。他形容傑克森是「馬屁精」且「地位只略高於實習生」，對於公司高層發生的事情一無所知。「傑克森不可能找到真正的出版商，所以提爾後來資助傑克森自行發行這本書，」馬斯克寫道：「既然傑克森崇拜提爾，結果也就很明顯，提爾在書中看起來像電影『英雄本色』裡的梅爾吉勃遜，而我的角色是介於無名小卒和壞胚子之間。」

馬斯克接著詳述他為什麼值得PayPal創辦人身分的七個理由，包括他是公司最大股東、雇用許多頂尖人才、創造公司一些最成功的商業概念，以及他擔任執行長期間，公司員工擴增至數百人等等。

當年在PayPal工作的一些受訪者，幾乎都傾向認同馬斯克的看法，他們說傑克森頌揚Confinity團隊優於馬斯克和X.com團隊的說法近乎幻想。「有許多PayPal的人因為扭曲的記憶而受到傷害，」波薩說。

但同樣這批人也一致認為，馬斯克未妥善處理品牌、技術架構和網路詐騙的狀況。「我認為，如果伊隆在執行長的位子再多待6個月，這家公司可能會完蛋，」波薩說，「伊隆當時犯的錯誤加大了公司的風險。」（有關馬斯克在PayPal時期的進一步說明，請參見附錄。）

檢討過去，那些說馬斯克不算是「真正的」PayPal共同創

辦人的說法，是很愚蠢的。自從 eBay 收購案結束後，提爾、萊齊恩和其他 PayPal 主管們也說過類似的話，但這些年來雙方早已前嫌盡釋。這些批評在當時引發馬斯克大肆反擊，也透露他凡事認真的特質，他堅持有關這家公司的歷史紀錄應該真實反映他對這些事件的說法。「他來自公關世界裡，如有不正確訊息就該予以修正的學派，」前 PayPal 公關主管索立托（Vince Sollitto）說，「他認為應該拚了命糾正每個錯誤，他很容易認為事情是針對他而來，並通常主動求戰。」

在馬斯克的這個人生階段，人們對他比較大的批評是：他的成功很大程度是靠機運。馬斯克容易與人起衝突的性格，以及超乎尋常的自負，在他的公司裡留下了深刻長久的傷痕。雖然馬斯克已刻意收斂他的行為，但這些努力並不足以贏得投資人和資深經理人的信任。在 Zip2 和 PayPal，公司董事會得出的結論是：馬斯克還不是當執行長的料。貶抑馬斯克最嚴苛的一些人在公開或私人場合提出各種論調，批評他的性格和行為，他們把馬斯克形容成一個沒有商業道德的人，一旦對人發動攻擊，往往言語惡毒。這些人幾乎都不願對他們的言論具名，聲稱害怕馬斯克對他們採取法律行動或斷了他們的生路。

這些批評必須權衡馬斯克一路以來的事業表現。他在消費者網路行動的啟蒙時代，展現了一種與生俱來的洞察人心和掌握技術趨勢的能力。就在人們試圖搞清楚網際網路的意義時，馬斯克已著手展開具有明確目標的作戰計畫。他很早就想到結合商家目錄、地圖、網站進行垂直整合的重要技術，這些技術後來成了網路發展的中流砥柱。

就在人們放心在亞馬遜和eBay網站購物時，馬斯克又大步躍進網路銀行業。他將標準的金融工具帶入網路，然後以大量的新概念將這個產業現代化。他展現了對人性的深入觀察，幫助他的公司在行銷、技術和財務上有優異表現。馬斯克一直走在許多人前面，他玩的是更高階的創業遊戲，而且他對媒體和投資人的影響也少有人能及。他是否曾誇大事情並惹惱他人？絕對有 —— 而且在日後帶來非常驚人的結果。

勝出點在於不受限的想像力

在馬斯克的主要引導之下，PayPal從達康泡沫破滅的大環境中存活下來，成為911恐怖攻擊事件之後第一家引發轟動的首次公開募股（IPO）公司，然後又在科技業陷入戲劇性的低迷時期，以天價賣給eBay。在這樣混亂的市場中，生存幾乎已是不可能，更遑論脫穎致勝。

PayPal也代表矽谷歷史上最偉大的商業和工程人才的組合。馬斯克和提爾都具備銳利的眼光，能夠找到年輕、優秀的工程師。YouTube、LinkedIn和Yelp等不同型態的新創公司創辦人，都曾在PayPal任職過，包括霍夫曼（Reid Hoffman）、提爾和波薩在內的另一批人，則脫穎而出成為科技業的頂尖創投家。在對抗網路詐騙方面，PayPal員工帶頭開發出對抗網路詐騙的技術，後來美國中央情報局和聯邦調查局使用的反恐軟體，以及全世界最大銀行打擊犯罪使用的軟體，都是建構在這些技術基礎上。這群超級聰明的員工，成了著名的PayPal黑手黨（PayPal Mafia），堪稱當今矽谷的統御階級，而馬斯克是其

中最著名也最成功的成員。

從後來的發展來看，證實了馬斯克不受約束的想像力，真的勝過 Zip2 和 PayPal 經理人相對謹慎的務實主義。如果 Zip2 依照馬斯克的想法追逐消費者市場，它很有可能發展出極具影響力的地圖搜尋和評論服務。至於 PayPal，我們也可以做出這個結論：這些投資人太早出售公司，他們應該聽從馬斯克的意見維持獨立。PayPal 在 2014 年已累計用戶數達 1.53 億，公司市值接近 320 億美元。還有大批提供線上支付和銀行業務的新創公司也已經出現，例如 Square、Stripe 和 Simple，這只是眾多 S 開頭公司中的其中三家，這些公司都希望能實現原先 X.com 的多數願景。

如果 X.com 的董事會能夠對馬斯克多點耐心，我們有充分的理由相信，他會成功實現他原本打算創造的「統管一切的線上銀行」。歷史證明，雖然馬斯克的目標在當時可能聽起來很荒謬，但他的確相信這些目標，如果有足夠的時間，他也打算去實現這些目標。「他做事情的方式，總是有別於我們其他人對現實的理解，」安肯布蘭特說，「他就是不同於我們其他人。」

就在馬斯克經歷 Zip2 和 PayPal 的商場紛擾時，他在私人生活裡找到了片刻寧靜。他遠距離追求潔絲汀多年，週末讓她飛過來探望他。長期以來，他忙於事業，對這段關係造成了阻礙。Zip2 出售後，馬斯克買下一個屬於自己的家，也可以給予潔絲汀多一些關心。他們歷經波折，但青春戀人的熱情不變。「我們經常爭吵，但不吵架時，我們有一種深刻的憐惜之

情，一種心靈上的契合，」潔絲汀說。這對情侶因為潔絲汀不斷接到前男友的來電而吵了好幾天，潔絲汀說：「伊隆不喜歡那樣。」

有天，就在走近 X.com 辦公室時，他們又起了一次爭執。「我記得當時心想，如果我打算忍受這些爭吵，不如結婚。於是我告訴他，他應該乾脆跟我求婚，」潔絲汀說。馬斯克花了幾分鐘冷靜下來，然後就照做了。幾天後，馬斯克展現有點騎士風格的求婚方式，他在人行道上跪了下來，向潔絲汀呈上一枚戒指。

潔絲汀十分清楚，馬斯克的悲慘童年，以及他的情緒起伏是多麼劇烈，但此刻的她被浪漫氛圍給矇蔽了，她只看到他的優點。馬斯克經常喜歡提到亞歷山大大帝，而潔絲汀將他視為征服自己的英雄。「他不怕承擔責任，」她指出，「他不會逃避，他想要結婚並早點有孩子。」馬斯克也流露出自信和熱情，這讓潔絲汀認為，與他共度人生應該是對的決定。

「追求金錢不是他的動機，而且說實話，我認為他只是盡全力去做他想做的事，」潔絲汀說，「他看到機會就在那裡，他知道自己能創造出新事業。」

在他們的婚宴上，潔絲汀見識到這位商場征服者的另一面。他們跳舞的時候，馬斯克將潔絲汀拉近，並告知她：「我是這個關係裡的主宰者。」兩個月之後，潔絲汀簽下後來成為她夢魘的婚後財產協議書，雙方因此進入長期角力。多年之後，她在《美麗佳人》的一篇文章裡形容這個情況：「他不斷指正、發現我不足的地方，而我一再告訴他：『我是你的妻

子，不是你的員工。』而他總是說：『如果你是我的員工，我
會開除你。』」

「休假會害死你」

　　X.com 的戲劇性發展無助於這對新婚夫婦的關係。他們將
蜜月延期，然後這場叛變又使它變了調。一直到 2000 年 12 月
事情沉澱下來之後，馬斯克才有了多年來的第一次假期。他安
排了為期兩週的旅行，先到巴西，再到南非靠近莫三比克邊境
的一個野生動物保護區。在南非的時候，馬斯克感染到毒性最
強的瘧疾 —— 熱帶瘧疾，是絕大多數瘧疾死亡病例的元兇。

　　馬斯克於 2001 年 1 月返回加州，病情發作，他開始生病並
臥床好幾天，後來潔絲汀帶他去看醫生，然後醫生命令救護車
緊急將馬斯克送去紅木市紅杉醫院。[13] 但那裡的醫生誤診，治
療方法錯誤，馬斯克差點死掉。「然後剛好有個別家醫院來訪
的醫師，他曾經看過許多瘧疾病例，」馬斯克說。他在實驗室
裡仔細察看馬斯克的血液檢測，並立即開了最大劑量的強力黴
素。醫生告訴馬斯克，再晚個一天，這個藥可能就無效了。

　　馬斯克在加護病房待了痛苦的 10 天。這次經驗把潔絲汀
嚇壞了。「他壯得像坦克，」她說，「他一向可以應付種種壓
力，他擁有的活力和能力，是我在別人身上從未看過的，但看
到他那樣痛苦萬分的躺著，真的讓人很不忍心。」

　　馬斯克花了 6 個月才復原。生病期間，他瘦了 45 磅，衣櫃
裡的衣服都不合身了。「我差點就死了，」馬斯克說，「那是
我的度假教訓，休假會害死你。」

06

太空的召喚
建立 SpaceX 創新大軍

　　2001年6月，馬斯克滿30歲，伴隨這個生日而來的卻是重大打擊。「我不再是天才兒童了，」他吞下苦澀，半開玩笑的對潔絲汀說。同月，X.com正式更名為PayPal，殘酷的提醒馬斯克，這家公司已經被奪走，交給別人經營了。

　　被馬斯克形容像是「一邊吞食玻璃，一邊凝望深淵」的創業人生，已經變老了，矽谷也是。

　　那種感覺就像置身一場專業展中，裡面的人各個都是科技人士，都在談論募集資金、IPO，追逐豐厚回報，也都愛吹噓自己有多麼拚命工作，潔絲汀每次聽到這些話都只是報以微笑，因為她了解馬斯克過著更極端的矽谷生活，是這些人根本無法想像的。「我有朋友抱怨，她們的老公晚上七、八點才回家，」潔絲汀說，「伊隆則是晚上十一點才回來，然後再工作一段時間後，才上床睡覺。一般人未必了解，他為了實現理想所做的犧牲。」

對馬斯克來說，有個念頭開始愈來愈吸引人，那就是離開這個獲利極為豐厚的激烈競爭環境。馬斯克的整個人生都在追逐更大的舞台，而此刻的帕羅奧圖似乎比較像是他的墊腳石，而非終點。於是這對夫妻決定搬到洛杉磯，在那裡建立他們的家庭，邁向人生下一個篇章。

探索網路之外更大的可能

「伊隆喜歡像洛杉磯這樣充滿刺激又多元思考的城市，」潔絲汀說，「還有他喜歡待在有行動力的地方。」馬斯克身邊有一小群至親好友，他們也有類似想法，於是跟著一起搬到洛杉磯。接下來幾年，實現瘋狂夢想的日子就此展開。

吸引馬斯克的，不只是洛杉磯的多采多姿與華麗炫目，還有太空的召喚。

馬斯克被迫離開PayPal之後，開始重新思考童年時對火箭飛行器和太空旅行的夢想。他也開始認為，他可能有比開發網路服務更偉大的使命。周遭友人很快感受到他的態度和想法轉變了，包括某週末於拉斯維加斯聚會慶功的一群PayPal主管，「我們聚在硬石餐廳的一個小房間，伊隆在一旁讀著一本不知名的蘇聯火箭指南，書全發霉了，看起來似乎是從eBay買來的。」PayPal早期投資人哈茲（Kevin Hartz）說，「他很認真研讀這本書，還跟大家談論太空旅行，以及如何改變世界。」

馬斯克是刻意選擇洛杉磯的，這座城市使他得以接觸太空或至少航太產業。南加州溫和而穩定的氣候，使得洛杉磯自1920年代洛克希德公司（於1995年更名為洛克希德馬丁）在

好萊塢成立以來，就受到航太產業的青睞。包括傳奇工業家休斯，以及美國空軍、美國航太總署（NASA）、波音公司在內，有許多航太業一流的人才和機構已經在洛杉磯及其鄰近區域，進行多項製造計畫和尖端實驗。時至今日，洛杉磯依舊是美國軍方航太作業和相關商業活動的重地。

雖然馬斯克還不確定自己要做什麼，但他意識到，只要待在這個城市，他身邊就會圍繞著世界頂尖的航太思想家，他們可以幫助他完成他的想法，而且他可以招募到許多人才加入他的下一家公司。

馬斯克與航太界的初次接觸，是與一群來自各行各業的太空迷見面，他們是非營利組織火星學會的成員。火星學會致力於探索及定居這顆紅色星球，他們計劃於 2001 年年中召開一場募款活動。出席者每人需繳交餐費 500 美元，活動地點在一個會員家中，邀請函已預先寄給經常出席的賓客。

火星學會會長朱布林（Robert Zubrin）意外收到了一張回函，是一個名叫馬斯克的人寄來的，但沒有人記得曾邀請過他。「他給了我們一張 5,000 美元的支票，」朱布林說，「這引起所有人注意。」朱布林開始調查馬斯克，確定他很有錢，於是邀請他在晚宴之前喝咖啡，「我想確定他真的了解我們已經進行的一些重要項目。」朱布林跟馬斯克講述了許多關於火星學會多年來的努力成果，包括在北極建立研究中心，以模擬火星的嚴酷環境，以及他們一直以來為「生命遷徙計畫」（Translife Mission）進行的實驗。

他們計劃讓一艘太空艙環繞地球飛行，乘客是一群老

鼠。「太空艙會旋轉，以給予這些老鼠三分之一的重力，亦即人在火星上的重力，而且老鼠會在那裡生活並繁衍，」朱布林告訴馬斯克。

晚宴開始，朱布林安排馬斯克坐在貴賓席，同桌的還有名導演暨太空愛好者卡麥隆（James Cameron），以及對火星很有興趣的NASA行星科學家斯多克（Carol Stoker）。「伊隆外表非常年輕，看起來就像個大男孩，」斯多克說，「卡麥隆遊說他投資他的下一部電影，而朱布林也賣力的要他捐一大筆錢給學會。」馬斯克則是趁此機會試探商機和結識人脈。

斯多克的丈夫是NASA航太工程師，他正在研究一種概念，讓飛行器滑翔火星上空，尋找水的存在。馬斯克很喜歡這個點子。「他看起來遠比其他富翁認真多了，」朱布林說，「他對太空了解不多，但他有科學頭腦。他想確切知道有哪些火星計畫已在進行，以及這些計畫的重要性。」馬斯克立刻喜歡上火星學會，並加入董事會，還捐了10萬美元，資助一座在沙漠中的研究站。

周遭朋友其實不太確定是什麼促使馬斯克有此轉變，因對抗瘧疾而體重驟減的馬斯克，身形看起來猶如骷髏。現在的他不需要有人起頭，就會開始發表宏論，說他想要利用他的人生做一些有意義、可以流傳後世的事。馬斯克的下一步要不是太陽能，就是太空。「他說，邏輯上他下一步想要發展的是太陽能，但我想不出他要如何從中賺錢。」扎克瑞是一個投資人，也是馬斯克的密友，他回憶起有次兩人的午餐聚會，「他開始談論太空（space），我還以為他指的是不動產業的辦公空

間（office space）。」

實際上馬斯克的想法已開始超越火星學會，他想的不是把老鼠送入地球軌道，而是把老鼠送上火星。以當時非常粗略的估算，這趟旅程要耗資1,500萬美元。「他問我是否認為那個念頭很瘋狂，」扎克瑞說，「我問他『這些老鼠還會回來嗎？如果不回來，沒錯，大多數人都會覺得很瘋狂。』」實際上，這些老鼠不僅要被送到火星並回到地球，而且要在長達數月的旅途中繁殖。馬斯克另一名友人、靠eBay致富的斯高爾（Jeff Skoll）指出，這些老鼠會需要大量乳酪，於是買了一塊巨大車輪狀的Le Brouere起司（一種gruyere乾酪）送給馬斯克。

對征服未知充滿熱情

馬斯克並不介意成為乳酪笑話的笑柄，他對太空的思考愈深入，太空探索似乎對他愈重要。他覺得大眾彷彿已經喪失對未來的雄心和期許。一般人也許會將太空探索視為浪費時間、精力與金錢，並因為他討論這個話題而嘲笑他，但馬斯克是非常嚴肅認真的思考星際旅行的可能。他想要鼓舞大眾，重新激發他們對於科學、征服未知和技術創新的熱情。

某天，馬斯克上NASA網站，讓他對人類已失去自我突破的決心，感到益發憂心。他原本以為可以找到詳細的火星探索計畫，卻只找到一些不重要的資訊。「起初我想，不會吧，也許我沒找對地方？」馬斯克曾經告訴《連線》雜誌，「為什麼網站上沒有刊出任何新計畫，也沒有執行計畫的進度？什麼都沒有，簡直不可思議。」

馬斯克相信，美國人的根本信念跟人類對於探索的渴望密切相關。他覺得悲哀的是，像NASA這樣的美國政府機構，它的任務應該是：在太空做最大膽創新的嘗試，並探索新的未知領域，但它似乎完全不把火星探索當一回事。「天命昭彰」（Manifest Destiny；譯注：19世紀的美國政治標語，意指美國被賦予向西擴張橫跨北美的天命。馬斯克借用這個標語來表明，他認為美國已喪失突破自我限制的國家精神和使命感）的精神已經式微，或甚至已將湮滅，而且似乎沒有人在乎。

如同許多追求重振美國精神，並為全人類帶來希望的行動一樣，馬斯克的征途始於一家飯店的會議室。這時馬斯克已建構了一個相當不錯的太空產業聯絡網，他將最頂尖的人才組成一個團體，並舉行一連串聚會，有時候是在洛杉磯國際機場文藝復興飯店，有時候是在帕羅奧圖的一家飯店。馬斯克並沒有提出正式的事業計畫，他讓這些人才自由討論，請他們協助發想開發送老鼠上火星的構想，或是至少提出類似想法。

馬斯克希望能為人類想出一個偉大的行動計畫，某種會吸引全世界目光的計畫，讓人們重新思考火星，並反思人類的潛能。與會的科學家和精英，打算想出一個技術上可行、大約耗資2,000萬美元的太空探險計畫。馬斯克後來辭去火星學會的董事職位，宣布成立自己的機構：生命遠征火星基金會（Life to Mars Foundation）。

把生物送上太空

2001年的這些聚會，出席者人才濟濟，除了航太總署噴

射推進實驗室（Jet Propulsion Laboratory）的科學家們，以及卡麥隆等人為這場盛事增添星光外，還有學經歷相當傑出的葛瑞芬（Michael Griffin）。

葛瑞芬擁有航太工程、電子工程、土木工程和應用物理學等學位，曾任職於CIA旗下創投機構IQT電信（In-Q-Tel）、航太總署和噴射推進實驗室，當時他正要離開衛星和太空飛行器製造商軌道科學公司（Orbital Sciences），辭去公司技術長和太空系統事業集團總經理等職務。可以這樣說，全世界沒有人比葛瑞芬更了解把東西送上太空的真實情況了，而他正在為馬斯克工作，擔任太空智囊團的首腦（四年之後，也就是2005年，葛瑞芬接掌航太總署署長的職位）。

這些專家們非常興奮，又有一個有錢的傢伙出現，願意資助開拓太空中有趣的事情，他們興高采烈的討論把齧齒類動物送上太空，並觀察牠們繁殖的價值和可行性。然而，隨著一次次的討論，他們開始針對一個不一樣的計畫建立起共識，在這個名為「火星綠洲」（Mars Oasis）的計畫中，馬斯克需要購買一枚火箭，並用它把一座機器溫室送上火星。一組研究人員已經在研製適合太空的植物溫室，這個計畫的想法是修改它的裝置，使其能夠短暫開啟，吸入一些火星風化層或土壤，然後利用它使植物生長，這樣的結果會在火星上產生最初的氧氣。這個新計畫看起來很炫也可行，馬斯克非常感興趣。

馬斯克希望這個裝置有扇窗戶，並且能夠將影像傳回地球，以便人們觀測植物在火星的生長。這群專家也討論了將工具包分發給全美的學生，讓學生們同時栽種自己的植物，並做

紀錄，例如在相同時間內，火星植物可能比地球植物成長快一倍。「這個構想已經以不同形式流傳了一陣子，」曾參與這些聚會的資深太空產業人士畢爾登（Dave Bearden）表示，「有可能最後結果是，沒錯，火星上真的有生命，而且是我們放在那裡的。但願它能啟迪數以千計的孩童，這個地方並非那麼不友善。他們可能會開始思考：『也許我們應該去火星。』」

馬斯克對這個構想的熱情開始激勵這群專家，他們當中有許多人原本對太空事業是否能夠再度出現新事物日益悲觀。「馬斯克是個非常聰明、行動積極的人，而且十分有自信，」畢爾登說，「有一次，有人提到馬斯克或許能成為《時代》雜誌年度風雲人物，馬斯克面露喜色（譯注：馬斯克後來曾數次入選《時代》百大影響力人物）。他相信自己是能改變這個世界的人。」

這些太空專家的主要煩惱是馬斯克的預算。這些聚會之後，馬斯克似乎想要花費2,000萬至3,000萬美元在這項驚人計畫上，而所有人都知道，這些錢還不夠發射一枚火箭。「我認為，需要2億美元才能做得成，」畢爾登說，「但大家不願意太早提出太多現實問題，以免整個構想胎死腹中。」

此外，還有個巨大的工程難題需要解決。「要在這個東西上面開一大扇窗戶，是一個十足的熱學問題，」畢爾登表示，「你無法讓這個溫室裝置保持足以維持生命的溫度。」將火星土壤吸入這個裝置，似乎不僅實務上難以實現，而且完全像個餿主意，因為火星表面土壤是有毒的。科學家們一度討論，以富含養分的凝膠來種植植物，但那感覺像作弊，也可能

損害這個計畫的整個重點。即便是最樂觀的時刻，也會被種種的未知淹沒。有位科學家找到了一些適應力非常強的芥菜種子，覺得它們或許能在處理過的火星土壤裡存活。「但如果這些植物無法存活，將會有相當大的負面效應，」畢爾登表示，「要是火星上有個死亡的植物園，最終會起反效果。」[14]

但馬斯克從不退縮，他讓一些自願提供點子的人成為他的顧問，並要他們去進行這台植栽機器的設計工作。他還密謀前往俄羅斯，弄清楚發射火箭究竟要花多少錢。馬斯克打算向俄羅斯人購買一枚洲際彈道導彈，做為他的發射運輸工具。馬斯克找到坎特瑞爾（Jim Cantrell）來幫助他做這件事。

坎特瑞爾並非等閒之輩，他之前曾為美國政府和其他國家從事過各種不同的機密和非機密工作。坎特瑞爾有名的事蹟之一，包括他曾因一次衛星交易出了差錯，於 1996 年被俄羅斯人以間諜罪名軟禁。「幾週之後，時任美國副總統的高爾努力交涉，打了數通電話之後，事情才得以解決，」坎特瑞爾說，「我永遠不想再和俄羅斯人打交道了。」不過馬斯克可不這麼想。

在一個炎熱的 7 月晚間，坎特瑞爾在猶他州開著他的敞篷車，這時他接到一通電話。「這位仁兄操著奇怪的口音說：『我真的需要跟你聊聊，我是個億萬富翁，正打算展開一項太空計畫。』」坎特瑞爾聽不太清楚馬斯克的話，以為對方名叫伊恩。他跟對方說，等他到家後會回電。

一開始這兩個男人都不太信任對方，馬斯克不願把自己的手機號碼給坎特瑞爾，選擇從他的傳真機撥打電話。坎特瑞爾

覺得馬斯克這個人確實讓人好奇，但他也太急切了。「他問我附近是否有機場，以及隔天是否能碰面，」坎特瑞爾說，「我心裡的危險訊號開始響起。」坎特瑞爾害怕是他的仇人正設法精心布下陷阱，就告訴馬斯克約在鹽湖城機場會面，他會在達美航空候機室附近租一間會議室。坎特瑞爾說：「我想在他通過安檢之後再碰面，如此一來，他就不可能帶槍。」馬斯克和坎特瑞爾終於碰面，雙方一拍即合。

成為多星球公民的狂想

馬斯克暢談他的理念：「人類必須成為多星球物種」，而坎特瑞爾表示，如果馬斯克是非常認真的，他願意再度前往俄羅斯幫忙購買火箭。

2001 年 10 月底，馬斯克、坎特瑞爾和馬斯克大學時期友人瑞希，搭乘商務客機飛往莫斯科。瑞希一直扮演馬斯克守護者的角色，試圖確保他最好的朋友不會失去理智。行前馬斯克的朋友們製作火箭爆炸的影片，並採取干預行動，試圖勸阻他不要浪費錢。這些方法都失靈後，瑞希跟著馬斯克去莫斯科，企圖盡最大努力來遏阻馬斯克的非理性行為。「瑞希把我叫到一旁說：『伊隆在做的事情是極度愚蠢的，這是在做慈善事業嗎？太荒唐了。』」坎特瑞爾說，「他真的很擔心，但還是跟我們一起去了。」為什麼不呢？他們要前往莫斯科，這個城市正處於蘇聯解體後最自由的時期，富人們顯然能夠從公開市場上買到太空導彈。

馬斯克一行人後來又加入葛瑞芬這名戰將，他們在四個月

內與俄羅斯人進行三次會面。[15]這群人與曾為俄羅斯聯邦太空局製造火星和金星探測器的 NPO Lavochkin，以及商用火箭商 Kosmotras 會面了數次。每次會面幾乎都無法避免的依照俄國禮儀進行，俄羅斯人通常會跳過早餐，並要求在上午十一點左右在他們的辦公室見面，一起共進早午餐，接著是一個小時以上的閒聊，有各式各樣的三明治、香腸供與會人士挑選，當然還有伏特加酒。

會談過程中，葛瑞芬往往會先失去耐性。「他對笨蛋的忍受度很低，」坎特瑞爾說，「他會環視四周，想知道我們何時要開始談正經事。」答案是沒那麼快。午餐之後，是漫長的抽菸、喝咖啡時間。直到桌面都清乾淨了，俄羅斯方面的負責人會轉向馬斯克並問道：「你想要買什麼？」如果對方用比較認真的態度對待馬斯克，這個冗長的過程可能還不會讓馬斯克太生氣。「他們看我們的樣子，就像我們是不能相信的人，」坎特瑞爾表示，「他們的一名首席設計師對我和伊隆嗤之以鼻，因為他覺得我們在胡說八道。」

最激烈的一次會談，發生在鄰近莫斯科市中心、一棟年久失修的十月革命前華麗建築裡。一開始幾杯伏特加下肚，雙方舉杯「為太空乾杯！」「為美國乾杯！」，馬斯克死守著 2,000 萬美元，希望足夠買到三枚洲際彈道導彈，然後改裝送上太空。酒酣耳熱之際，馬斯克直截了當問一枚導彈要賣多少錢。對方回答：800 萬美元一枚。馬斯克還價兩枚 800 萬美元。「他們坐在那裡，看著他，」坎特瑞爾說，「他們說了一些諸如『年輕人，這樣不行。』之類的話，還暗示他根本沒

錢。」這時候，馬斯克確信，這些俄羅斯人要不是不想認真做生意，就是決心榨乾他的錢，於是憤然離去。

馬斯克一行人心情跌到谷底。時近2002年2月底，他們走到外面，招了一輛計程車，在莫斯科冬日白雪和垃圾包圍下，直奔機場。在車裡，沒人開口說話。馬斯克懷抱為人類投入一個偉大冒險的樂觀心情來到俄羅斯，離去時卻充滿了對人性的憤怒和失望。只有從俄羅斯人手裡，才有可能買到符合馬斯克預算的火箭。

「這段路途感覺特別漫長，」坎特瑞爾說，「我們沉默的坐在車裡，看著俄羅斯農民在雪中購物。」一路上氣氛很凝重，直到登機後飲料推車上來，「從莫斯科機場起飛時，你總會特別開心，」坎特瑞爾表示，「感覺像是『天哪，我得救了。』所以，葛瑞芬和我點了飲料並舉杯致意。」

不如自己製造火箭

馬斯克坐在前一排，認真敲打著電腦鍵盤。「我們在想，『這該死的怪咖，現在他能幹嘛？』就在這時候，馬斯克突然轉身，晃了一下他做好的表格，他說：『嘿，各位，我覺得我們可以自己製造火箭。』」

此時葛瑞芬和坎特瑞爾已經幾杯酒下肚，也已沮喪到不想再跟著一個幻想起舞。他們太清楚那些豪情萬丈的富豪故事，他們以為自己能征服太空，結果卻只是燒掉他們的財富。就在前一年，德州房地產和金融奇才畢爾（Andrew Beal），投入數百萬美元在一個大規模的測試場後，關閉了他

的航太公司。「我們心想：『是啊，你哪來的大批人力做這些事啊？』」坎特瑞爾說，「但伊隆說：『我是認真的，我有這個表格。』」

馬斯克把他的筆記型電腦遞給葛瑞芬和坎特瑞爾，他們驚訝到說不出話來。這個表格詳盡列出建造、裝配和發射一枚火箭所需的材料成本。

根據馬斯克的計算，他能夠以遠比現有公司低的價格，建造一枚中型火箭，切入專門運送小型衛星和研究用酬載至太空的市場。這份表格還列出了該火箭的假想性能參數，詳盡程度令人印象深刻。坎特瑞爾問馬斯克說：「你從哪裡得到這些？」馬斯克已經花了幾個月的時間，研究航太產業及其背後的物理原理。根據坎特瑞爾和其他人的說法，馬斯克借閱了好幾本書，包括《火箭推進原理》（*Rocket Propulsion Elements*）、《太空動力學原理》（*Fundamentals of Astrodynamics*）、《燃氣渦輪和火箭推進的空氣熱力學》（*Aerothermodynamics of Gas Turbine and Rocket Propulsion*），以及其他幾本比較基本的教材。

馬斯克已恢復少年時期貪婪攝取資訊的狀態，並透過深入思考領悟到，火箭的造價可能可以遠低於俄羅斯人的出價，也應該如此。忘記老鼠吧！忘記觀測植物在火星上生長（或可能死亡）！馬斯克將會透過降低探索太空的成本來激勵人們重新思考太空。

馬斯克的計畫看在當時航太界人士眼裡，幾乎所有人都嗤之以鼻。像朱布林這樣的人士，已經見過許多類似戲碼。「有許多億萬富翁被工程師的美好故事打動，」朱布林說，「我

的頭腦加上你的金錢，我們能建造一艘火箭飛行器，它能賺錢，還能開拓新的太空領域。這些科技專家通常耗掉富翁兩年的資金後，這個有錢的仁兄就會厭倦並關閉這項計畫。對於伊隆，大家只有嘆息：『喔，好吧！他本來可以花1,000萬美元把老鼠送上太空，但他現在卻要耗資數億美元，而且很可能像之前所有人那樣以失敗收場。』」

擁有祕密武器

　　馬斯克很清楚創辦一家火箭製造公司的種種風險，但在這個前人紛紛失敗的領域中，他擁有一個祕密武器，也是他認為自己可能成功的理由，那就是重要成員慕勒（Tom Mueller）的加入。

　　慕勒出身平凡的伐木家庭，在愛達荷州小鎮聖瑪麗斯長大，從小就是個出了名的怪胎。當其他孩子在冬日樹林裡玩耍時，慕勒卻獨自待在溫暖的圖書館裡讀書，或是在家看「星艦迷航記」。他喜歡修理東西，念小學時，有一天他走路上學，在小巷裡撿到一個破爛時鐘，他把它變成得意的課外研究計畫，他每天修理時鐘的部分零件，一個齒輪、一個彈簧的拼湊，直到修好為止。類似事情也發生在他家的割草機，某日下午，他一時興起把放在門前草坪上的割草機拆了。「我爸爸回到家，非常生氣，因為他以為得買一部新的割草機，」慕勒說，「但我把它組裝回去，又能跑了。」

　　接下來，慕勒迷上了火箭。他開始郵購工具包，按照說明書建造小型火箭。很快他就自學成師，開始建造自己設計的裝

置。12歲時，他精心製作了一個太空梭模型，可以被安裝在火箭上、送上空中，然後滑回地面。幾年後，慕勒為了一項科學展覽計畫，向他的父親借了氧乙炔電焊機來製作一個火箭引擎模型。他把這個裝置倒立放在裝滿水的咖啡罐裡讓它冷卻，「我可以一整天都忙這個，」他說。他還發明了同樣具有創意的方法來測量它的性能。這台機器很棒，為他贏得幾項地區性科展競賽，最後甚至進入國際比賽，「但我在那裡一下子就被各方高手狠狠打敗。」

慕勒的身材瘦高，有一張方臉。他是那種隨和的人，在大學裡混了一段時間，教朋友如何製造煙霧彈，最後定下心專注在機械工程方面，也獲致了不錯的成績。大學一畢業，他就加入休斯飛機製造公司（Hughes Aircraft），從事衛星製造，「不是火箭，不過挺接近的。」慕勒說。接著，他加入 TRW 太空暨電子設備公司。當時是1980年代後半，雷根總統的「星戰計畫」使得太空迷們夢想著高能武器與各種破壞性武器。

在TRW，慕勒試驗了各種不可思議的推進劑，並監督該公司的TR-106火箭引擎研發作業，那是一台以液態氧和氫為燃料的龐大機器。他的愛好之一是和反應研究學會（Reaction Research Society）的業餘火箭愛好者聚會，這個組織成立於1943年，目的是鼓勵建造和發射火箭，成員有數百位。

週末時，慕勒會跟學會成員一起到莫哈韋沙漠，尋求機械製造的更大突破。他是這個學會裡傑出人士之一，能夠製造出可實際運轉的機器，還能測試一些遭TRW保守上司否決的激進概念。他當時的顛峰之作是一台重量80磅、能產生13,000

磅推力的火箭引擎，這台火箭引擎是業餘人士建造的世界最大液態燃料火箭引擎。「那些火箭仍舊懸掛在我的車庫裡，」慕勒表示。

2002年1月，慕勒來找火箭同好賈維（John Garvey）。原本在麥道航太公司（McDonnell Douglas）工作的賈維，當時已辭職並開始建造自己的火箭，他在亨廷頓海灘（Huntington Beach）租了一間工業廠房，空間大約能容納六輛車。他們在調整慕勒那台80磅的火箭引擎時，賈維提及有個名叫馬斯克的人可能來訪。

火箭愛好者的圈子很緊密，坎特瑞爾推薦馬斯克去賈維的工廠看慕勒的設計。某個週日，馬斯克和有孕在身的潔絲汀一同來訪，馬斯克身穿時髦的黑色皮質風衣，看起來像是一名高級刺客。慕勒肩上扛著那台80磅的火箭引擎，正試著用螺栓把它固定在支撐結構上，這時馬斯克開始不斷提問。「他問我這台火箭引擎有多大推力，」慕勒說，「他想知道，我是否曾經做過推力更大的火箭引擎。我回說『有』，我在TRW曾做過65萬磅推力的火箭引擎，而且清楚它的每個零件。」慕勒把火箭引擎放下來，以便跟上馬斯克的詰問。「那個大火箭引擎造價多少？」馬斯克問。慕勒說，TRW大約花了1,200萬美元建造這台火箭引擎。馬斯克反問：「但你真正可以用多少成本製造？」

慕勒最後跟馬斯克聊了好幾個小時。接下來那個週末，慕勒邀請馬斯克去他家繼續討論。馬斯克明白，他已經找到一個對火箭製造瞭若指掌的人。接著，馬斯克將慕勒介紹給他的太

空專家們，並讓慕勒加入他們的祕密圓桌會議。這些專家水準之高，令慕勒印象深刻，他曾經拒絕過畢爾和其他新進航太人士的邀約，因為他們的想法太異想天開。

相反的，馬斯克似乎明白自己正在做什麼，透過一次又一次的面談，淘汰不認同這個計畫的人，並建立一個聰明又願意全心投入的工程師團隊。

成為太空新紀元的主力

慕勒幫助馬斯克在那張表格又填上一枚新型低成本火箭的性能與造價，後來又與其他馬斯克團隊成員一起改進這個創業構想。不同於波音、洛克希德馬丁，或俄羅斯和其他國家發射的大型火箭，這種新型火箭將不會運載卡車大小的衛星。相反的，馬斯克的火箭會瞄準較低階的衛星市場，這種火箭很適合提供新崛起的較小有效酬載服務，近幾年來演算能力和電子技術大幅進步，促成了這些較小酬載的服務需求。

太空產業一直有個假設性的理論：**如果一家公司能夠大幅降低每次發射的成本，並能夠定期發射，將為商用和研究用酬載開啟一個全新市場。**馬斯克非常喜歡這個引領潮流及成為太空新紀元主力的想法，他打算讓他的火箭事業直接切入這個新市場。當然，這一切還是理論性的。然後，突然之間，它不再是個理論，航太產業與太空探險的新時代，因馬斯克的加入正式展開。

PayPal 於 2002 年 2 月上市，股價飆漲 55%，而且馬斯克知道 eBay 想要買下這家公司。就在馬斯克思考火箭創業的構想

時，他的淨資產已經從數千萬美元增加至數億美元。

2002年4月，馬斯克徹底放棄宣揚火星的噱頭點子（送植物上火星），全心投入創立一家商用航太公司。他把坎特瑞爾、葛瑞芬、慕勒和波音公司的航太工程師湯普森（Chris Thompson）拉到一旁，並告訴他們：「我想要成立一家太空探索公司。如果你們加入，我們就開始吧！」（葛瑞芬想要加入，但最後放棄了，因為馬斯克否決他要居住在東岸的要求；坎特瑞爾在這次會議後，也只堅持了幾個月，因為他覺得這家公司風險太大。）

SpaceX火箭開發革命

2002年6月，太空探索科技公司SpaceX低調誕生。馬斯克在洛杉磯市郊的埃爾塞貢多（El Segundo）買下位於東大道1310號的一間舊倉庫，該地區的航太產業頗為活躍。這間倉庫占地約兩千多坪，前任業主有許多發貨的業務，並利用建築南側做為物流倉庫，配備運貨卡車的進貨區，這使得馬斯克能夠直接將他的銀色邁拉倫駛入這棟建築。

除此之外，周圍空蕩蕩，只有水泥地面和12公尺高的天花板，裸露的木頭橫樑和隔熱建材形成弧形屋頂，讓這個空間看起來像個飛機棚。建築北側是辦公區，有辦公隔間，空間約能容納50人。SpaceX營運的第一週，運貨卡車送來整車的戴爾筆電、印表機和折疊桌，這些桌子是公司的首批辦公桌。馬斯克走到其中一個卸貨區，升起鐵捲門，親自動手卸貨。

馬斯克很快就按照他特有的工廠美學，改裝了SpaceX辦

公室，水泥地面鋪上了一層光滑的人工樹脂，白色新漆厚厚的粉刷在牆面上。白色的設計是要讓工廠看起來乾淨，並給人愉快感受。

辦公桌散布於廠房四周，以便那些從常春藤名校畢業的電腦科學家和工程師，在設計機器時，能夠與建造硬體的焊接師傅和機械技師就近在一起工作。這種做法是 SpaceX 的第一項重大突破，因為傳統航太公司偏好將不同的工程部門隔開，而且為了在不動產和勞工成本低廉的地點設廠，工程師和機械技師往往相隔數千里遠。

數十名首批員工上工，公司告訴他們 SpaceX 的使命是成為「太空業的西南航空公司」。SpaceX 將建造自己的火箭引擎，至於火箭的其他零部件則外包給供應商。他們將致力建造更好、更便宜的火箭引擎和完善的組裝流程，以最快的速度製造最低成本的火箭，藉此取得優於對手的競爭優勢。公司願景還包括建造一種行動發射運輸工具，這種運輸工具可以穿梭於各發射場，將火箭從水平位置轉為直立位置，並從容的將它射入太空。SpaceX 打算將這個流程做到非常完善，這樣每個月才能執行多次發射任務，靠每次的發射任務賺取營收，成為永遠不必仰賴政府資金的大型承包商。

SpaceX 企圖成為美國火箭產業現代化的全新開始。馬斯克覺得太空產業已經有近乎半個世紀沒有真正的進展了，航太公司之間少有競爭，它們傾向於製造最高性能的極昂貴產品，為每一次發射建造一台法拉利，但其實一輛本田雅歌，或許就能達到目的。

馬斯克把矽谷的創業能力運用在SapceX上，並善用過去數十年來計算能力和材料科學方面的巨大進展，使得公司營運精簡又迅速。身為民營企業，SpaceX還能夠避免政府承包商的浪費和成本超支的問題。馬斯克宣布，SpaceX的第一枚火箭將取名為獵鷹1號（Falcon 1），向「星際大戰」中的千歲鷹號和這個令人振奮的未來創造者致敬。當時550磅酬載的運送成本起價是3,000萬美元，馬斯克承諾，獵鷹1號將能夠以690萬美元的價格，載運1,400磅的酬載。

由於天性使然，馬斯克為這一切設定了一個極具野心的時間表。SpaceX最早期的一份報告顯示，公司想要在2003年5月完成第一台火箭引擎，6月完成第二台，7月完成箭體，8月把所有的東西組裝在一起，9月以前備好發射台，2003年11月進行首次發射，這時距離公司成立大約15個月之後。火星之旅很自然的被排在2010年底左右。馬斯克是一個邏輯思考型的天真樂觀主義者，這是他羅列出的實際執行所有任務應該花的時間，是他自我期許的底線，也是他那些並非完人的員工們努力不懈要達成的目標。

從無到有打造低成本火箭

太空愛好者開始知道這家新公司時，並未太糾結於馬斯克的時間表是否務實，他們只是非常興奮看到有人決定要採取低價和快速的製造模式。一些軍方人士一直在鼓吹這樣的想法：給予軍隊更具攻擊性的太空力量，亦即達到所謂的「太空快速反應」（responsive space）。如果衝突暴發，軍方希望能夠

擁有專為該軍事行動製造的衛星來做回應。想要實現這樣的目標，意味不再遵循舊有模式，得花10年時間建造和部署一顆特定任務衛星。不過，軍方想要的反而是造價更低、體積更小，可以透過軟體重新設置，且接到通知就能快速送上太空的衛星，幾乎像是拋棄型衛星。

「如果我們能努力實現，此舉將能真正打破原有格局。」擔任美國國防部顧問時與馬斯克結識的退役空軍將領沃爾登（Pete Worden）表示，「這能夠使得我們在太空的反應能力，與我們在陸地、海洋和空中的反應能力相近。」沃爾登的工作必須檢視根本的技術問題，儘管他遇到過許多行徑怪異的夢想者，但馬斯克顯然是腳踏實地、富有學識，也有能力的人。「我跟那些在車庫裡製造射線槍等東西的人談過，但很顯然，馬斯克有別於那些人。他有遠見，而且真的懂火箭技術，我對他印象深刻。」

科學家和軍方一樣，也想要以低價和快速的方式進入太空，以及能夠定期將實驗送上太空並取回數據。一些醫療和消費產品公司也有興趣將他們的產品送入太空，以研究低重力對產品性能的影響。

儘管低價發射運載工具聽起來很棒，但單靠一家民營公司的力量，要建造一台能夠運作的發射載具，成功機率是微乎其微。在YouTube上搜尋「火箭爆炸」，會找到數以千計的影片，記錄著過去數十年美國和前蘇聯的發射失敗事件。自1957年到1966年，光是美國就曾經試圖將400多枚火箭送入軌道，其中約100枚墜落燒毀。被用做太空運輸工具的火箭，

多數是由導彈改裝而成，它們是政府斥資數十億又數十億美元，嘗試了各種錯誤才開發出來的。

SpaceX的唯二優勢，在於能夠從過去這些作業中汲取經驗教訓，以及擁有一些曾在波音和TRW擔任火箭計畫的管理人員，但這家新創公司並沒有足以支撐一連串失敗爆炸的預算，它頂多只有三或四次機會來讓獵鷹1號成功升空。「人們認為，我們根本就是瘋子，」慕勒指出，「在TRW，我有大批人力和政府資金。現在，我們想要靠一個小團隊，從無到有的製造一枚低成本火箭，人們認為這根本不可能辦到。」

但馬斯克對於自己這個大膽又冒險的新事業，卻感到非常興奮。2007年7月，eBay做出積極行動，以15億美元收購PayPal。這個交易讓馬斯克擁有一些流動資金，讓他得以在SpaceX投入上億美元。有了這筆巨額的先期投資，沒有人能夠像之前在Zip2和PayPal那樣，與馬斯克較量，奪走SpaceX的控制權。對於那些同意伴隨馬斯克踏上這趟希望渺茫征途的員工而言，這一大筆資金提供了至少幾年的工作保障。這次收購案也提高了馬斯克的形象和聲譽，讓他得以藉此爭取與政府高層會面，並取得供應商的信任。

然後，突然之間，這一切似乎都不重要了。

潔絲汀生下兒子納華達，但就在eBay併購交易宣布時，十週大的納華達竟然夭折。當天馬斯克夫婦幫兒子蓋好被子讓他睡午覺，按照醫院教的方式，讓孩子仰臥。等他們回來查看時，發現孩子沒了呼吸。「醫護人員幫他急救，但他缺氧太久，已經腦死。」潔絲汀在為《美麗佳人》撰寫的文章中寫

道：「他在橘郡的一家醫院依靠維生系統度過了三天，我們決定拔掉維生系統，他在我的懷裡過世。伊隆清楚表明他不願意談論納華達的死亡，我不理解這點，就像他不理解我為何要公開表達我的悲傷，他認為這是一種情緒操弄。我埋葬了我的悲傷，為了填補納華達的死亡帶來的空虛感，在不到兩個月的時間內，我初次造訪一家試管嬰兒診所。伊隆和我計劃盡快再度受孕。接下來的五年裡，我接連生了雙胞胎和三胞胎。」

後來，潔絲汀把馬斯克對喪子的反應，歸結為他從痛苦童年中學習到的防衛機制。「他不擅長面對黑暗，」她對《君子》雜誌表示，「他是向前走的人，我覺得那是他的一種生存本能。」

馬斯克曾對幾個密友坦白心聲，表達他深沉的悲傷。但在很大程度上，潔絲汀對丈夫的解讀並沒有錯。他覺得公開表達悲傷沒意義，「談論這件事讓我極度難過，」馬斯克說，「我不知道為什麼要去談論讓我極度悲痛的事情，那樣對未來毫無益處，不是嗎？如果你有了其他孩子和責任，那麼沉溺於悲傷中，對你周遭的所有人都沒有好處。」

在納華達死後，馬斯克積極投入 SpaceX，並快速拓展公司的目標。馬斯克與航太產業的承包商就可能的外包計畫進行討論，結果卻讓他的幻想破滅，聽起來好像他們全都收費很高，但作業卻很慢。他們原本計劃將這類公司製造的零件整合，現在他們決定盡可能在 SpaceX 產製所需的零件。

「除了汲取從阿波羅號太空船到 X-34/Fastrac 型火箭這些發射載具計畫的經驗教訓，SpaceX 自行從零開始研發整個獵

鷹火箭,包括兩台火箭引擎、渦輪泵、低溫槽結構和導航系統,」SpaceX在公司網站上宣布:「從頭開始的內部研發工作增加了難度和必要的投資,但進入太空的成本亟需改進,我們別無選擇。」

前所未有的創新團隊

馬斯克聘請的SpaceX經理人,都是一時之選。

慕勒加入後,立刻動手建造兩台以兩種獵鷹名稱命名的火箭引擎:Merlin(灰背隼)和Kestrel(茶隼)。前海軍陸戰隊員、曾在波音公司管理三角洲(Delta)和泰坦(Titan)火箭製造的湯普森也加入公司,擔任營運副總裁。同樣來自波音公司的巴扎(Tim Buzza)被譽為世界最頂尖的火箭測試專家之一,也加入了SpaceX。曾任職於噴射推進實驗室和另外兩家商用航太公司的強生(Steve Johnson)被任命為資深機械工程師。航太工程師柯尼格斯曼(Hans Koenigsmann)則負責研發航空電子設備、導航和控制系統。

馬斯克也延攬航太界資深人士蕭特威爾(Gwynne Shotwell)加入,她成為SpaceX的首位銷售大將,幾年後一路晉升至總裁,成為馬斯克的得力左右手。

此外,布朗的加入也是公司成立初期的一件大事,她是SpaceX和特斯拉公司史上的傳奇人物,後來成了馬斯克的忠心助手,他們兩人建立了一個現實生活版的「鋼鐵人」中東尼史達克和小辣椒波茲的關係。馬斯克一天工作20小時,布朗也是一樣。這些年來,她給馬斯克送餐、安排商務會議、安排

他與孩子相聚的時間、幫他挑選服裝、處理媒體的要求，並在必要時將馬斯克從會議中拉出來，以確保他能按照預定時間表完成所有的工作。她是馬斯克與他所有興趣之間的唯一橋樑，也是公司員工們的珍貴資產。

布朗在發展 SpaceX 的早期文化上扮演關鍵角色。她注重小細節，例如辦公室裡紅色太空船造型的垃圾桶；她也幫忙調和辦公室的氣氛。碰到與馬斯克直接有關的事務時，她表情堅定，態度一絲不苟。其他時間，她通常面帶溫暖、寬大的笑容，並有著讓人卸下心防的魅力。布朗會收集寄給馬斯克的那些稀奇古怪的電子郵件，再以標註「本週怪人」的公文，轉發出去讓大家開心。入圍最詭異的郵件，包括一幅月球飛船的鉛筆素描，頁面上有個紅點，發信人把自己畫作上的那個紅點圈了起來，在旁邊寫道：「那是什麼？血嗎？」他們也收過不斷運轉的機器計畫、可用來堵住漏油的巨大充氣兔子的建議。

馬斯克不在公司的短暫期間，布朗的職責曾擴及管理 SpaceX 的帳目及處理營運流程。SpaceX 一名早期技師說，「她幾乎是發號施令的人，她會說：這是伊隆會想要的。」

但她最大的天賦可能是讀懂馬斯克的情緒，在 SpaceX 和特斯拉，布朗把她的辦公桌安排在馬斯克辦公桌前方不遠處，因此人們要和馬斯克會面，必須經過她。如果有人需要馬斯克批准採購高價項目，他們會先到布朗面前，等她點頭才去見馬斯克，如果是搖頭就離開，表示馬斯克當天心情不好。在馬斯克感情不順的期間，他的神經較平常更為緊繃，這套機制就變得格外重要。

SpaceX的基層工程師大多是能力很強的年輕男性。馬斯克會親自接洽頂尖大學的航太科系，打聽成績優異的學生。他經常打電話到學生宿舍，透過電話招攬學生。「我以為那通電話是惡作劇，」在史丹福大學就讀時，曾經接到馬斯克電話的科隆諾（Michael Colonno）指出，「我根本不相信他有一家火箭公司。」等這些學生在網路上查詢過馬斯克的資料，向他們推銷SpaceX就較容易了。

多年來（或許說幾十年來），有志探索太空的年輕航空奇才，首度有機會可以真的一展長才，參與一家可激發人心與創造力的新創航太公司，不需再為官僚的政府承包商工作，就有機會設計火箭，甚至成為太空人。隨著SpaceX的雄心壯志流傳開來，波音、洛克希德馬丁和軌道科學公司裡，富有冒險精神的頂尖工程師，也紛紛離職加入SpaceX。

SpaceX成立後的第一年，幾乎每週都有一、兩名新進員工。布洛根（Kevin Brogan）是第23號員工，他來自TRW，原來的工作讓他經常受挫於各種內部政策，「我稱它為鄉村俱樂部，在那裡根本沒人在幹活。」布洛根面試完隔天就開始上班，他被告知自己在辦公室找電腦使用。「結果我自己去Fry's電子大賣場張羅所有需要的東西，又去Staples辦公用品商場弄了一把椅子。」布洛根說。他立刻覺得大事不妙，每天工作12小時，開車回家後，睡10小時，接著又馬上回工廠工作。「一開始真的是累壞了，但很快我就愛上這份工作，完全被它吸引了。」

上下一心的強打作風

SpaceX首先決定克服的難題之一，是建造一台氣體產生器，這是一台與小型火箭引擎相仿、能產生熾熱氣體的機器。慕勒、巴扎和幾名年輕工程師在洛杉磯組裝了一台氣體產生器，接著將它裝上運貨卡車，駛往加州莫哈韋市進行測試。

莫哈韋市是位於沙漠的城鎮，距離洛杉磯約160公里，縮尺複合材料公司（Scaled Composites）、XCor等航太公司都聚集在這裡。在莫哈韋機場外圍有許多航太計畫在進行，各公司有各自的工廠，發射各種尖端飛機和火箭。SpaceX團隊與這個環境相當契合，他們向XCor借用測試台，大小剛好用來承載他們的氣體產生器。

第一次點火試驗在上午十一點進行，持續90秒鐘。氣體產生器能運作，但冒出翻騰的黑色濃煙，在這個無風的日子裡，籠罩著整個機場塔臺上方。機場經理下來到測試區，痛斥慕勒和巴扎。一直在協助SpaceX團隊的XCor人員勸他們慢慢來別急，等第二天再重新測試。但巴扎是準備實踐SpaceX不屈不撓精神的強勢領導人，他安排了幾輛卡車運來更多燃料，並說服了機場經理，準備好測試台進行第二次點火。

接下來的幾天，SpaceX的工程師們將流程做了最完美的安排，使得他們一天可以進行多次測試，這種做法在該機場前所未聞。兩週的作業之後，他們已經把這台氣體產生器調整到令人滿意的程度。

他們之後又去了莫哈韋市幾次，以及其他一些地點，包括

愛德華空軍基地的一座測試台，還有另一座位於密西西比州的測試台。在這個遠赴全美各地進行的火箭測試之旅中，SpaceX的工程師們在近德州中心的麥奎格（McGregor）找到了一個占地120公頃的測試場。他們非常喜歡這個測試場，並說服馬斯克買下它。

美國海軍曾在多年前於該地測試火箭，畢爾的航太公司倒閉前也在那裡做過測試。「畢爾發現，開發一枚能夠將大型衛星送入軌道的火箭需要花費3億美元，他決定收手，反而留給SpaceX許多有用的基礎設施，其中包括一座三層樓高的水泥三腳台，台腳像紅杉樹幹那樣粗，」新聞從業人員貝爾費歐爾（Michael Belfiore）在《火箭人》（Rocketeers）一書中寫道，該書記錄了幾家民營航太公司的崛起歷程。

一批年輕工程師住在德州，按照SpaceX的要求改裝這個測試場，霍爾曼（Jeremy Hollman）就是其中一員。他擁有愛荷華州立大學航太工程學位，以及南加大碩士學位，這樣的背景正是馬斯克想要招攬的類型。霍爾曼曾在波音公司任職測試工程師數年，工作涉及噴射機、火箭和太空飛行器。[16]

波音公司對員工的吝嗇，讓霍爾曼對大型航太公司沒留下好印象。他在波音工作的第一天，恰逢波音與麥道完成合併。合併後的這家巨無霸型政府承包商，舉行了一場野餐會來提升士氣，但就連這樣簡單的活動也摳到無法激勵士氣。「某個部門主管做了演講，說現在是同一家公司，同一個視野，接著補充說，公司必須嚴格控制成本，」霍爾曼說，「他要求每人只能拿一片雞肉。」在那之後，狀況並未見好轉。

　　波音的每一項計畫感覺都很龐大、繁瑣和昂貴。因此，當馬斯克以積極改變這個產業來遊說霍爾曼時，他欣然接受。他說：「我覺得這是個千載難逢的機會。」23歲的霍爾曼，年輕、單身且願意放棄自己的生活，選擇在SpaceX夜以繼日的苦幹，並成為慕勒的副手。

　　慕勒已經為他想要建造的兩台火箭引擎，構建了一套三度空間電腦模型。Merlin 將會是獵鷹 1 號第一節火箭引擎，推動火箭離地升空；Kestrel 是一台比較小的火箭引擎，被用來推動上面第二節火箭，並有導航作用。霍爾曼和慕勒一起決定，這兩台火箭引擎有哪些零件將在SpaceX的工廠建造，還有哪些零件需要想辦法以合理價格去採購。

　　在採購零件方面，霍爾曼必須前往各家機械廠拿報價單並告知交貨日期。機械師們經常告訴霍爾曼，SpaceX的時間表太瘋狂了。有些機械師比較肯幫忙，願意試著調整現有產品來滿足SpaceX的需求，而不用建造新的產品。霍爾曼還發現，發揮創造力大有幫助，例如他發現將一些隨手可得的洗車閥門密封墊做些改動，就足以為控制火箭燃料輸送的閥門使用。

　　第一台火箭引擎在加州工廠裡完成後，霍爾曼將火箭引擎和一大堆其他設備一起裝上一輛租來的Uhal拖車（譯注：美國很普遍的廉價搬運租車服務），掛在一輛白色悍馬H2後面，然後驅車上路，把這些重達4,000磅的裝備，沿著10號州際高速公路，從洛杉磯運到德州的測試場。[17]

　　火箭引擎抵達德州後，開啟SpaceX史上一次偉大的團隊合作。在響尾蛇、火蟻、孤獨和灼熱的環境中，巴扎和慕勒領

導的團隊開始探索這台火箭引擎的每個複雜零件。這是個必須承受高度壓力的辛苦工作，充滿了爆炸，或是照工程師們的委婉說法是「快速無預警解體」的風險，這將決定一小群工程師是否能夠真正跟國家力量相匹敵。

這群SpaceX員工用他們的方式慶祝這個測試場的開張，他們用紙杯喝了一瓶價值1,200美元的人頭馬干邑白蘭地，後來開著悍馬回公司的路上，還能通過酒駕測試。從那時候起，這趟從加州到這個測試場的長途旅程就被戲稱為「德州牛群拖運路程」，一群人常被塞在狹窄空間裡度過這段長途旅程。這些工程師連續工作10天之後，會回加州度週末，接著再回到測試場。為了減少舟車勞頓，馬斯克有時候會讓他們搭乘他的私人噴射機。「飛機能搭載6人，」慕勒說，「如果有人坐在洗手間，就是7個人，這是常有的事。」

儘管海軍和畢爾留下了一些測試儀器，但SpaceX還是必須建造大量符合自己需求的裝置。其中最大的結構體有一座約10公尺長、5公尺寬、5公尺高的水平測試架，還有一座兩層樓高的互補直立測試架。當火箭引擎需要點火時，它會被固定在其中一座測試台上，配備探測器蒐集資料，並透過幾台攝影機來監看。工程師們會躲在掩體內，一側有土堤保護。如果有狀況，他們會查看網路攝影機傳送的影像，或者慢慢的打開掩體的蓋子，試著聽聽看有什麼動靜。

當地居民很少抱怨噪音，不過鄰近農場的動物似乎不喜歡。「乳牛有天生的防衛機制，牠們聚集起來開始繞著圈子跑，」霍爾曼說，「每次火箭引擎點火，這些乳牛會散開，然

後把小牛圍在中間繞著圈子跑。我們安裝了一台攝影機來觀察這些乳牛。」

熱血工程師的改造魔法

Kestrel 和 Merlin 火箭引擎都帶來了各種挑戰，工程師們對它們輪番進行測試。「我們會測試 Merlin，直到我們用光了機件，或是搞砸了，」慕勒說，「接著，我們會測試 Kestrel，總是有做不完的工作。」一連數月，SpaceX 的工程師們早上八點到達測試場，花 12 個小時進行火箭引擎測試，下班去奧美客牛排館用餐。

慕勒在檢查測試資料方面有特殊技巧，他會特別注意哪些火箭引擎是處於熱態、冷態或有其他缺陷。他會打電話到加州，指示如何在硬體上做更動，加州的工程師會重新加工零件並送去德州。德州的工程師也經常利用慕勒帶來的銑床和車床，自己動手修改零件。慕勒表示：「一開始 Kestrel 真的是廢物，但令我無比自豪的一刻是，我們用網路上買來的東西，在廠房裡加工改造，它的性能從很糟糕變成很棒。」

德州團隊一些成員的技術，被磨練到能夠在三天內製造出一台可以測試的火箭引擎。同樣這批人還被要求精通軟體。他們熬一個通宵為火箭引擎建造一台渦輪泵，然後再花一個晚上修改一套控制火箭引擎的軟體。霍爾曼總是在做這類的工作，而且是個全能的人才，但他不是唯一的，**SpaceX 有一群機敏幹練的年輕工程師，在工作需求和冒險精神的驅策下，願意挑戰跨學科任務。**「這樣的瘋狂經驗會讓人欲罷不能，」霍

爾曼表示,「我們不到25歲,就被委以重任,這給了我們這些年輕人很大的自信。」

為了進入太空,Merlin火箭引擎需要燃燒180秒。但一開始,火箭引擎燃燒不到1秒就突然失靈,180秒對這些在德州的工程師就像永遠達不到的目標。有時候Merlin在測試中震動得太厲害;有時候它對某種新材料反應不佳;有時候它碎裂,需要大量更新零件,像是把鋁製岐管換成比較罕見的鉻鎳鐵合金岐管,這種合金適合極端溫度。曾經有一次,一個燃油閥無法適當開啟,造成整個火箭引擎爆炸。還有一次測試失敗,導致整個測試台燒毀。

通常是巴扎和慕勒給馬斯克打電話,回報當日發現的小缺陷。「伊隆很有耐心,」慕勒說,「我記得有一次,我們在兩個測試台做測試,結果一天之內兩台機器都爆炸了。我對伊隆說,我們可以再試一台火箭引擎,但我真的非常、非常沮喪,覺得又累又生氣,就對伊隆有點不客氣,我說:『我們可以再放一台該死的東西在上面,但我今天爆掉的狗屎已經夠多了。』他說:『好的,沒關係,沒事,冷靜一下,我們明天再做。』」埃爾塞貢多的同事後來描述,馬斯克在聽到慕勒口氣裡的沮喪和痛苦時,眼淚幾乎奪眶而出。

馬斯克最不能容忍的是,藉口一堆和欠缺明確的解決計畫。許多工程師,包括霍爾曼在內,都是在面對馬斯克的招牌式盤問之後才認識到這點。「第一通電話是最糟的,」霍爾曼說,「某件東西出了問題,伊隆問我要多久才能重新運轉,但我沒辦法立即回答。他說:『你一定得回答,這對公司很重

要，所有事情都取決於此。你為什麼沒有答案呢？」他不斷用尖銳、直接的問題轟炸我。我原本以為迅速讓他知道發生什麼事比較重要，但我學到了，更重要的是要有全盤了解。」

親力親為的工作習慣

馬斯克有時候會親自參與測試，其中有一次令人記憶深刻，當時 SpaceX 試圖改善火箭引擎冷卻室，公司買了幾個昂貴的冷卻室，每個要價 75,000 美元，需將它們裝水施加壓力，以測試其承受壓力的能力。初次測試期間，一個冷卻室爆裂。接著，第二個也在同樣的部位裂開。馬斯克下令進行第三次測試，工程師們在一旁看得膽戰心驚，他們認為這個測試可能對冷卻室施加過大的壓力，而且馬斯克正以飛快的速度耗盡重要的設備。第三個冷卻室也爆裂之後，馬斯克將這個冷卻室空運回加州，拿到工廠，在一些工程師的幫忙下，開始在冷卻室中填充人造樹脂，想看看是否可行。

「他不怕弄髒手，」慕勒說，「他穿的精緻義大利皮鞋和衣服沾滿了人造樹脂。他們徹夜工作，再度進行測試，冷卻室還是破裂了。」衣服毀了的馬斯克，原本就推斷這台冷卻室有瑕疵，驗證了這個假設後，他迅速採取行動，要求工程師們提出新的解決辦法。

這些過程非常艱辛，但成效頗豐，SpaceX 已經發展出一種特有的團隊氛圍，他們就像緊密團結的一家人，一起合力面對來自這個世界的各種阻力。這家公司在 2002 年末時，還只有一個空蕩蕩的倉庫，一年之後，這個倉庫看起來就像一家真

正的火箭工廠。運作良好的Merlin火箭引擎從德州運了回來，進入裝配線，機械師將它們和火箭主體（即第一節火箭）結合。更多的工作站成立，用來將火箭的第一節和第二節連結起來。地上的起重機吊起沉重的零件，還有藍色的金屬運輸軌道將箭體送到不同的工作站。SpaceX也已開始建造整流罩，火箭發射時，整流罩提供保護頂部酬載的功能，然後在太空中如同蚌殼般張開，將酬載釋放出去。

　　SpaceX也找到一名客戶。根據馬斯克的說法，SpaceX的第一枚火箭將於2004年初在范登堡（Vandenberg）空軍基地發射，為美國國防部運送名為TacSat-1的衛星。眼看目標期限逼近，員工每週工作6天、每天12小時被視為常態，不過有許多員工是長期花更多的時間在工作。如果有休息時間，在某些工作日大約晚上八點，馬斯克會允許所有人使用自己的工作電腦玩射擊遊戲，例如「雷神之鎚III競技場」、「絕對武力」，讓大家彼此廝殺。指定的時間一到，辦公室裡紛紛響起槍上膛的聲音，將近20個人武裝自己準備戰鬥。以Random9名稱參賽的馬斯克是常勝軍，他一邊飆髒話，一邊毫不留情的摧毀他的員工。「執行長用火箭和電漿槍射殺我們，」科隆諾說，「更可怕的是，他實在太厲害了，反應出奇的快，他知道所有的密技及如何伏擊。」

　　即將發射的火箭，點燃了馬斯克的銷售本能，他想要讓大眾知道，他那些努力不懈的員工們已取得的成就，並趁機為SpaceX這家新創公司做宣傳。馬斯克決定在2003年12月對外公開一枚獵鷹1號的原型機。公司將利用特製裝備將這枚7層

樓高的獵鷹1號從西岸運到東岸，並將它連同 SpaceX 行動發射系統留在聯邦航空總署的總部外面。伴隨的新聞記者會，將讓華府清楚知道，一家更先進的、更精良的、更低成本的火箭製造商已經誕生。

但 SpaceX 的工程師們對這場大張旗鼓的行銷活動卻頗不以為然，他們每週工作超過100個小時，為的是建造公司在業界立足所需的真正火箭。馬斯克除了要他們做那份工作之外，還要製作一台外觀漂亮的實體模型。公司把工程師從德州調回來，給了他們另一個會引發胃潰瘍的期限，去製造這個道具。「在我心裡，這是個沒必要又浪費資源的計畫，」霍爾曼說，「完全無助於工作進展。但在伊隆心裡，它能為我們贏得政府重要人士的大力支持。」

在為這次活動製作模型時，霍爾曼經歷了為馬斯克工作帶來的喜怒哀樂。數週之前，他在德州測試場，眼鏡從臉上滑落，掉入火焰導管。從那時起，他只好戴上一副舊護目鏡來應付，但後來在 SpaceX 工廠裡，他因為想要鑽入一台火箭引擎下方，鏡片被刮破了，所以這副眼鏡也毀了。[18]霍爾曼抽不出時間去驗光配鏡，他開始覺得他快要崩潰了，長時間的工作、鏡片刮破、這次的宣傳噱頭，在在令人難以忍受。

某天晚上，霍爾曼在工廠裡宣洩所有不滿，沒有察覺馬斯克就站在附近全聽到了。兩小時之後，布朗出現，拿了一張視力矯正手術醫生的預約卡給霍爾曼。當霍爾曼去看這位醫生時，發現馬斯克已同意支付手術費用。霍爾曼指出：「伊隆或許要求非常高，但他會確保幫你清除絆腳石。」經過一番沉澱

思考後，霍爾曼對馬斯克的華府計畫背後的長遠考量，予以熱烈的支持，「我認為他想要讓大家知道SpaceX的存在，如果你在某人的前院放置一枚火箭，想要否定它的存在是很難的。」

在華府的展示活動，最後結果各界反應不錯，但不到幾週的時間，SpaceX又做出一項驚人的宣示，儘管尚未發射火箭，SpaceX公布了第二枚火箭的研發計畫，除了獵鷹1號之外，該公司將建造獵鷹5號。如同其名，這枚火箭將有五台引擎，並且可以攜帶更高的載重量（9,200磅），送入低地球軌道。非常重要的是，獵鷹5號理論上也能夠抵達國際太空站進行補給任務，這項能力將為SpaceX爭取航太總署的大型合約增加競爭力，而且呼應馬斯克對於安全的偏執，據說這枚火箭就算五台引擎壞掉三台，還是能完成任務，這種安全水準的強化，是這個市場數十年來絕無僅有的。

實現所有這些目標的唯一方法，就是像SpaceX一開始承諾的，以矽谷的創業精神來運作。馬斯克一直在尋找聰明的工程師，他們不僅在學校表現優秀，並可憑藉才能創造突出成就。馬斯克找到這樣的人才時，就會積極爭取他們加入。

賈德納（Bryan Gardner）就是一個例子。他初次見到馬斯克，是在莫哈韋機場飛機棚舉行的一場航太盛會，雙方很快就談起工作的事。賈德納的部分學費是由美國軍火商諾斯洛普格魯曼（Northrup Grumman）贊助的，「伊隆承諾會幫我償還贊助費，」賈德納說，「思考過後，當晚凌晨兩點半，我將我的履歷用電子郵件寄給伊隆，結果他在30分鐘內就回信，並針對我履歷上寫的每件事一一做出回應。他說：『面試時，一定

要能夠具體談論你做的事情，而不是說一些空話。』他願意花時間做這件事，使我大為折服。」

賈德納加入 SpaceX 後，被指派改進 Merlin 火箭引擎閥門的測試系統。這台火箭引擎有數十個閥門，人工測試每個閥門得花三至五個小時。六個月之後，賈德納建造了一個自動閥門測試系統，幾分鐘內就能完成測試。這個自動系統能個別追蹤這些閥門，讓德州的工程師能夠得到特定零件的指標資料。「我接了這個沒人想要處理的燙手山芋，並展現了我的工程實力，」賈德納表示。

隨著新成員的加入，SpaceX 除了原有幾棟建築之外，又把埃爾塞貢多當地更多的廠房塞滿。這些工程師執行先進軟體，傳輸大容量圖形檔，需要在這些辦公室之間建立高速網路連接，但鄰近幾家公司阻撓 SpaceX 在所有大樓之間建立光纖網路。曾與馬斯克在 Zip2 和 PayPal 共事的資訊主管史派克斯，不想耗費時間與那些公司爭論，於是想出一個更快的變動方案，他有個朋友在電信公司工作，幫他畫了一張圖，說明如何安全的在電話線桿的電力、電纜和電話線之間，再擠入一根網路線。

有天凌晨兩點，有一隊沒有事先申請的人馬帶著活動吊車在街上出現，他們將光纖接到電話線桿，接著將網路線直接接到 SpaceX 的大樓。「我們用一個週末就搞定了，而不是花數個月的時間去取得許可證，」史派克斯說，「我們一直都有這種感覺，我們面臨的是一種幾乎不可能克服的挑戰，我們必須團結一致去打這場聖戰。」

無論公事或私事，馬斯克在逼迫員工做得更多、更好上絕不手軟。史派克斯的職責包括為馬斯克家裡裝配專屬的遊戲個人電腦，為了將電腦計算能力推至極限，需要在機器內部用一系列水管進行冷卻。其中一台電腦老是壞掉，史派克斯發現問題出在馬斯克豪宅裡的電力線路有電磁干擾問題，於是他為遊戲室特製了一條專用電力電路以解決這個問題。但這份額外的工作成果並未為他帶來特殊待遇。「有一次，SpaceX的郵件伺服器當機，伊隆逐字的對他說：『永遠別讓這樣的事再發生了』，」史派克斯說，「他有一種看人的方式，瞪著你的眼睛，而且會一直盯著你，直到你明白他的意思。」

跟上步伐，否則就淘汰

馬斯克一直試圖找到能夠跟得上SpaceX創新步伐的承包商，他去探查在不同領域有類似經驗的供應商，未必會找航太業界的供應商。例如SpaceX早期需要找人製造燃料槽，基本上就是火箭的主體，結果馬斯克找上中西部一些製造大型農業用金屬儲槽的企業，他們製造的儲槽原本是用於乳品和食品加工業。這些供應商同樣有跟上SpaceX進度的問題，馬斯克經常大老遠飛去拜訪這些供應商（有時候是採取突襲方式），以查看他們的進展。

有一次，他拜訪位於威斯康辛州的旋壓工藝（Spincraft）。馬斯克和幾名SpaceX員工搭乘他的私人噴射機，千里迢迢在深夜飛抵，期待看到一班工人加班趕製燃料槽，但他們卻發現這家公司的進度遠遠落後。馬斯克氣急敗壞的轉向對方的一

名員工說：「你們真的害死我們了。」旋壓工藝總經理舒密茲
（David Schmitz）說，馬斯克一向有「可怕的談判對手」名號，
他確實會親自去對事情做進一步了解。「如果伊隆不高興，你
知道的，事情會變得很難看。」後續的幾個月，SpaceX提高內
部焊接能力，以便能夠在埃爾塞貢多製造燃料槽，甩掉旋壓工
藝公司。

　　曾有一名銷售人員搭機南下，向SpaceX推銷某種科技基
礎設備。他採取幾世紀以來銷售人員的標準關係建立方式：
拜訪、聊天、摸清對方底細，然後再開始做生意。馬斯克根
本不吃這一套。「這傢伙進來，伊隆問他來意，」史派克斯
說，「他說：『來培養關係。』伊隆回答：『好吧，很高興見
到你。』基本上這答覆的意思是：『滾出我的辦公室。』這個
人花了四個小時飛過來，結果兩人會面只有兩分鐘。伊隆就是
完全不能容忍這種把戲。」馬斯克對達不到他標準的員工也一
樣不留情面。史派克斯指出：「他經常說，你等著開除某人的
時間愈久，只是浪費更多彼此的時間，你早該開除他了。」

　　多數SpaceX的員工對於能夠參與這家具冒險犯難精神的
公司，是非常興奮的，也試著不受馬斯克嚴厲的要求和苛刻的
行為影響。但有時馬斯克還是不自覺的做出讓人覺得太過分的
事。這些工程人員每次逮到馬斯克對媒體的發言聽起來好像獵
鷹火箭差不多是他一個人設計的，就會群起激憤，有一陣子一
群拍攝紀錄片的人到處跟著馬斯克，這種行徑也激怒了那些在
SpaceX工廠長期埋頭苦幹的人。

　　他們覺得馬斯克有時就是太自負了，致使他失去理智，

他對外表現得好像SpaceX已經在航太界勝出，但當時這家公司根本尚未成功發射火箭。員工如果指出獵鷹5號設計上的缺陷，或提出建議來讓獵鷹1號更快推出，不是被忽略，就是有更糟的下場。「這種對待員工的方式，長遠來看並不好，」一名工程師指出，「SpaceX有許多優秀工程師，不只是管理層，每個人都覺得自己是公司資產，但他們有些人卻因故被迫離開或是被開除，原因是他們要為一些錯誤負責，或是某個載具有問題，卻不知道為何，公司把問題歸咎在他們身上。」

2004年初，SpaceX原本計劃的火箭發射日來了又過了。慕勒和他的團隊建造的Merlin火箭引擎似乎是歷來效率最高的火箭引擎之一，只不過火箭發射前，火箭引擎必須通過測試，這個過程所需時間比馬斯克預期得久。終於，到了2004年秋季，火箭引擎燃燒穩定並符合所有要求。慕勒團隊終於可以鬆一口氣，而SpaceX的其他人則要準備受苦受難了。在馬斯克的嚴格監督下，慕勒一直是SpaceX成立以來的「關鍵通道」，也就是促成或延遲公司進入後續階段的人。「現在火箭引擎準備好了，該是大規模恐慌上場的時候了，」慕勒指出，「其他人都還不知道成為『關鍵通道』的滋味。」

但許多人很快就嘗到苦頭了，因為有太多嚴重的問題發生，包含導航、通訊和火箭整體管理在內的航空電子設備，這一切有如一場噩夢，還有許多看似微不足道的小事，例如快閃記憶體儲存驅動器不知為何無法與火箭的主要電腦順暢溝通，管理火箭的必要軟體也變成一大負擔，「就像其他所有事情一樣，最後的10%是要整合所有環節，但你現在才發現這

些東西竟然沒辦法一起運作，」慕勒表示，「這種情形持續了整整六個月。」終於在2005年5月，SpaceX將火箭北上運送約300公里至范登堡空軍基地進行發射測試，並在發射台上完成5秒的燃燒。

從范登堡發射火箭，對於SpaceX來說有地利之便，因為該基地離洛杉磯很近，並且有幾個發射台可供選擇。不過，SpaceX並不受歡迎，空軍對他們的態度很冷淡，被分派負責管理這些發射場的人也沒有盡全力幫忙SpaceX。洛克希德馬丁和波音在那裡為軍方發射價值10億美元的國防偵測衛星，這兩家公司的人也不喜歡SpaceX的出現，有部分原因是SpaceX對他們造成威脅，還有部分原因是這家新公司在價值不菲的貨物附近打轉。就在SpaceX開始從測試階段轉向發射階段時，軍方告訴他們必須排隊，要再等上幾個月才能發射。蕭特威爾指出：「就算他們准許我們發射，我們也不願意等到那時候。」

為了尋找新的發射場，蕭特威爾和柯尼格斯曼將一幅利用麥卡托投影法（Mercator projection）製成的世界地圖掛在牆上，並沿著赤道尋找合適地點，赤道地區地球的自轉速度較快，能提供升空的火箭額外助力。他們第一個看上的是太平洋上的瓜加林島（Kwajalein Island），又名瓜加，它是關島和夏威夷之間的環礁中最大島嶼，屬於馬紹爾群島共和國。

蕭特威爾對這座島有印象，因為美國陸軍在此進行導彈測試已數十年。蕭特威爾查到該測試場一名上校的聯絡方式，寄了一封電子郵件給他，三週之後，她接到一通電話，軍方很樂

意讓SpaceX在那裡發射火箭。2005年6月，SpaceX的工程師開始將設備裝箱運送到瓜加林島。

瓜加林環礁由大約100個島嶼構成，其中許多島嶼僅數百公尺長，且長度遠大於寬度。因擔任美國國防部顧問曾造訪該地區的沃爾登表示：「從空中俯瞰，這個地方看起來就像是一串美麗的珠子。」多數居民住在該區名叫埃貝耶（Ebeye）的島上，而美國軍方接管了最南端的瓜加林島。有幾年的時間，美國軍方從加州將洲際彈道導彈發射至瓜加林島，並於「星戰計畫」（Star Wars；譯注：1980年代美國的軍事戰略防禦計畫）時期，利用這個島進行太空武器實驗。雷射光束從太空瞄準瓜加林島，目的是看它們是否夠精準和迅速，足以攔截射向這些島嶼的洲際彈道導彈。駐軍引進大量的奇怪建築，包括笨重、沒有窗戶的梯形混凝土結構，顯然是某個靠與死神打交道謀生的人想出來的點子。

SpaceX的員工有的搭乘馬斯克的噴射機，有的搭乘商業航班從夏威夷轉機到瓜加林島。主要的住宿地點是瓜加林島上很難稱為旅館的房間，裡面有軍隊發放的櫃子和桌子，看起來更像宿舍。工程師需要的所有材料都必須靠馬斯克的飛機運送，或更常見的是用船隻從夏威夷或美國本土運來。SpaceX團隊每天帶著裝備，乘船45分鐘前往歐姆雷克島（Omelek），這個島面積約3公頃，被棕櫚樹和植被覆蓋，他們打算將它改造成發射場。接下來的幾個月，一小隊人清除灌木、灌注混凝土以支撐發射台，並將兩個組合屋改裝成辦公室。這項工作非常吃力，而且是在太陽光能穿透T恤灼傷皮膚，溼氣能讓人精

神耗弱的環境下進行。

最後，有些員工選擇留在歐姆雷克島上過夜，不願在風浪中搭船回主島。「一些辦公室被改裝成有床墊和吊床的臥房。」霍爾曼表示，「接著我們運來了一個很棒的冰箱、一個不錯的烤爐，還有接上淋浴間的水管。我們試著讓它更像個可以居住的地方，不要看起來像是露營。」

每天七點太陽升起，SpaceX 團隊開始工作。他們召開一連串的會議，列出許多待辦事項，討論如何解決懸而未決的問題。大的結構體運抵時，這些員工將箭體平放在臨時機棚裡，花費數小時將所有的零件焊接起來。「總是有做不完的事，」霍爾曼說，「如果火箭引擎沒問題，那麼電子設備或軟體就會有問題。」到晚上七點，工程師們會停下工作，「其中一、兩個人會自願負責做晚飯，他們烤牛排、搭配馬鈴薯和義大利麵，我們有一堆電影DVD和播放器，有些人還常在船塢釣魚。」

對許多工程師來說，這是個辛苦卻又令人著迷的經驗。「在波音公司，你可能會過得很舒適，但在 SpaceX，那是不可能的事。」在瓜加林島擠出時間拿到潛水認證的技術專家席姆斯（Walter Sims）指出，「島上所有人都是高手，他們總是在舉辦無線電或是火箭引擎的講座，這地方充滿活力。」

工程師們經常對馬斯克是否給錢的標準感到困惑。例如有人要求購買一台20萬美元的機器，或是價格昂貴的零件，他們認為這些對於獵鷹1號是不可或缺的，卻遭馬斯克否決。在歐姆雷克島，工作團隊想要在機棚和發射台之間鋪設一條200

碼的道路，以便運送火箭，馬斯克也拒絕這項請求，使得這些工程師只好採用古埃及人的方式，來運送火箭和它下面帶動輪子的支撐結構。他們將一排厚木板鋪在地上，將火箭用滾的方式往前推動，接著再把最後一塊木板移到前面，不停重複這個動作。

這一切看起來是如此荒謬。這家新的火箭公司在荒無人煙的地方，努力去實現人類已知最為困難的壯舉之一，而且說實話，SpaceX 團隊中，只有少數員工知道如何發射火箭。他們一次又一次把火箭運送到發射台，將它豎立幾天，然後技術和安全檢查會顯示一連串的新問題。工程師盡量爭取時間工作，然後放平火箭，運回機棚，以避免含鹽的空氣對火箭造成損害。

前幾個月在 SpaceX 工廠進行火箭推進系統、航空電子設備、軟體工作的幾個團隊，現在都聚集到這個小島，組成一個全能團隊。這種整合就像上演一齣錯誤百出的搞笑喜劇，也是一種極端環境下的學習和關係建立的訓練。霍爾曼指出：「這就像是加了火箭元素的『蓋里甘之島』（Gilligan's Island；譯注：1960 年代的美國情境喜劇，內容是關於一群人因船難漂流到一座島嶼，他們努力在島嶼生存，但是因為性格的差異，產生許多衝突，也做了很多前所未有的嘗試）。」

非成功不可的執念

2005 年 11 月，SpaceX 團隊初次登島的 6 個月之後，他們覺得可以試射火箭了。馬斯克和他的弟弟金博爾一起飛到島

上，和多數員工一起住在瓜加林島的營房。11月26日，少數人在凌晨三點起身，幫火箭裝填液態氧，接著快速跑到約5公里外的一個島上找掩護，而其他人則在40公里外的瓜加林島上的控制室監視發射系統。軍方給 SpaceX 6個小時的發射時間。所有人都希望看到：第一節火箭升空並達到時速約1.1萬公里，接著第二節在空中點火並達到時速2.7萬公里。但在進行發射前的檢查時，工程師偵測到一個大問題：某個液態氧槽的一個閥門無法關上，液態氧燃料以每小時500加侖的速度蒸發在空氣中。SpaceX 緊急搶救這個問題，但在時間截止前已經失去太多燃料，以致無法發射。

這次火箭發射任務中止之後，SpaceX 從夏威夷訂購了液態氧補給，準備在12月中旬再次試射。但大風、閥門故障和其他問題，使得這次發射再度受挫。就在他們準備進行下一次嘗試時，某個週六夜晚，工程師發現火箭的動力分配系統開始失靈，需要新的電容器。隔天早上，火箭被降了下來，分成兩節，以便技師鑽進去取出電路板。有人找到明尼蘇達州一家電子設備供應商週日有營業，於是一名員工飛過去買了一些新的電容器。週一，這位員工在加州總部測試電容器，以確保它們通過各種熱學和振動測試，然後再搭機回到島上。

在80小時內，電子系統已恢復正常運作，並被裝回火箭上。匆忙完成往返行動，顯示出這個30人團隊在面對困境時有著真正的膽識，這激勵了島上所有人。傳統上多達300人的航太發射團隊，絕對不會像那樣飛來飛去努力去解決問題，但這個活力充沛、機伶且足智多謀的團隊，還是有待克服經驗不

足及艱困的條件，於是更多問題漸次浮現，阻礙了火箭發射。

終於，在2006年3月24日，整個系統都準備好了。獵鷹1號立在方形發射台上，點火、升空，下方島嶼逐漸變成藍色大海裡的一個綠色小點。馬斯克身著短褲、夾腳拖鞋和T恤，在控制室裡踱步，一邊盯著火箭升空。接著，大約不到25秒，情況明顯不妙。Merlin火箭引擎上方冒出火焰，突然之間，原本筆直而上的火箭開始旋轉，接著失控墜回至地面。獵鷹1號直接落入發射場。多數殘骸掉入距離發射台約80公尺外的一處礁石，而搭載的衛星則砸穿SpaceX工廠的屋頂，幾乎完好無損的落在地面上。一些工程師戴上潛水設備去搜尋火箭殘骸，找回的殘骸塞滿了兩個冰箱大小的箱子。

「或許值得指出的是，那些發射成功的公司過去也同樣經歷過一連串失敗，」馬斯克在事後分析報告中寫道：「一位朋友寫信提醒我，飛馬座號（Pegasus）運載火箭前9次發射只成功了5次；亞利安號（Ariane）5次發射，成功3次；擎天神火箭（Atlas）20次發射，9次成功；聯合號（Soyuz）21次發射，成功9次；質子號（Proton）18次發射，9次成功。在親身體驗到達軌道有多難之後，我對於那些百折不撓製造出今日主流太空發射機具的人們充滿敬意。」

馬斯克在報告結語寫道：「SpaceX將長期致力於此，無論有什麼困難或障礙，我們矢志完成目標。」

馬斯克和其他主管將這次火箭墜毀歸因於一名技師的失誤，但並未透露姓名。他們說，這名技師在發射前一天進行火箭檢測工作時，沒有把一條燃料管上的配件轉緊，造成該配件

破裂，這個出問題的配件是很基本的鋁製 B 型螺帽，通常被用來連接兩個管狀物，而這名技師就是霍爾曼。

這次墜毀事件餘波盪漾，霍爾曼飛到洛杉磯直接找馬斯克對質。多年來，他夜以繼日忙著製造獵鷹 1 號，馬斯克公開怪罪他和他的團隊時，他覺得非常憤怒。他知道他正確的轉緊了那個 B 型螺帽，而且航太總署的觀察員一直在他的後面監督檢查這項作業。霍爾曼滿腦子怒火衝進公司總部，布朗試圖讓他冷靜下來，並阻止他去見馬斯克。霍爾曼不顧一切衝過去，接著他們兩人在馬斯克的辦公室裡大吵一頓。

在分析完所有的殘骸之後，結果幾乎可以確定那個 B 型螺帽是因為數月來在瓜加林島的含鹽空氣中被腐蝕而破裂。「火箭的一側可說覆蓋了一層鹽，你得把它刮掉，」慕勒表示，「但我們在那之前三天才剛做了一個靜態點火試驗，一切正常。」SpaceX 以鋁製零件取代不銹鋼零件，試圖節省約 50 磅的重量。前海軍陸戰隊員湯普森曾見過航空母艦上的直升機使用鋁製零件，運作完全沒問題。慕勒也見過停放在卡納維爾角（Cape Canaveral）長達 40 年的飛機，上面的鋁製 B 型螺帽狀況也很好。事隔多年，SpaceX 的許多主管仍舊對霍爾曼和他的團隊受到的待遇感到非常難過。「他們是我們見過最棒的人才，卻在那樣的情況下成為被歸咎的對象，」慕勒指出，「這實在很令人難過。我們後來發現，我們真是運氣好。」[19]

在這次墜毀事件後，許多人在主島上的一間酒吧買醉。馬斯克想要在 6 個月內再次試射，但組裝好一枚新的火箭同樣需要大量工作。公司在埃爾塞貢多有一些火箭的零件，但肯定不

是一枚能夠發射的火箭。這些工程師把酒吞下，誓言下一次要採取更精準的做法，要做得更好。

沃爾登同樣希望這些工程師們能提升他們的表現。他一直在替美國國防部觀察這批年輕工程師，他喜歡他們的幹勁，但並不欣賞他們做事的方法。「他們就像矽谷的一群大孩子在做軟體一樣，」沃爾登表示，「他們通宵達旦試這試那，我見過許多這些類型的作業方式，我覺得那樣不會成功。」第一次發射前，沃爾登試圖警告馬斯克，寄了一封信給他和美國國防部高等研究計畫署（DARPA）的主管，說明他的看法。「伊隆的反應並不好。他說：『你懂什麼？你不過是名天文學家，』」沃爾登指出。但在火箭爆炸之後，馬斯克建議由沃爾登代表政府進行調查。沃爾登表示：「就這一點來看，我給馬斯克很大的肯定。」

將近一整年之後，SpaceX準備進行第二次試射。2007年3月15日，點火試驗成功了。接著在3月21日，獵鷹1號終於正常運轉，從棕櫚樹環繞的發射台飛向太空。它飛了幾分鐘，工程師們不時回報系統「按計畫進行」或「狀況良好」。飛行3分鐘時，火箭的第一節分離，掉回地面，Kestrel火箭引擎按計畫啟動，準備將第二節送入軌道。控制室傳出欣喜若狂的歡呼聲。接著，在第4分鐘時，火箭頂部的整流罩按計畫張開了。「一切完全按照計畫進行，」慕勒說，「我坐在伊隆旁邊，看著他說：『我們成功了。』我們緊緊相擁，相信它將順利進入軌道。然後，它開始搖擺。」

經過了輝煌的五分多鐘，這些工程師覺得好像他們每件事

都做對了。獵鷹1號上的一台相機指向下方，顯示出火箭有條不紊的飛向太空，地球變得愈來愈小。

但就在那時候，慕勒留意到的搖擺變成了亂抖，火箭失去控制，開始解體，接著就爆炸了。這一次，工程師們很快就找出問題所在。隨著推進劑不斷被消耗，剩餘的推進劑開始在儲存槽裡晃動並潑濺在槽壁上，很像紅酒在玻璃杯中旋轉的樣子。潑濺的推進劑造成火箭搖擺，當到一個程度，在連接火箭引擎處造成裸露空間，火箭引擎一吸入空氣，就燒了起來。

這次失敗對於SpaceX的工程師而言，是再一次的重擊。他們當中有些人已經花了將近兩年的時間穿梭於加州、夏威夷和瓜加林島。等到SpaceX能夠進行下一次試射時，距離馬斯克原定目標已過了近四年，而且這家公司一直以令人憂心的速度吞噬馬斯克的財富。馬斯克雖然已經公開發誓會堅持到底，但公司內外部人士很容易就能估算出，SpaceX的資金可能只夠再進行一次或兩次的試射。如果財務狀況真的如此拮据，那馬斯克算是在員工面前掩飾得很好。

「在不讓員工擔心財務方面，伊隆做得很好，」史派克斯表示，「他總是跟員工傳達節約和成功的重要，但從來不說如果我們失敗，我們就完蛋了這類的話。他總是非常樂觀。」

馬斯克自有一套處理混亂與不確定的方式，這些失敗並沒有影響他對未來的願景，也沒有讓他對自己的能力產生質疑。他走出控制室，與沃爾登在這些島嶼轉了一圈。馬斯克開始像是自言自語般說著，這些島嶼如何能夠被合併成一片陸地，他建議可以在島嶼之間的小通道修建防護牆，還可以用荷

蘭人填海造陸的精神將水抽乾。

　　想法一向出眾的沃爾登，被馬斯克鋼鐵般的堅強意志給深深吸引。「他在想的這些東西，其實挺酷的，」沃爾登表示，「從那時起，他開始和我談論人類定居火星的話題。我深深覺得，他是個有雄心壯志的男人。」

07

全電動車
外型酷又跑超快的特斯拉

　　J. B. 史特勞貝爾（J. B. Straubel）臉上有一道約 5 公分的疤痕，從左臉頰中間劃過。中學時有次上化學實驗課，他誤將幾種化學溶液混在一起，手上量杯爆炸，玻璃碎片噴出，其中一片劃破他的臉。

　　這道傷痕成了這個小發明家的光榮印記。史特勞貝爾的童年就在各種化學實驗和機械試驗中度過，他出生於威斯康辛州，家裡地下室就是他的實驗室，裡面有各種化學物品與實驗設備，有買來的、借來的，還有不知哪拿回來的。13 歲時，史特勞貝爾在垃圾場發現一輛舊的高爾夫球車，他很興奮的把它搬回家修理、重新組裝電動馬達之後，就又可以上路了。他好像總是在拆解、修理東西，然後再組裝回去。史特勞貝爾家族有自己動手做的傳統，早在 1890 年代末期，他的曾祖父就開辦了史特勞貝爾機械公司，建造美國首台內燃引擎，並被用來做為船隻的動力。

　　求知欲旺盛的史特勞貝爾，中學畢業之後來到西岸的史丹佛大學就讀，他於1994年入學，原本打算成為物理學家，在高分通過最難的課程之後，他自己得出一個結論：主修物理並不適合他，這些高階課程充滿理論，而他喜歡動手製造東西。他發展出自己所謂「能源系統與工程」的主修學程，「我想要去上軟體和電學相關課程，並用這些知識來控制能源，」史特勞貝爾表示，「我自己選修的課程結合了電腦運算與電力電子學，我把所有我喜歡的都組合在一起了。」

　　當時潔淨科技運動還未興起，但有幾家公司已在嘗試太陽能和電動交通工具的新用途。史特勞貝爾積極造訪這些新創公司，在他們的車庫逗留，設法結識這些工程師。他與幾個朋友合租一棟房子，也經常在自家車庫裡修東西。史特勞貝爾曾以1,600美元買了一台有如「破銅爛鐵」的保時捷，並將它改裝成電動車，他自製了一個控制器來控制這台電動車，接著從頭建造充電器並寫軟體，讓整台車可以運作。這台車創下當時電動車加速世界紀錄，17.28秒可以跑0.4公里。

電動車的限制

　　「我從這個過程學到，靠電子設備是滿不錯的，你可以靠很少的預算就達到加速目的，但這些電池爛透了，」史特勞貝爾指出，「它有50公里的限制，這讓我第一次了解到電動車的一些限制。」史特勞貝爾利用油電混合技術來強化他的車，他發明一個燃油動力裝置，被拖曳在行駛中的保時捷後面，可對該車的電池充電，這足以讓史特勞貝爾開600多公里南下洛杉

磯又開回來。

2002年，住在洛杉磯的史特勞貝爾已拿到史丹佛大學的碩士學位，也換了幾份工作，還在尋找他的人生目標。他決定先在羅森汽車公司（Rosen Motors），參與建造世界首批油電混合車——結合飛輪、燃氣輪機，並有電動馬達帶動車輪的車，後來公司結束經營，史特勞貝爾又跟隨公司創辦人、也是發明地球同步衛星的著名工程師羅森（Harold Rosen），投入電動飛機的開發。「我會開飛機，也熱愛飛行，對我而言，這是最好不過了，」史特勞貝爾說，「這個發明概念是這台飛機一次可以在空中停留兩週，並在特定地點上空盤旋。這個概念滿先進的，當時還沒有人提出無人駕駛飛機等相關概念。」為了實現這個目標，史特勞貝爾還利用晚上時間和週末，在一家新創公司擔任電子工程顧問。

就在史特勞貝爾努力投入這些工作時，他在大學時參加的史丹佛太陽車隊隊友來訪。這一群聰明又叛逆的史丹佛工程師多年來一直在開發與製造太陽能車，他們在一間二次大戰時期的圓拱形活動屋工作，屋內充滿有毒化學物，窗戶還被漆成黑色。今日的大學會抓住機會支持這樣的計畫，當時的史丹佛大學卻試圖阻止這群怪異狂熱的邊緣份子。但這些學生證明了自己的能力，他們自製出太陽能車，並參加橫越全美的太陽能動力車競賽。

史特勞貝爾在校時期就參與建造這些太陽能車，畢業後仍繼續協助他們，並與這批未來工程師維繫良好關係。這批人剛參加從芝加哥到洛杉磯三千多公里的車賽，史特勞貝爾提供這

些欠缺經費又累壞的孩子們一個住宿的地方。大約有六名學生來訪，這是好幾天以來他們首度可以沖澡，打地鋪休息，史特勞貝爾跟他們聊至深夜，眾人圍繞著一個話題：他們意識到，如同他們車上配備的太陽能電池，鋰離子電池的技術進展神速，已比多數人理解的進步許多。很多消費性電子產品如筆電等，就是用 18650 鋰離子電池，它們看起來很像 3 號電池，而且可以被串聯或並聯起來。

如果以鋰離子電池做為動力

「我們在想，如果把 1 萬顆電池串聯或並聯起來，會怎樣呢？」史特勞貝爾說，「我們稍做計算後，得出可以跑將近 1,600 公里，這在當時完全是異想天開。最後大家累了，都睡著了，但這個概念卻一直縈繞在我的腦海裡。」

不久，史特勞貝爾又去找這個太陽能車隊，試圖說服他們一起建造一台以鋰離子電池做為動力的電動車。他北上飛到帕羅奧圖，晚上睡在他的飛機上，然後騎腳踏車到史丹佛大學校園推銷他的想法，同時幫忙他們進行中的太陽能車計畫。而史特勞貝爾提出的計畫，是設計一台外型符合空氣動力學的超級電動車（super-aerodynamic），車上電池的重量將占全車總重的 80%，看起來很像一個有輪子的魚雷。沒人知道史特勞貝爾對這台車的長期願景是什麼，連他自己也不知道。這項計畫不太像是成立一家汽車公司，反而比較像是建造一個概念車，讓人們可以思考鋰離子電池的能耐。如果一切順利，他們可以找到概念車競賽參賽。

　　這群年輕的史丹佛大學生同意加入這個計畫，前提是史特勞貝爾必須能夠募集到足夠資金，於是他開始去專業展發送傳單，宣傳他的概念，並寄送電子郵件給任何他想得到的人。「我的臉皮很厚，」他表示。唯一的問題是沒有人對他的東西感興趣，他連續推銷了好幾個月，卻一再被投資人拒絕。

　　直到 2003 年秋天，史特勞貝爾遇見了馬斯克。

　　羅森在洛杉磯 SpaceX 總部附近的一間海鮮餐廳，安排了與馬斯克共進午餐，並帶史特勞貝爾一起來協助說明電動飛機的概念。馬斯克對這個概念不感興趣，但當史特勞貝爾談起他的電動車計畫，這個瘋狂概念跟多年來一直想做電動車的馬斯克一拍即合。雖然一直以來，馬斯克的重心大多放在利用超級電容器來做為電動車的動能，但當他知道鋰離子電池技術的大幅進步，讓他感到興奮又意外。

　　「別人都說我是瘋子，但伊隆愛上這個概念，也同意提供一筆資金，」史特勞貝爾說。馬斯克答應挹注 10,000 美元，對於想募集創業資本卻毫無斬獲的史特勞貝爾來說，是一大助力。馬斯克和史特勞貝爾自此延續了十多年的緊密關係，一起踏上了他們的改變世界之旅。

　　史特勞貝爾與馬斯克會面之後，立刻聯繫他在 ACP（AC Propulsion）的朋友。ACP 位於洛杉磯，創辦於 1992 年，是一家尖端電動車製造商，建造各式各樣車種，從快速中型客車到跑車都有。史特勞貝爾想向馬斯克展示 ACP 車庫中最尖端電動車 tzero，它是一台鋼架結構外覆玻璃纖維車身的組裝車，1997 年初首次對外展示時，起步加速 0-96km/h 僅需 4.9 秒。史

特勞貝爾多年來一直與ACP團隊密切往來，他請該公司總裁蓋奇（Tom Gage）讓馬斯克試開tzero。

顛覆電動車笨重慢速的既定印象

馬斯克試開之後，立刻愛上tzero，他看出這輛車令人驚歎的發展潛力，這樣的車子可以改變電動車給人的呆板印象，有機會成為令人渴望的時尚產品。

馬斯克花了幾個月的時間，不斷提議要出資將這台組裝車轉型為商用車，卻一再被拒絕。「它是已被證明可行的概念，非常值得進一步被實現，」史特勞貝爾指出，「我愛死ACP這幫傢伙，但他們不太會做生意，甚至拒絕做生意。他們不斷試著向伊隆推銷另一台名為eBox的車子，它看起來像狗屎，沒有很好的性能，一點都不吸引人。」

馬斯克與ACP的幾次會面都無法達成協議，但比起史特勞貝爾的科學計畫，他顯然對ACP的新車概念更感興趣，也非常願意大力支持。馬斯克在2004年2月底寫了一封電子郵件給蓋奇：「我想要確實弄清楚高性能基礎車（base car）和電動動力系統的最佳選擇是什麼，並朝那個方向去發展。」

大約在同一時期，史特勞貝爾並不知道，在北加州有兩個人也愛上以鋰離子電池做為動力來源的車輛製造概念。艾博哈德（Martin Eberhard）和塔本寧（Marc Tarpenning）於1997年成立新媒體公司（NuvoMedia），研發出全世界第一部可攜式電子書閱讀器「火箭電子書」（Rocket eBook），因此這兩人對尖端消費電子產品和已有大幅進展的鋰離子電池有深刻了解，

他們很清楚鋰離子電池可為筆記型電腦及其他可攜式裝置供電。雖然「火箭電子書」在它的年代太過先進，也未成為影響大眾的成功商品，但這個創新科技產品還是吸引駿昇國際集團（Gemstar International Group）的注意，該集團旗下有《電視指南》（*TV Guide*）和一些電子節目指南技術。駿昇國際於2000年3月以1.87億美元收購新媒體。

這筆交易之後，艾博哈德和塔本寧仍常有往來。他們都住在矽谷最富裕城市之一林邊市，並不時聊著接下來應該征服的目標。「我們其實想過一些現在聽起來很愚蠢的事情，」塔本寧說，「其中有一個是農田灌溉系統，以及以家戶為基礎的智能供水系統。但沒有真的引起回響，我們想要某種更重要、更有意義的新產品。」

艾博哈德是一位極有才華的工程師，也是一個擁有社會良知的人道主義者，像當時美軍在中東地區不斷暴發衝突就讓他感到憂心，如同許多關心科學的人一樣，大約2000年時，他開始關注地球暖化的現象。艾博哈德開始為大量耗油的汽車尋找替代方案。他調查氫燃料電池的可能，後來發現這種技術的不足，他也看不出向通用汽車租用EV1電動車有什麼意義，不過當他在網路上發現ACP的全電動車時，他感到相當有興趣。

大約2001年，艾博哈德南下洛杉磯參觀ACP。「它看起來像是一座鬼城，感覺好像快倒閉了，」艾博哈德表示，「我拿出50萬美元幫助他們度過難關，請他們用鋰離子電池取代鉛酸電池，為我打造一輛車。」艾博哈德同樣試圖鼓勵ACP朝商用車發展，但他的提議遭到拒絕。於是他決定成立自己的公

司，一探鋰離子電池的真正能耐。

艾博哈德在電子表單上建立了一個電動車技術模型，就此展開他的創業之旅。他利用這個模型調整規格與需求，並了解在不同條件下可能如何影響車型和性能。他可以調整重量、電池數量、輪胎和車身的阻力，然後計算出不同設計需要多少電池。這些模型顯示，當時非常受歡迎的運動休旅車與運輸卡車等，不太可能發展為電動車，這項技術似乎反而適合重量較輕的高階跑車，這種車速度快、讓人能享受駕駛的樂趣，隨著技術發展，電動跑車可以行駛的距離將超乎多數人預期。

塔本寧負責建立財務模型，他的發現跟艾博哈德從技術規格得出的結論不謀而合。豐田普銳斯（Prius）已開始在加州車市快速成長，受到有錢又重視環保的改革派人士歡迎。塔本寧指出：「我們也了解到，通用 EV1 車主的年均收入約為 20 萬美元。」過去追逐凌志、BMW 和凱迪拉克品牌的人，將擁有電動車及油電混合車視為一種身分象徵。他們知道可以為這個每年有 30 億美元的豪華車市創造新潮流，讓有錢人在享受駕駛樂趣之餘，還能自我感覺良好。「人們花錢購買酷炫和魅力，以及令人驚奇的起步加速，」塔本寧說。

特斯拉的誕生

2003 年 7 月 1 日，艾博哈德和塔本寧成立了他們的新公司。幾個月前，艾博哈德和妻子去加州迪士尼樂園時，想到以特斯拉電動車（Tesla Motors）做為公司的名稱，除了向發明家暨電動馬達先鋒特斯拉（Nikola Tesla）致敬，這個名稱聽起

來很酷也是原因之一。這兩位創辦人在位於曼羅公園（Menlo Park）橡樹林大道845號一棟1960年代建造的破舊建築內，租了一間辦公室，裡面有三張桌子和兩個小房間。

幾個月後，在紐西蘭農場長大的工程師萊特（Ian Wright）加入他們，成為公司第3號員工。他也住在林邊市，是這兩位創辦人的鄰居，他們三人曾討論過萊特的人際網絡新創公司，由於這家公司拿不到創投資金，萊特最後加入特斯拉。這三個男人剛開始把他們的計畫告訴他們的密友時，卻遭到所有人的嘲笑。「我們在林邊市酒吧碰到一名友人，並告訴她，我們最後決定要做電動車，」塔本寧說，「結果對方回說：『你一定是在開玩笑吧！』」

只要有人試圖在美國創辦汽車公司，一定馬上會有人提醒他，這個產業最近一家創業成功的公司是早在1925年成立的克萊斯勒。從零開始設計和建造一台車有許多挑戰，但真正阻礙新公司發展的關鍵在於，取得大量製造車輛的資金和技術。

特斯拉的兩位創辦人當然了解這個現實，他們已確認早在一個世紀以前，發明家特斯拉開發出的電動馬達可以做為動力來源，透過傳動系統，把動力傳至車輪來驅動車輛是絕對可行的。然而，他們真正應該擔心的是建造工廠來生產汽車及相關零件。但他們愈深入研究這個產業，就愈了解到大車廠已不再實際從事製造了。福特時代將材料運送到密西根工廠的一端，然後再從另一端送出汽車的製造流程，早已走入歷史。「BMW不再生產車子的擋風玻璃、內裝或後視鏡，」塔本寧指出，「大型汽車公司唯一保留的是內燃研究、銷售和行銷，以

及最後的組裝。我們天真的以為，只要找一家供應商就可提供我們所需零件。」

兩位特斯拉創辦人計劃取得ACP tzero車款的技術授權，並利用蓮花汽車（Lotus）Elise車款的底盤來做車身，這家英國車廠於1996年推出兩門Elise車款，擁有流線型和低底盤的外觀可吸引高階車買家。此外，他們在與許多汽車經銷商談過之後，決定不透過經銷商，而是採取直接銷售。有了這些初步計畫，這三人於2004年1月開始著手找創投資金。

完美的天使投資人

為了給投資人更真實的感受，兩位特斯拉創辦人向ACP借來一輛tzero，並開到創投公司林立的沙丘路上。這台車的起步加速時間甚至比法拉利更快，這點讓投資人發自內心的讚歎。不過，這些創業投資人並不是很有想像力的一群人，而且他們很難忽略這台組裝車的車身竟然上了廉價塑膠漆。

唯一願意出資的是創投業者羅盤科技合夥公司（Compass Technology Partners）和SDL創投，但他們聽起來也不是很興奮。羅盤科技的合夥人在新媒體公司投資上大有斬獲，對艾博哈德和塔本寧有一些忠誠度。「他說：『這是愚蠢的，但過去40年，我投資了每一家汽車新創公司，所以不差這一家，』」塔本寧說。

但特斯拉還需要一位主要投資人，因為製造一部原型車就需要700萬美元，他們需要有人來支付這筆巨額資金。那將是他們的第一個里程碑，他們需要打造出一部實體車對外展

示，才有機會進行第二輪的募資。

打從一開始，艾博哈德和塔本寧就想到了馬斯克。幾年前，他們在史丹佛大學舉行的火星學會研討會上聽過他的演講，馬斯克當時勾勒了送老鼠到太空的願景，他們覺得他跟一般人的想法不太一樣，應該比較容易接受全電動車的概念。

就在此時，艾博哈德接到ACP總裁蓋奇的電話，蓋奇說馬斯克有意在電動車領域進行投資，這通電話強化了他們爭取馬斯克投資特斯拉的想法。某個週五，艾博哈德和萊特搭機南下洛杉磯跟馬斯克碰面，塔本寧在外旅行，沒有同行。但那個週末，馬斯克打電話給在外旅行的塔本寧，對相關財務問題窮追猛打的發問。

「我只記得我一直在回答問題，而且他好像還有很多問題想問，」塔本寧說，「週一一到，艾博哈德和我再度飛去與他會面，這次會面之後，他說：『好吧！我加入。』」

特斯拉創辦人覺得他們很幸運找到完美的投資人，馬斯克有工程知識，了解他們在做什麼，而且他跟他們一樣，把終結美國人對燃油的倚賴視為他們更高的目標。「天使投資人需要有一些理念，對他而言，這並不是單純的金錢交易，」塔本寧說，「他想要改變這個國家的能源供需方程式。」

馬斯克投資了650萬美元，成為特斯拉最大的股東及董事長。馬斯克後來善用他的職位優勢，與艾博哈德爭奪特斯拉的控制權。「這是個錯誤，」艾博哈德說，「我其實想要更多的投資人。但如果一切重來，我還是會拿他的錢，因為我們當時確實需要這筆錢。」

這次會面後不久，馬斯克打電話給史特勞貝爾，鼓勵他和特斯拉團隊見面。得知這些人在曼羅公園的辦公室，離他家僅幾百公尺，史特勞貝爾的好奇心被激起，但他對他們的故事存疑，因為關於電動車的發展，地表上沒有人比史特勞貝爾的消息更靈通了，他不敢相信有幾個傢伙已有了進展，而他竟然毫無所聞。

2004年5月，史特勞貝爾去特斯拉面試，當場被聘用，年薪95,000美元。「我告訴他們，我靠伊隆資助，正在這條街的另一頭製造他們需要的電池組，」史特勞貝爾表示，「我們同意合作組成這支雜牌軍。」

不向底特律取經

如果那時有來自底特律的人到特斯拉參觀，他們可能會覺得很不可思議，認為這群人可笑極了。這家公司加總起來的汽車專業也僅止於此：有幾個傢伙真的很喜歡車，還有一位仁兄以汽車業認為很荒謬的技術，創造了一系列看起來像是參加科展的計畫。更誇張的是，這個創業團隊完全不想向底特律取經去深入了解如何成立汽車公司。

不，特斯拉將會跟所有矽谷的創業前輩一樣，雇用一大群年輕、渴望表現的工程師，邊做邊把事情搞清楚。不用擔心灣區從來沒有汽車製造模式可循，也不用介意製造複雜的實體跟寫軟體程式完全不一樣，特斯拉真正領先其他業者的是：他們知道18650鋰離子電池已經做得很好，而且會愈來愈好。如果一切順利，再加上努力和技術，就足夠了。

　　史特勞貝爾向史丹佛大學那些聰明又積極的工程師們提起特斯拉公司，太陽能車隊成員之一的伯迪契夫斯基（Gene Berdichevsky）顯得格外興奮。他主動表示願意休學，沒薪水也沒關係，只求能加入特斯拉，跟大家一起工作。特斯拉創辦人很佩服他的熱情，在面試後雇用了他。伯迪契夫斯基的父母是俄羅斯移民，兩人都是核子潛艇工程師，他打了一通電話給父母，告訴他們，他要放棄學業，加入一家電動車新創公司。

　　伯迪契夫斯基成為這家公司第7號員工，他有部分時間在曼羅公園的辦公室工作，其他時間則在史特勞貝爾家裡的客廳工作，用電腦設計汽車動力系統的三度空間模型，並在車庫建造電池原型模組。「我現在才了解，當時有多瘋狂，」伯迪契夫斯基表示。

　　特斯拉很快就必須擴充工作空間，才能容納這些新加入的工程師生力軍，他們還要打造一座工廠，催生後來被稱為Roadster的跑車。他們在聖卡洛斯（San Carlos）找到位於商業街1050號一棟兩層樓的工業建築。280坪的場地不是很大，但足以做為他們的研發廠房，讓他們能夠快速而輕鬆的生產出原型車。

　　在建築物右邊有幾個大組裝區，以及兩面供車子出入的大捲門。萊特將開放的樓面空間分隔成馬達、電池、電力電子（改善電能使用效率的電子工程技術）和最後的組裝區。左半邊的建築是辦公空間，之前承租的配管供應公司把它改裝得很奇怪，主要會議室裡有個小酒吧和一個水槽，水龍頭是鵝頸嘴，冷熱旋鈕是翅膀。伯迪契夫斯基利用一個週日晚上，將辦

公室漆成白色。隔週，員工們去IKEA購買書桌，並上網訂購戴爾電腦，公司裡還有個裝滿榔頭、釘子和基本木工用具的工具箱。

馬斯克偶爾會從洛杉磯過來特斯拉廠房視察，他已經歷過SpaceX在類似環境下成長，所以一點都不擔心這些看起來亂七八糟的狀況。

育成特斯拉Roadster跑車

生產原型車的最初計畫聽起來很簡單：特斯拉會將ACP tzero的動力系統裝入蓮花Elise的車身，它已取得電動馬達的設計藍圖，可以向美國或歐洲的公司購買變速器，並將其他零件製造外包給亞洲企業。特斯拉的工程師最主要工作是開發電池模組系統、安裝車子線路，以及切割和焊接組裝時所需的金屬。工程師喜歡搞硬體，這個剛成立的特斯拉團隊將Roadster視為一種近似汽車改裝計畫，可以靠兩、三名機械工程師和幾名組裝人員來完成。

建造原型車的主要團隊包括：史特勞貝爾、伯迪契夫斯基和里昂斯（David Lyons）。里昂斯是一名非常聰明的機械工程師，有近10年的矽谷工作經驗，他成為特斯拉第12號員工。幾年前，里昂斯在7-Eleven便利超商結識史特勞貝爾，兩人因史特勞貝爾騎了一台電動自行車而聊了起來。里昂斯曾經聘請史特勞貝爾擔任一家人體核心體溫測溫裝置製造商的顧問，讓他有收入可以維持生計。史特勞貝爾認為，他可以投桃報李，讓里昂斯在初期階段就參與這個令人興奮的計畫，而特斯

拉也會得到很大的助力。如伯迪契夫斯基所言：「里昂斯知道如何化腐朽為神奇。」

這些工程師為了製造電動車，買了一台藍色起重機，並將它安置在廠房內，他們也購買了一些機械工具、手持工具和方便晚上工作的探照燈，並開始將這棟工業建築變成特斯拉的研發廠房。電機工程師研究蓮花汽車的基礎軟體，以了解它如何與踏板、機械構件和儀表板上的儀表讀值相互結合。然而真正關鍵的先進科技在於鋰離子電池模組的設計，從來沒有人試圖並聯數百顆鋰離子電池，特斯拉後來成為這項技術的龍頭。

這些工程師開始試圖了解車子如何散熱，他們也將70顆電池成組緊黏變成所謂的電池磚，試著了解電流經過70顆電池時性能表現會有何改變。然後工程師把10塊電池磚放在一起，測試各種氣體和液體冷卻機制。

特斯拉團隊研發出可用的電池組後，他們把這台黃色蓮花Elise的底盤加長5吋，並用起重機將這個電池組放入車內通常放引擎的位置。他們於2004年10月28日積極展開相關作業，相當不可思議的，四個月之後的2005年1月27日，一台由18個人合力打造的全新類型電動車誕生了，而且可以讓人開著它到處跑。當天特斯拉召開董事會，馬斯克開著車子四處穿梭，離開時開心到足以繼續投資。

馬斯克又再投資900萬美元，特斯拉這次募集到1,300萬美元的資金，並計劃於2006年初交車。

幾個月後，工程師完成第二輛原型車，他們決定去面對這台電動車的潛在大缺陷。2005年7月4日，他們到艾博哈

德位於林邊市的家慶祝美國獨立紀念日,他們認為這是了解Roadster的電池著火會發生什麼事的好機會。有人用膠帶把20顆電池捆在一起,放入一根引線,然後點燃。「它像一團沖天砲飛上去,」里昂斯說。Roadster的電池不是20顆,而是將近7,000顆,想到可能造成的爆炸規模,嚇壞了這些工程師。

電動車的好處之一,是讓人可以遠離汽油等易燃液體,以及防不勝防的引擎過熱導致汽車爆炸。有錢人不可能花高價去買更危險的東西,早期特斯拉員工最大的惡夢,就是某個有錢名人會因為這台車而陷入火舌之中。「這是那些『噢,慘了!』的時刻之一,」里昂斯說,「也是我們真正清醒過來的時候。」

關鍵技術在於更高效能的電池

特斯拉成立六人任務小組去處理電池的問題,由公司提供經費讓他們全心投入去做實驗。最初幾場爆炸實驗就在特斯拉總部進行,工程師們用慢動作拍下爆炸的畫面。直到有個腦袋比較清楚的人的意見終於占上風之後,特斯拉才將爆炸研究搬到由消防隊維護的變電站後方的爆炸區。一爆再爆,這些工程師從實驗過程中,首次了解到許多關於電池內部運作的資訊。

他們開發出可避免火星從一個電池波及到下一個電池的排列方法,以及可以完全阻止爆炸的其他技術。這個過程炸掉了數千顆電池,但這項努力是值得的。特斯拉當時確實還在初期階段,但它即將要發明出一種在未來幾年有別於對手的電池技術,這項技術將是這家公司的一大優勢。

　　初期成功建造兩台原型車，加上特斯拉在電池及其他工程技術方面的突破，提升了該公司的信心，是時候該在這台車子上烙上特斯拉的印記了。「原先計畫是花最少的工夫在這方面，專心做好電動車，盡量不去改變蓮花汽車的風格，」塔本寧說，「但過程中，伊隆和其他董事說：『你只有一次機會，必須讓顧客喜歡，而蓮花根本不夠好到足以做到這點。』」

　　Elise的底盤符合特斯拉的工程技術目標，但車身造型和功能卻有嚴重問題。Elise車門打開後，駕駛人很難坐進駕駛座，需要一些技巧和柔軟度，或是兩者兼具。車身也必須拉長，才能容納特斯拉的電池組和車箱，而且特斯拉不打算用玻璃纖維來製造Roadster，而是用碳纖維。馬斯克在這些設計重點方面，提出許多意見，並發揮了影響力。他想要一台潔絲汀會想要坐的車子，而且要具實用性。在特斯拉的董事會，以及不定期召開的設計檢討會議中，馬斯克很明確的讓大家知道他的意見。

　　特斯拉雇用了幾名設計師來為Roadster設計新的外觀造型。在決定最喜歡的一款設計之後，他們於2005年1月，花錢請人建造了一輛四分之一比例的汽車模型，然後4月又造了一輛原寸的模型。這個過程給了特斯拉主管們新的啟發。「他們用閃閃發亮的聚酯薄膜包覆這台模型機，並以真空緊縮使覆膜緊貼車體，如此一來，你可清楚看到輪廓和光影，」塔本寧指出。這台銀色原型車接著被轉成數位彩視圖，工程師可以在他們的電腦上操作修改。一家英國公司以這個數位檔，打造了一部名為「aero buck」的塑膠版Roadster模型，以供進行空氣動

力測試。「他們將它放在船上，運過來給我們，然後我們把它帶到黑石沙漠的火人祭（Burning Man）。」塔本寧表示。

大約一年之後，經過許多調整和更新作業，特斯拉的測試終於結束。當時是2006年5月，公司員工已經增至百名。這個團隊建造了一台黑色Roadster，也就是大家熟知的EP1（工程原型車）。「這輛車說明了，『我們現在知道我們要建造什麼了，』」塔本寧說，「你可以感覺到，它是一輛真正的車子，而且是非常令人興奮的電動車。」

Roadster現身，再啟募資高峰

EP1的誕生，向現有投資人展示他們的錢創造出什麼，並可以向更多投資人募集更多資金。這台車太令人讚歎了，以致這些創業投資人都忽略每次試乘之間，工程師有時候必須用人工方式讓車子降溫。

投資人現在開始感受到特斯拉的長期潛力了。馬斯克再度投入1,200萬美元資金，另外包括德豐傑創投（Draper Fisher Jurvetson）、VPCP創投（VantagePoint Captital Partners）、摩根大通、羅盤科技、凱悅連鎖酒店創辦人之子普瑞茲克（Nick Pritzker）、Google創辦人佩吉和布林等，也一起加入這一輪4,000萬美元的投資行列。[20]

2006年7月，特斯拉決定向全世界宣告它的成就。該公司工程師已建造出另一台紅色原型車──EP2，來與黑色的EP1搭配，這兩台車同時在聖塔克拉拉的一次活動上亮相，媒體蜂擁而至，並深受吸引。這兩輛Roadster是外型亮麗的兩人座敞

篷車，起步加速0-96km/h僅需4秒。「電動車的形象一直都很爛，」馬斯克在這項活動中宣示，「但今天起將改觀。」

當時擔任加州州長的阿諾史瓦辛格和前迪士尼執行長艾斯納（Michael Eisner）等名人，都出席了這次活動，他們當中有許多人試乘了這兩輛Roadster。這兩輛車都還很嬌貴，只有史特勞貝爾和幾名員工知道如何駕駛，他們每5分鐘就要換一台車開，以免車子過熱。特斯拉透露，每台車售價約9萬美元，一次充電可續航400公里。

特斯拉表示，已有30個客戶承諾要購買Roadster，包括Google創辦人布林和佩吉，以及幾位科技界的億萬富翁。馬斯克承諾，售價5萬美元以下更便宜的四人座、四門車款會在大約三年內上市。

大約與此同時，特斯拉電動車在《紐約時報》的一小篇企業報導中初次亮相。艾博哈德樂觀的保證，Roadster將於2007年中開始交車（原先計劃於2006年初交車）。他勾勒出特斯拉的策略：將從少量高價產品開始，並隨著技術發展和製造能力的提升，逐步朝大眾負擔得起的車款邁進。

馬斯克和艾博哈德對這項策略深信不疑，他們已看到許多電子產品以此模式成功發展的例子。「手機、冰箱、彩色電視機，一開始都不是為大眾製造的低階產品，」艾博哈德在報導中指出，「對於當時買得起的人而言，它們曾是昂貴商品。」

雖然這篇報導對特斯拉而言，是一次成功的宣傳，但馬斯克卻似乎有點不太高興，因為這篇報導漠視他的存在。「我們試圖強調他的重要，也一再告訴這名記者關於他的事情，但他

們對公司董事會不感興趣，」塔本寧說，「伊隆為此氣得臉色
鐵青。」

特斯拉光環威脅底特律

可以理解為什麼馬斯克可能想要一些特斯拉的光環。這輛
車已經成為汽車界轟動一時的大事，電動車很容易引發支持者
和反對陣營兩方強烈的反應，更何況好看又高速的電動車很
容易點燃大眾的熱情。特斯拉也首度讓矽谷真正威脅到底特
律，至少就概念而言是如此。

在聖塔克拉拉活動之後的隔月，著名的豪華車展圓石灘車
展開展，特斯拉已經成了熱門話題，車展主辦單位力邀特斯
拉展出一輛 Roadster，而且展示費用全免。特斯拉在車展設了
一個攤位，許多人擁入會場，當場簽下 10 萬美元的支票預訂
一輛 Roadster。「這種盛況遠在群眾募資網站 Kickstarter 出現之
前，我們根本沒想到可以這麼做，」塔本寧說，「但接著我們
開始在這類活動中，取得數百萬美元的資金。」

創業投資人、名流和特斯拉員工的朋友，開始企圖花錢
排入購車名單。一些矽谷的有錢精英甚至跑到特斯拉公司敲
門，企業家奧斯默（Konstantin Othmer）和里克（Bruce Leak）
是馬斯克在火箭科學遊戲公司實習時的舊識，他們在某個工
作日就做了這樣的事情，結果馬斯克和艾博哈德給予他們長
達數小時的私人參觀行程。「結束時，我們說：『我們要買一
輛，』」奧斯默說，「不過他們還不能賣車，所以我們加入了
他們的俱樂部，入會費用 10 萬美元，而會員福利就是獲贈一

輛Roadster。」

　　就在特斯拉從上述行銷廣宣轉進研發模式時，有一些正在發展的趨勢對它是有利的。電腦運算能力大幅精進，讓小型車廠有機會跟大車廠較量。幾年前，汽車製造商必須斥資建置一個車隊來進行撞擊測試，特斯拉負擔不起，也不必這麼做。

　　第三輛Roadster工程原型車，被送到大車廠同一個撞擊測試場，讓特斯拉得以接觸最頂級的高速照相機和其他圖像技術。不過，其他數千次的測試則是由專精電腦模擬的第三方進行，讓特斯拉可以不用建造撞擊測試用的車隊。特斯拉也有等同模擬大廠的耐久性跑道的測試，實體跑道是由鵝卵石和內嵌金屬物的混凝土製成的。特斯拉利用這些模擬設施，可以模擬車子開了16萬公里和10年的磨損情況。

　　特斯拉工程師經常會把矽谷作風，帶入汽車製造商的傳統地盤。在瑞典北邊靠近北極圈處有一條煞車和牽引力的測試跑道，車子在大片冰層上進行調整。標準做法是工程師讓車子跑約三天，拿到數據，並回到公司總部進行數週會議，討論如何調整車子。這整個調整過程可能要花一整個冬天。

　　相較之下，特斯拉將自己的工程師，連帶要測試的車子一起送過去，讓他們當場分析數據。有東西需要調整時，這些工程師會修改一些程式碼，再把車子送回測試場。「BMW必須有三或四家公司一起進行討論，然後這些公司會把問題推給對方，」塔本寧說，「我們就是自己解決問題。」另一項測試程序需要把Roadster送進一個特製的冷卻室，以測試車子在酷寒溫度下的反應。特斯拉工程師不想花大錢使用這些冷卻室，他

們租用一輛附有大型冷藏拖車的冰淇淋運送卡車,將 Roadster 開進卡車裡,工程師則穿著雪衣在車裡工作。

每次特斯拉與底特律打交道時,就會提醒他們,這個曾經偉大的城市已經喪失自己的文化,不再積極做事。特斯拉試圖在底特律租一間小辦公室,相較於矽谷,這裡的租金相當便宜,但官僚文化卻讓只是取得基本辦公空間都成了嚴酷的考驗。底特律的屋主想要看特斯拉過去七年經過審計的財務報表,而當時特斯拉還是未上市公司。不僅如此,屋主還要求預付兩年租金。特斯拉在銀行裡有大約5,000萬美元的現金,足以買下整棟建築。「在矽谷,只要說有創業投資人的支持就夠了,」塔本寧說,「但在底特律,所有的事情都像那樣,即使只是簽收聯邦快遞的包裹,他們甚至無法決定誰應該在上面簽名。」

最初的幾年,工程師稱讚艾博哈德的決策明快。特斯拉很少浪費時間過度分析某個狀況。公司挑選作戰計畫,一旦某件事失敗了,就快速承認失敗,然後嘗試新做法。真正開始拖延Roadster進度的,反而是馬斯克想要的許多改動。馬斯克不斷力促車子要更舒適,要求對座椅和車門進行調整。他把碳纖維車身列為優先解決事項,他也推動在門上裝設電子感應器,如此一來,Roadster就不用拉手把,而是手指一觸就可以開鎖。艾博哈德抱怨這些功能拖累了公司的進度,許多工程師也認同他的看法。「有時候覺得伊隆好像是這種不合理要求的黑暗力量,」伯迪契夫斯基說,「全公司都很同情艾博哈德,因為他一直在工作,而且我們都覺得應該快點交車。」

　　2007年中，特斯拉的員工已經增至260名，而且似乎正在實現這項不可能的任務。它已經憑空生產出史上最快速、最美麗的電動車，接下來它要做的只是大量生產，而這個進程差點讓公司破產。

　　特斯拉的主管們在早期犯下的最大錯誤，就是他們對於Roadster的變速系統的一些假設。他們的目標一直是在最短時間內起步加速至每小時96公里，希望Roadster的速度會吸引許多關注，並讓人們能享受開車的樂趣。為了做到這點，特斯拉的工程師決定採用一種二段變速系統，這是將汽車動力由馬達轉至車輪的必要傳動系統。第一檔讓車子在不到4秒的時間由靜止加速至每小時96公里，然後第二檔加速至每小時210公里。特斯拉委請專門從事變速系統設計的英國公司Xtrac來建造，而且有充分理由相信，這會是Roadster的製作過程中比較順利的部分。

　　「自從法爾頓（Robert Fulton）建造蒸汽引擎以來，變速系統的製作已經有很長的歷史，」矽谷資深工程師暨特斯拉第86號員工柯里（Bill Currie）說，「我們想乾脆訂製一個，但第一台變速箱只活了40秒。」最早的這台變速箱無法處理從一檔到二檔的巨大落差，他們擔心第二組齒輪將承受高速囓合的衝擊，並無法妥適的與電動馬達同步作業，將會對車子造成嚴重傷害。里昂斯和其他工程師快速採取行動，試圖解決這個問題。他們找到幾名包商設計替代品，再度寄望這些經驗豐富的變速系統專家拿出可用的東西。不過，很快他們就清楚知道，這些包商未必會派他們的頂級團隊去幫這個微不足道的矽

谷新創公司做這個案子，新的變速系統並沒有比第一個好。在測試期間，特斯拉發現，這些變速箱有時候在行駛240公里之後就會壞掉，平均故障間隔距離大約是3,200公里。來自底特律的某團隊測試這個變速箱，試圖找出故障的根本原因，他們發現14個可能造成系統故障的不同問題。

特斯拉原本希望於2007年11月交車，但變速系統的問題遲遲無法解決。一轉眼到了2008年1月1日，公司必須再度從頭推動第三個變速系統。

特斯拉也面臨來自海外營運的問題。公司決定派一組精力旺盛的年輕工程師去泰國成立電池工廠。特斯拉與一家熱情有餘、但能力不足的製造夥伴合作。這些特斯拉工程師原本以為要去管理一家先進的電池工廠，但他們看到的不是工廠，而是一塊混凝土地板上面有幾根柱子撐住一個屋頂。這棟建築距曼谷約三小時車程，由於天氣非常炎熱，它就像許多其他工廠一樣，廠房大部分是對外開放式的。

製造爐子、輪胎和日用品的工廠可以承受這些作業條件，但特斯拉有敏感的電池及電子儀器，就像獵鷹1號運載火箭的零件一樣，它們會被高鹽份和潮溼的環境給侵蝕。最後，他們大約花了75,000美元才為這家工廠安裝上乾燥的牆壁、地板塗上一層塗料，並蓋了幾個有溫控的儲藏間，而且花了令人發狂的長時間，努力訓練泰國工人，如何妥善處理這些電子儀器。曾經一度進展快速的電池技術，此時降成了龜速。

電池廠僅是特斯拉橫跨全球供應鏈的一部分，但這個全球供應鏈不僅導致成本提高，也耽擱了Roadster的生產。這台車

的車板在法國製造，馬達則來自台灣，特斯拉還計劃在中國採購電池，然後運到泰國把這些小顆電池組成電池組。這些電池組必須被妥善儲存，而且要盡可能縮短製程，以免毀損，接著再被送到港口，運到英格蘭，在那裡付清關稅。

接著特斯拉計劃讓蓮花汽車建造車身，裝上電池組，並利用船隻運送Roadsters成車，繞過南美洲最南端的合恩角（Cape Horn）到洛杉磯。在這個全球供應鏈下，在Roadster運到美國前，特斯拉就已投注大量資金，而且還要等六至九個月，才能認列營收。「採用這個概念運作，主要是希望在亞洲以又快又便宜的方式把事情完成，並靠車子賺錢，」諾斯（Forrest North）是被派往泰國的工程師之一，他說：「我們發現，對於非常複雜的事情，在這裡做比較便宜，而且比較不會耽擱，麻煩也比較少。」

一些新聘人員上任時，他們驚駭的發現，特斯拉的計畫根本毫無章法。曾經從軍四年，又到哈佛商學院取到學位的帕波（Ryan Popple）來到特斯拉，擔任推動該公司上市的財務主管。在他剛就任查看公司的帳本之後，曾問負責製造及營運的艾博哈德，他究竟要怎麼讓這台車賺錢。「他說：『嗯，我們決定量產，然後奇蹟就會出現。』」帕波表示。

製造方面的問題傳到馬斯克耳裡，他變得非常擔心艾博哈德經營公司的方式，並委請一名可以解決問題的人前來處理這個狀況。VE投資公司（Valor Equity）是特斯拉的投資人之一，這家總部設於芝加哥的投資公司專門研究製造作業的調整。這家公司因受到特斯拉的電池和動力系統技術吸引，並估

算如果特斯拉無法賣出許多車子，汽車大廠最後也會想要購買它的智慧財產。VE投資公司為了保護它的投資，派了負責營運的執行董事瓦金斯（Tim Watkins）介入，而他很快得出一些極壞的結論。

瘋狂的製造成本

瓦金斯是英國人，擁有工業機器人學和電機工程的學位，以善於解決問題而聞名。例如他在瑞士工作時，為了突破該國嚴格限制工時的勞動法，他透過將金屬沖壓工廠自動化，讓工廠可以一天24小時作業，其他工廠或對手一天只能運作16小時。除了足智多謀外，瓦金斯引人注意的，還有他不論走到哪，總是以黑色橡皮圈綁馬尾，穿著黑色皮夾克，帶著黑色腰包。腰包裡有他的護照、支票本、耳塞、防曬霜、食物和其他各式各樣的生活必需品。「它塞滿了我每日生存需要的東西，」瓦金斯說，「如果我離開這個東西十步遠，我就會感覺不對勁。」雖然瓦金斯有點古怪，但他的思慮縝密，他花了數週與員工談話，還分析了特斯拉供應鏈的每個部分，以釐清製造Roadster需要多少成本。

特斯拉在壓低員工成本方面做得不錯，它以45,000美元雇用史丹佛大學畢業生，而非以12萬美元雇用有經驗、但或許不想工作得那麼辛苦的人。但在設備和材料方面，特斯拉的支出卻很驚人。公司員工都不喜歡利用公司追蹤材料帳單的軟體，所以並不是每個人都會去用它，而那些確實使用它的人經常犯下一個大錯誤：他們會找出原型車某零件的成本，然後估

算大量購入時預期會有多少折扣，卻沒有實際去洽談成可行的價格。這套軟體一度聲稱每台Roadster的成本應該約為68,000美元，這使得特斯拉每輛車可以賺大約3萬美元。所有人都知道這個數據是錯的，但他們不管，還是據此呈報給董事會。

大約在2007年中，瓦金斯將他的調查結果告訴馬斯克。馬斯克對高額的數據有心理準備，但他有信心，隨著製程問題解決及銷售提高之後，這台車假以時日將會大幅降價。「所以當瓦金斯告訴我真相時，我覺得這真的是晴天霹靂，」馬斯克說。看起來每輛Roadster的製造成本可能高達20萬美元，而特斯拉只計劃以大約85,000美元出售這輛車。「即使全力生產，成本大約是17萬美元或某個瘋狂的數字，」馬斯克說，「當然，這不重要，因為有三分之一的車子根本不能用。」

艾博哈德努力要提振團隊的士氣。他去聽了一場演講，主講人是知名創業投資人多爾（John Doerr）。多爾是重要的綠色產業投資人，他在這場演說中表示，他將會奉獻他的時間和金錢，努力解救地球免於溫室效應，這是他虧欠他的孩子的。艾博哈德立刻回到特斯拉大樓，做出類似的演說。在大約百人面前，艾博哈德將幼女的照片投影在主要廠房的牆面上。他問特斯拉工程師，為什麼他要放那張照片？其中有人猜測是因為像他女兒這樣的人將會開這輛車。艾博哈德說：「不，我們要建造這台車，因為等到她年紀大到可以開車，她所知道的車子將完全不同於我們今日認識的車子，就像你認為，電話不是掛在牆上，上面還有一條話筒線一樣。這種未來要靠你們了。」

艾博哈德接著感謝一些主要工程師，並公開表揚他們的

努力。許多工程師一直定期熬夜工作，艾博哈德的演出提振了士氣。「我們都已筋疲力盡，」前特斯拉發言人維斯普瑞米（David Vespremi）說，「然後出現了這個意義深遠的一刻，它提醒了我們，建造這台車不是為了上市或是把它賣給一堆有錢的紈褲子弟，而是因為它可能改變車子的本質。」

艾博哈德鼓舞了人心，卻還不足以打消人們的疑慮，許多特斯拉工程師都有相同的感覺：艾博哈德擔任執行長的能力已經到達極限。公司的資深工程師不改對艾博哈德的工程專業的崇拜。事實上，艾博哈德已經將特斯拉變成一種工程膜拜。遺憾的是，公司的其他部門一直被忽視，而且大家對艾博哈德帶領公司從研發邁向生產階段的能力感到懷疑。

這台車的荒謬成本、變速系統和低效率的供應商正逐步拖垮特斯拉。而且隨著公司開始拖延交車的期限，許多已經預付高額車款、曾經為之瘋狂的買主，現在開始攻擊特斯拉和艾博哈德。「我們看到牆上寫的字，」里昂斯說，「所有人都知道公司創辦人未必適合長期領導公司，但不管什麼時候發生，這都不容易。」

艾博哈德和馬斯克為了這台車的某些設計重點，多年來一直在角力。但多數時候，他們相處得還不錯。他們都受不了笨蛋，而且對於電池技術及這項技術對這個世界的意義，確實有很多相同的願景。他們的關係無法持續下去的原因，是瓦金斯揭露了 Roadster 的真實成本。在馬斯克看來，艾博哈德允許這些零件成本飆到這麼高，已經是極為嚴重的管理不力。更何況馬斯克認為，艾博哈德試圖對董事會隱瞞事態的嚴重性，基本

上就是欺騙了公司。

就在艾博哈德前往洛杉磯汽車媒體協會發表演說途中，他接到馬斯克的電話，在短暫、不愉快的交談中，得知他的執行長職務將要被撤換。

2007年8月，特斯拉董事會將艾博哈德降職為技術總裁，這只是讓公司的問題雪上加霜。「艾博哈德顯然對此決定感到痛苦，他開始到處製造混亂，」史特勞貝爾說，「我記得他在公司到處散布不滿的言論，而我們正在試圖完成這台車，錢也快用完了，一切岌岌可危。」艾博哈德認為，特斯拉其他人強迫他接受一個不可靠的財務應用軟體，讓他難以正確追蹤成本。此外，他認為實際情況沒有瓦金斯說的那麼嚴重。

矽谷的新創公司視混亂為標準作業程序。「VE投資公司習慣跟比較傳統的公司往來，」艾博哈德說，「他們發現混亂，而且不習慣。這是新創公司一定會存在的混亂。」其實艾博哈德在這之前，也曾要求董事會找個更有製造經驗的人來取代自己擔任執行長。

幾個月過去了，艾博哈德還是很生氣。許多特斯拉員工感覺他們好像是父母正在商議離婚的孩子，被逼著在艾博哈德或馬斯克之間選邊站。12月來臨，這個狀況已無法持續下去，艾博哈德徹底離開公司。

特斯拉在一份聲明中指出，公司邀請艾博哈德擔任顧問，不過他拒絕了。「我不再與特斯拉電動車有任何瓜葛，無論是董事會，還是任何職位，」艾博哈德當時在一份聲明中說，「我不喜歡我受到的待遇。」馬斯克告訴矽谷一家報紙：

「我很遺憾，事情走到這個地步，但願情況不是如此。這不是性格差異的問題，決定讓艾博哈德轉任顧問的角色，是董事會一致通過的。特斯拉有營運問題必須解決，如果董事會認為艾博哈德可以解決，那麼他仍會是這家公司的員工。」這些聲明是這兩個男人之間長達多年公開戰爭的開端，而那場戰爭以許多方式延續至今。

到了2007年底，特斯拉的問題紛紛出現。看起來很棒的碳纖維車身結果成了上漆的大難題，特斯拉必須試過幾家公司，並找出做得最好的。電池組有時候出差錯，馬達偶爾發生短路，車板有明顯的空隙，此外這家公司還必須面對二段變速系統是不可能實現的現實。為了讓Roadster以單段變速系統飛快加速至96km/h，特斯拉的工程師必須重新設計這台車的馬達及逆變器，並減除一些重量。「我們基本上必須開機重新來過，」馬斯克說，「太可怕了。」

艾博哈德被拔掉執行長的職位之後，特斯拉董事會找上馬克思（Michael Marks）暫代執行長。馬克思曾管理過大型電子產品供應商偉創力（Flextronics），有豐富經驗處理複雜的製造作業和物流問題。馬克思開始仔細盤問公司各個小組，試著找出他們的問題，並將困擾Roadster的問題列出優先順序。

他也立下一些基本原則，諸如確保全體人員在相同的時間上班，以建立生產力的基線 —— 在矽谷隨時隨地都可工作的文化中，這是很難達成的要求。馬克思的百日十大重點計畫，還包括清除電池組的所有缺失、將車板之間的空隙縮至小於4公釐，並取得指定的訂車數目。「艾博哈德先前一直處於

崩潰的狀態，欠缺許多身為經理人最關鍵的行為準則，」史特勞貝爾說，「馬克思來了，評估這種混亂的局面，並成為謠言過濾者。他不加入這場混戰，而且會說：『我不在乎這個想法或那個想法，這就是我們應該做的。』」有一段時間，馬克思的策略奏效，特斯拉的工程師不用理會內部的辦公室政治，再度可以專心製造 Roadster。但後來馬克思與馬斯克對公司的願景開始產生分歧。

這時候，特斯拉已經搬入位於聖卡洛斯（San Carlos）檳街 1050 號更大的廠房。這棟更大的建築讓特斯拉得以將電池作業從亞洲搬回公司自己做，一些 Roadster 的製造工程也可以在這裡進行，以減少供應鏈的問題。特斯拉正逐漸成為一家成熟的車廠，不過它的野孩子創業精神依然屹立不搖。某天，馬克思在工廠巡視，看到起重機上有一輛戴姆勒的 Smart 汽車。馬斯克和史特勞貝爾有一個小計畫，想看看如果 Smart 變成電動車會是什麼樣子。「馬克思並不知道這個計畫，而他的表現就像『到底誰是這裡的執行長？』」里昂斯說。（這個 Smart 計畫後來使得戴姆勒買下特斯拉 10% 的股權。）

再怎樣也不賣公司

馬克思打算試著把特斯拉包裝成可以賣給大車廠的資產，這是一個完全合理的計畫。馬克思在管理偉創力時，曾經監督一個龐大的全球供應鏈，深知製造的種種困難。基於這點，他眼中的特斯拉必然接近無可救藥。這家公司無法把它的唯一產品做好，資金隨時準備大量失血，而且已經錯過一連串

交車期限，而它的工程師還抽身做別的實驗。盡可能把特斯拉打扮得漂漂亮亮，嫁給一名追求者，是理性的做法。

換成在一般情況下，馬克思果斷的行動計畫和讓公司的投資人免於巨大損失的做法，公司應該要領情，但馬斯克根本無意將特斯拉的資產弄得漂亮後待價而沽。

馬斯克打造特斯拉，是為了引起汽車工業的注意，迫使人們重新思考電動車。只是提出一個新概念並證明這個概念可行的矽谷作風，並不是馬斯克要的，他要做更多。「這個產品已經延遲了，預算也超過了，所有的事都不對勁，但伊隆從未想過出售整家公司，或是透過夥伴關係失去控制權，」史特勞貝爾說，「所以，伊隆決定押雙倍的賭注。」

2007年12月3日，德羅里（Ze'ev Drori）取代馬克思擔任執行長。德羅里曾經在矽谷創辦電腦記憶體製造公司，後來把公司賣給晶片製造商超微半導體。德羅里不是馬斯克的第一選擇──他的頭號人選拒絕了這份工作，因為他不想從東岸搬過來。但德羅里並沒有激起特斯拉員工太多的熱情，他比特斯拉最年輕的員工年長15歲，而且與這群患難與共的夥伴也沒有交集，他看起來像是個傀儡執行長。

為了平息媒體對特斯拉的惡評，馬斯克開始主動出擊。他發出聲明並接受專訪，承諾Roadster將會在2008年初交車給消費者。他開始大談一台代號為「白星」（WhiteStar）的車子──Roadster之前的代號為「暗星」（DarkStar），那將會是一台可能定價約5萬美元的房車，還會有一家新的工廠建造這部車。

「有鑑於最近管理階層的異動，關於特斯拉電動車未來的計畫，我們將再度做一些調整，」馬斯克在一則部落格貼文中寫道：「近期的訊息是簡單且明確的 —— 我們將在明年交付一台顧客會喜歡開的偉大跑車……我的車，生產編號1，已經離開英國的生產線，最後的進口準備已經在進行。」

特斯拉與客戶進行一連串的會議，試圖對外公開坦承它的問題，同時它也開始為這部電動車建造一些展示場。前PayPal主管索立托參觀曼羅公園的展示場時，馬斯克對在場公關的問題多有抱怨，但特斯拉正在建造的這個產品明顯激起他的熱情。「就在展示馬達的時候，他的行為表現發揮了重大的影響力，」索立托指出。

穿著皮夾克、寬鬆的長褲和皮鞋的馬斯克，開始談論這個馬達的性能，然後做出媲美嘉年華會大力士的演出，舉起重約百磅的馬達。「他把這個東西舉起，兩手牢牢嵌住，」索立托說，「他撐著馬達，身體在抖，汗珠從額頭冒出來。這不是力量的展示，更多是肉體展現產品之美。」雖然客戶對延遲交車有很多抱怨，但他們似乎感受到馬斯克的熱情，並分享他對這個產品的熱愛。結果只有少數客戶要求退回預付款。

艱難時期的激進做法

特斯拉的員工很快就見識到SpaceX員工已經習以為常的強人馬斯克作風。諸如Roadster的碳纖維車板突然出現問題時，馬斯克直接就把它處理掉。他搭乘他的噴射機飛到英格蘭幫車板收集一些新的製造工具，並親自送到法國的工廠，以確

保Roadster維持生產。

Roadster製造成本不清不楚的情況也不見了。「伊隆發火了，說我們要進行激烈的成本削減計畫，」帕波說，「他發表演說，要求我們週六和週日都要工作，並睡在桌底下直到做完。有人決定不幹並反駁指出，所有人都一直很辛苦的工作，只為了把這台車完成，但他們也需要休息，回去看他們的家人。伊隆說：『我會告訴那些人，我們破產時，他們多得是時間看他們的家人。』我的反應是：『哇！』但我懂，我是軍人出身，你就是必須達成你的目標。」

員工被要求每週四早上七點開會更新材料費用。他們必須知道每個零件的價格，並提出讓零件更便宜的可靠計畫。如果12月底時每顆馬達要價6,500美元，馬斯克希望隔年4月前成本降為3,800美元。這些零件成本每月都會進行規劃和分析。「如果你開始落後，代價很可怕，」帕波說，「所有人都可以看到它，如果做不到，就會丟差事。伊隆有一個像計算機的金頭腦。如果你放了一個不合理的數字在投影機上，他會找出來。他絕對不會錯過細節。」

帕波發現馬斯克的作風咄咄逼人，但他喜歡馬斯克願意傾聽，且具有說服力和分析性的觀點，而且如果你提出夠好的理由，他經常會改變想法。「有人認為，伊隆太強硬，脾氣不好，像個暴君，」帕波說，「但這是非常艱難的時期，熟知公司營運內情的人都明白。我很感謝他沒有粉飾太平。」

在行銷方面，馬斯克每天都會上Google搜尋特斯拉的新聞。如果他看到不好的報導，即便特斯拉公關人員無法改變記

者的觀點，他也會命令某人去「改正它」。有一名員工因孩子出生，錯過了一場活動，馬斯克怒發了一封電子郵件給他：「那不是藉口，我極度失望。你必須了解你的優先順序。我們正在改變世界、改變歷史，若你不打算全力以赴，就乾脆不要做了。」[21]

行銷人員在電子郵件裡犯下文法錯誤就得走人，還有最近沒有做任何讓人有印象的「了不起的事」也得滾蛋。「有時候他可能極其咄咄逼人，卻未意識到自己有多可怕，」一名特斯拉前主管說，「開會時，我們打賭誰要倒大楣。如果你告訴他，你做某個選擇，是因為『這是一貫的標準做法』，他立刻就會把你踢出會議室。他會說：『我再也不想聽到那句話。我們必須做的事情是如此困難，不容許半吊子心態。』他會使勁的挑戰你，如果你存活下來，他會決定是否可以信任你。他必須知道你跟他一樣，對達成使命一樣瘋狂。這種基本價值逐漸為全公司所理解，而且每個人很快了解到馬斯克是認真的。」

史特勞貝爾有時候會遭受馬斯克的負面批評，但他樂見馬斯克展現旺盛的鬥志。對他而言，過去的五年是一趟愉快的征途。史特勞貝爾從穿梭於特斯拉工廠樓面埋頭苦幹的安靜、能幹的工程師，變成了技術團隊裡最重要的成員。他比公司任何人都懂電池和電動傳動系統。他也開始逐漸成為員工和馬斯克之間的中間人角色。史特勞貝爾的工程專業和工作倫理已經贏得馬斯克的尊重，而且史特勞貝爾發現，他可以代表其他員工向馬斯克傳達難以處理的訊息。

誠如後來幾年史特勞貝爾所做的，時間證明他也願意保持

理性謙虛的態度。這一切最重要的是要讓Roadster和後續的房車上市,好讓電動車普及,而馬斯克看起來像是實現這個理想的最佳人選。

也有員工喜歡過去五年令人熱血沸騰的工程挑戰,卻心力耗盡難以為繼。萊特不相信大眾化的電動車會有起飛的一天。他離職創辦自己的公司,致力於製造電動運輸卡車。伯迪契夫斯基原本是特斯拉非常重要的全能年輕工程師,執行攸關該公司生存的多數任務。但現在公司雇用了約300名員工,他覺得比較沒有戰鬥力了,也沒興趣再承受另外五年的痛苦,來幫助電動房車上市。他後來離開了特斯拉,在史丹佛大學取得了幾個學位,並成為一家新創公司的共同創辦人,該公司企圖製造可以很快加入電動車市場的革命性新電池。

隨著艾博哈德去職,塔本寧覺得特斯拉沒那麼有趣了。他和德羅里不對盤,對於忍受靈魂的煎熬,來推出這台車的想法也興趣缺缺。里昂斯卻堅持得比較久,這是一個小奇蹟,從各方面來看,他帶頭開發Roadster背後的多數核心技術,包括電池組、馬達、電力電子元件,以及沒錯 —— 變速系統。這意味著,里昂斯有大約五年的時間,一直是特斯拉能力最強的員工之一,也是經常為了某個東西進度落後,拖延了公司其他業務而倒大楣的人。

里昂斯一路忍受馬斯克針對他和令特斯拉失望的供應商飆髒話。里昂斯也看過筋疲力竭、壓力很大的馬斯克,因為咖啡冷了,把咖啡噴到會議桌的另一頭,然後立刻接著要求員工更努力、做更多和少搞砸。就像許多知道這些情況的人一樣,里

昂斯最後還是因為受不了馬斯克的性格而離開，但他給予馬斯克的願景和行動力最高的敬意。

「當時在特斯拉工作，就像處於電影『現代啟示錄』裡柯茲上校統治下的王國，」里昂斯說，「不要擔心做法，或是否這些做法靠不住，就是把工作完成，這些話來自伊隆，他願意傾聽、提出好問題，行動快並能發掘出事情真相。」

就算會破產也不放棄

特斯拉禁得起這些早期員工的流失。它的強大品牌得以持續聘請頂尖人才，包括來自汽車大廠的人，他們知道如何解決阻擋Roadster通往消費者的最後挑戰。但特斯拉的主要問題不再是努力、工程技術或聰明的行銷。邁向2008年，該公司的資金即將告罄，Roadster耗費大約1.4億美元的開發成本，遠超過2004年事業計畫書裡最早預估的2,500萬美元。

在正常的情況下，特斯拉或許已經募集到更多資金。不過這並非尋常的年代，美國經濟正處於大蕭條以來最悲慘的金融危機，汽車大廠正失速衝向破產之路。在這一切不利的因素中，馬斯克必須說服特斯拉的投資人再掏出數千萬美元，而那些投資人必須準備一套合理說詞，說服他們的股東。誠如馬斯克所言：「試著想像你投資一家電動車公司，而你讀到關於這家公司的每件事聽起來都像是無藥可救，而且現在是經濟衰退時期，沒有人買車。」

馬斯克要把特斯拉從這道難題中拯救出來，他必須做的就是冒著失去所有財產及瀕臨崩潰的風險。

馬斯克的外公天生愛冒險，除了常自己開飛機到各地旅行，還經常帶著孩子到荒野去探險，照片中的寧靜，讓人對這些旅行的危險性產生錯覺。

小馬斯克有獨特的沉思模式，常陷入自己的思緒中，對周遭一切沒反應，醫生以為他有聽力障礙，還因此拿掉他的腺樣體。

念小學時，馬斯克是個獨行俠，對世界很好奇，對事實很執著，同儕不喜歡他，也曾遭同學霸凌。

12 歲時，馬斯克的名字第一次登上
媒體版面，他寫的電子遊戲原始碼
刊登在南非當地雜誌。
©Maye Musk

馬斯克與弟弟金博爾（中）和妹妹
托絲卡（右）在南非的家，三兄妹
感情很好，目前皆定居美國。

17 歲那年，馬斯克勇闖天涯跑到加拿大，當了一年背包客之後，到皇后大學就讀，住在學生宿舍。

特斯拉技術長史特勞貝爾年輕時在家中組裝特斯拉電動車早期的電池組。

幾名工程師在矽谷一棟兩層樓的建築裡打造出第一台 Roadster 原型車。

馬斯克和特斯拉共同創辦人艾博哈德試駕早期的 Roadster。兩人關係後來破裂，直到特斯拉公司股票上市才修復。

SpaceX 在洛杉磯郊區建立了一座真正的火箭工廠，成功打造出獵鷹 1 號火箭。

慕勒（最右邊）主導了 SpaceX 火箭引擎的設計、測試和建造。

SpaceX 最初幾次發射是在馬紹爾群島的瓜加林環礁進行，對這些工程師來說，在這座島嶼的一切經驗都是一場冒險，過程艱苦，成果卻很豐碩。

SpaceX 的行動任務控制中心，馬斯克和慕勒在此全程監控火箭的發射過程。

2008 年范霍茲豪森加入特斯拉，投入 Model S 的設計，馬斯克跟他幾乎每天都會在一起討論，兩人有聊不完的新點子。

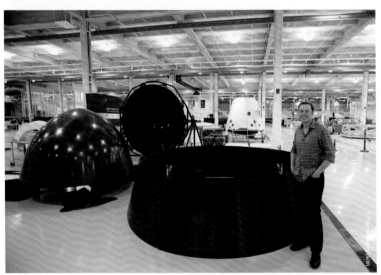

過去幾年來，SpaceX 的野心逐漸加大，包括建造天龍號太空船，可以載人上國際太空站或外太空。

馬斯克對機器人一直存有戒心，總是再三評估 SpaceX 和特斯拉工廠裡的新機器。

SpaceX 搬到加州霍桑市的新工廠，得以擴大裝配線，並同時進行多組火箭和太空船的組裝。

SpaceX 在德州麥奎格測試新的火箭引擎和飛行器，他們正在測試代號為「蚱蜢」（Grasshopper）的可重複使用火箭。

在德州進行火箭試射之前，馬斯克習慣光顧冰雪皇后冰淇淋店，此次同行的有 SpaceX 投資人暨董事喬維特森（左）和投資人格倫（Randy Glein；右）

霍桑工廠裡，天龍號太空船懸空掛在天花板上，
SpaceX 員工正緊盯著任務控制中心。
©SpaceX

SpaceX 總裁蕭特威爾是馬斯克的得力助手，協助管理 SpaceX 的日常運作，包括監督任務控制中心的發射行動。

特斯拉買下新聯合汽車製造公司（NUMMI）位於加州費利蒙的汽車工廠，在這裡
生產 Model S 轎車。

特斯拉 Model S 於 2012 年開始交車，
這台車贏得了多項汽車大獎。

©Tesla Motors

特斯拉 Model S 車身、
電動馬達（靠近後端）
和電池組（底部）。

繼 Model S 之後，特斯拉要推出 Model X 運動休
旅車，這部車擁有獨特的鷹翼門。

2013 年，馬斯克和影星西恩潘（駕駛者）及投資人彼西瓦（後排坐在馬斯克旁邊）訪問古巴。他們與學生及卡斯楚家族成員見面，並試圖營救一名美國囚犯。

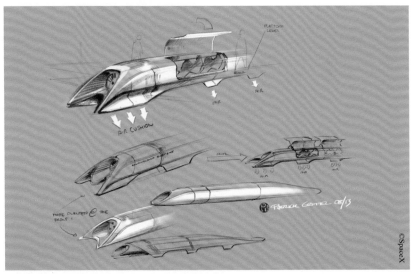

馬斯克於 2013 年公布 Hyperloop 構想，提議以此做為新的大眾運輸方式，現已有多組團隊準備進行興建測試軌道，進一步落實馬斯克的構想。

©SpaceX

2014 年，馬斯克公布一款新型太空船（天龍 2 號太空船），它配備了下降式的觸控螢幕顯示器及完美的內部裝潢。

天龍 2 號太空船能夠返回地球，並非常精準的著陸。

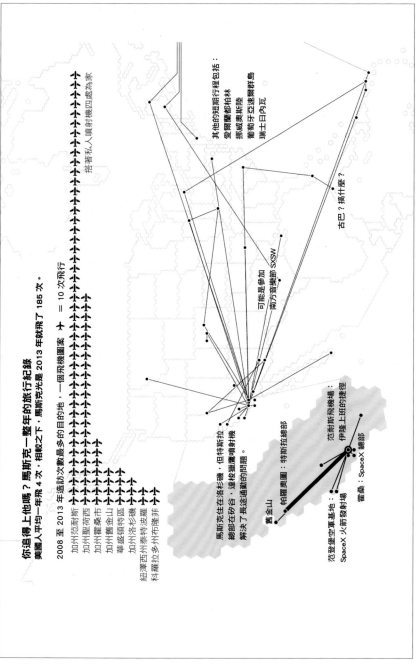

你追得上他嗎？馬斯克一整年的旅行紀錄

美國人平均一年飛 4 次，相較之下，馬斯克光是 2013 年就飛了 185 次。

2008 至 2013 年造訪次數最多的目的地，一個飛機圖案 ✈ = 10 次飛行

加州范耐斯 ✈✈✈
加州聖荷西 ✈✈✈✈✈✈✈✈✈✈✈✈✈✈✈✈✈✈✈✈✈✈✈✈✈✈✈✈✈✈✈✈✈✈✈✈✈
加州霍桑市 ✈✈✈✈✈✈✈✈✈✈✈✈✈✈✈✈✈✈✈✈✈✈✈✈✈✈✈✈✈✈✈
華盛頓特區 ✈✈✈✈✈✈✈✈✈✈
加州洛杉磯 ✈✈✈✈✈✈✈✈✈✈✈
紐奧良 ✈✈✈✈✈
科羅拉多州布隆菲 ✈✈✈

搭著私人噴射機四處為家

其他的短期行程包括：
愛爾蘭都柏林
挪威奧斯陸
葡萄牙亞速爾群島
瑞士日內瓦

古巴？搞什麼？

可能是參加
南方音樂節 SXSW

馬斯克往往在洛杉磯，但特斯拉
總部在矽谷，這使得塞滿噴射機
解決了長途通勤的問題。

帕羅奧圖：特斯拉總部

范耐斯機場：
伊隆上班的捷座

舊金山

霍桑：SpaceX 總部

范登堡空軍基地：
SpaceX 火箭發射場

馬斯克是馬不停蹄的旅人，本圖是經由資訊公開法的請求所取得的紀錄，透過這些紀錄可以了解他一整年的生活。

馬斯克與演員萊莉結過兩次婚，第二次仍以離婚收場。

馬斯克和萊莉在洛杉磯的家中小憩，這裡也是馬斯克與五個兒子的家。

08

現實版鋼鐵人
全新的商業版圖

2007年初，導演強·法夫洛準備開拍電影「鋼鐵人」，他租下曾經屬於休斯飛機公司位於洛杉磯的一整排建物，大創業家休斯約於80年前創建這家航太暨國防承包商。這裡有寬敞的機棚，被用來做為這部電影的製片辦公室。即將飾演「鋼鐵人」劇中主角東尼史塔克的小羅勃·道尼在這裡得到一些靈感，他看著年久失修的大機棚突然覺得有點感傷，就在不久之前，這棟建築曾經是一位偉大男人實現偉大理想的舞台，這個男人撼動了若干產業，並按照自己的方法行事。

道尼曾經聽過一些傳聞，有個名叫馬斯克的人，和偉大的休斯很像，他已經在距此不遠處，建造了他自己的工業王國。道尼心想，與其想像休斯可能怎樣過他的人生，或許可以親自去感受一下現代版休斯的創業人生。2007年3月，道尼前往位於埃爾塞貢多的SpaceX總部，馬斯克親自接待他。「我不是很容易大驚小怪的人，但這個地方和這個男人真的太令人驚

訝了，」道尼說。

對道尼而言，SpaceX工廠看起來像是一個奇特的巨大五金機械賣場。對工作充滿熱情的員工穿梭其間，忙著處理各種機器。年輕的白領工程師與裝配線的藍領工人熱絡的互動交流，而且他們似乎都真心熱愛他們正在做的事情。「你可以感覺到這是一家作風激進的新創公司，」道尼說。初次參觀之後，道尼向導演法夫洛提出建議，讓休斯工廠的布景更像SpaceX工廠。「感覺這樣就對了，」他表示。

除了從外在環境找靈感，道尼也很想一窺馬斯克的內心世界。他們巡視工廠、到馬斯克的辦公室小坐，還共進午餐。他很高興馬斯克不是身上發臭、躁動不安的瘋狂電腦怪傑，他注意到的是馬斯克「可理解的古怪舉止」，並感覺他是可以和工廠員工們並肩工作的那種單純的人。根據道尼的觀察，馬斯克和東尼史塔克是同類型的人，他們「忠於理想，全心投入」，而且絕不浪費時間。

道尼回到「鋼鐵人」製片辦公室，要求法夫洛一定要在主角東尼史塔克的工作室放一台特斯拉Roadster。這代表東尼史塔克非常酷，而且神通廣大，在Roadster還未推出市場之前就已擁有一輛。更深層的用意是，這台車的位置最靠近東尼史塔克的書桌，這樣一來，它在這名演員、這個角色和馬斯克之間構成了一種連結。「與伊隆見面，認識真實的他之後，我希望在鋼鐵人的研發工作室裡有馬斯克的存在，」道尼說，「他們成了同時期的人，伊隆是東尼史塔克可能一起廝混或開派對的人，他們還可能曾經一起進行某種奇怪的叢林冒險之旅，與巫

師共飲一些混了亂七八糟東西的飲料。」

電影「鋼鐵人」上映後，法夫洛談到，馬斯克給了道尼詮釋東尼史塔克的靈感，而且有許多層面上的延伸。馬斯克並非真的是那種在阿富汗的軍事護送行動中，在運輸車後座大喝蘇格蘭威士忌的人，但媒體對這種比喻反應熱烈，馬斯克開始成了更著名的公眾人物。大眾過去大概知道馬斯克是PayPal那群創業家之一，現在開始認知到他是SpaceX、特斯拉背後那個富有又有點古怪的企業家。

馬斯克有點喜歡這種高知名度，讓他自我感覺良好，也增添了一些樂趣。他和潔絲汀在貝萊爾買了一棟房子。他們的鄰居有音樂製作人瓊斯（Quincy Jones），也有惡名昭彰的「野性妹網」成人電影網站創辦人法蘭西斯（Joe Francis）。

馬斯克和一些PayPal前主管們已經盡釋前嫌，他們一起出資製作電影「感謝你抽菸」（Thank You For Smoking），片中還用到馬斯克的噴射機。雖然馬斯克並非愛喝酒喧鬧的人，但他加入好萊塢的夜生活及社交活動。

「就是有許多派對可以參加，」馬斯克的密友李比爾說：「伊隆是兩個明星級人物的鄰居，透過這種人脈網絡，每天晚上都有些事情可以出門。」在某次訪問中，馬斯克算了一下，他的生活已經變成10%的紈褲子弟和90%的工程師。「我們家裡有五名幫傭；白天，我們家就變成工作場所，」潔絲汀在雜誌文章中寫道：「我們參加需要穿著半正式禮服的募款活動，獲得高級好萊塢夜店最好的幾桌位子，希爾頓（Paris Hilton）和李奧納多・狄卡皮歐在旁邊開派對。Google創辦人

佩吉在布蘭森（Richard Branson）的加勒比海私人島嶼舉行婚禮，我們在那裡的別墅和演員庫薩克共享悠閒時光，看著婚宴帳棚外面，波諾與一大堆愛慕他的女人合影。」

潔絲汀顯然比馬斯克更享受他們的身分地位。身為奇幻小說作家的她，固定寫部落格細述夫妻間的居家生活，以及他們在城裡的冒險經歷。在一篇部落格文章中，潔絲汀談到阿奇漫畫（Archie Comics）裡的薇若妮卡和貝蒂，說馬斯克比較想和後者上床，還有他想要找時間去查克起司（Chuck E. Cheese）吃飯。在另一篇文章裡，她寫了在俱樂部碰到狄卡皮歐，說他想要討一台免費的Roadster，結果被拒絕了。

潔絲汀給經常出現在她部落格的人物取了不同綽號，李比爾成了「飯店先生比爾」，因為他在多明尼加有一家飯店，而法蘭西斯則是「惡名昭彰的鄰居」（NN）。很難想像不喜交際的馬斯克會和法蘭西斯這種浮誇的人混在一起，但這兩個男人好像處得不錯。法蘭西斯包下一座遊樂場慶生，馬斯克參加了，後來還在法蘭西斯的家開派對。潔絲汀寫道：「E待了一會兒，但他坦承，他也認為這種派對『有點蠢』——他參加過幾次NN的派對，結果覺得很不自在，好像總是有些討人厭的傢伙在屋裡四處釣女孩，他不想被視為是那些傢伙的同類。」法蘭西斯想要購買一輛Roadster，有天他路過馬斯克家，遞上一個黃信封，裡面裝著10萬美元現金。

這個部落格有一段時間很受歡迎，讓人們得以一窺非傳統執行長的生活。大眾知道馬斯克買了一本19世紀版本的《傲慢與偏見》送給潔絲汀；馬斯克最好的朋友幫他取了「天才伊

隆」（Elonius）的小名；馬斯克喜歡以1美元跟人打賭各種事情（像是你可能從大堡礁得到皰疹嗎？一根牙籤能夠平衡兩支叉子嗎？），他知道他一定會贏。

潔絲汀還寫了一則關於馬斯克去內克島，與前英國首相布萊爾（Tony Blair）、布蘭森一起度假的事。這三個男人有張合照後來出現在媒體上，照片中的馬斯克顯得心不在焉。「這是 E 在想火箭問題時的站姿，讓我非常確信他剛收到某種工作相關的麻煩郵件，明顯沒注意到有人在拍照，」她寫道：「這也是為什麼我覺得很有趣 —— 照相機捕捉到的丈夫，確實是我昨晚在浴室時看到的丈夫，他站在通道，雙臂交叉，蹙額愁眉。」潔絲汀讓外界走進夫妻倆的浴室，是後續一些事情發展的預警。她的部落格很快變成馬斯克最糟糕的惡夢之一。

媒體很久沒有碰到像馬斯克這樣的人。隨著 PayPal 蓬勃發展，他的網路富翁光環更加閃亮。他還有一種神祕元素，有個奇怪的名字，而且願意投下巨資在太空船和電動車上，這兩種事業被認為是大膽、炫目，又不得不讓人大為折服的組合。「馬斯克一直有『既是花花公子，又是太空牛仔』的稱號，他的汽車收藏無助於改變這種形象，他有一輛保時捷911渦輪、一輛捷豹1967系列、一輛哈曼BMW M5，加上邁拉倫F1——他在一條私人飛機臨時跑道駕駛邁拉倫F1，時速高達350公里，」一名英國記者於2007年說，「不僅如此，他還曾擁有一架L39蘇維埃軍用噴射機，他在成為父親後賣掉了這架飛機。」

媒體注意到馬斯克總是在談論他的大計畫，卻又遲遲難以

實現他的承諾，但他們並不太在意。馬斯克談論的計畫顯然比其他人的要大得多了，記者不介意給馬斯克更多時間。特斯拉成了矽谷部落客的寵兒，他們追蹤它的一舉一動，文章中充滿興奮之情。報導SpaceX的記者們同樣欣喜若狂，一家年輕、充滿活力的公司已經誕生，它嘲弄了波音、洛克希德馬丁，也很大程度刺激了航太總署。馬斯克必須做的，只是把他投資的這些很棒的東西在市場推出。

馬斯克在大眾和媒體面前形象做得很好，但他已經開始為他的事業憂心忡忡。SpaceX第二次試射失敗，特斯拉的財務報告也愈來愈糟糕。這兩家新創公司成立時，馬斯克有將近2億美元的財富，現在已經花掉一半以上，卻仍然拿不出什麼成果。特斯拉屢屢延遲交車變成公關災難，馬斯克的光環突然間變得黯淡。

事業、形象與家庭生活皆起波瀾

矽谷人士開始紛紛議論馬斯克的財務窘境，幾個月前百般奉承他的記者們，轉而攻擊他。《紐約時報》注意到特斯拉的變速系統問題，汽車網站上對Roadster可能永遠交不了車的怨言四起。到了2007年底，事情變得更為棘手。矽谷的八卦部落格「矽谷閒話」開始對馬斯克特別感興趣。該網站頭號寫手湯姆斯（Owen Thomas）深入挖掘Zip2和PayPal的歷史，強調馬斯克屢次被拔除執行長頭銜，暗中破壞他在創業界的信譽。湯姆斯接著指稱馬斯克是玩弄他人財富的專家。「馬斯克就算只是實現他一小部分童年幻想也是好的，」湯姆斯寫：

「但他因為拒絕與現實妥協，而使得他的夢想面臨被摧毀的危險。」這個部落格還將特斯拉 Roadster 列為 2007 年科技公司的頭號失敗作品。

就在馬斯克的企業和公眾形象雙雙受挫的同時，他的家庭生活也每況愈下。接近 2006 年底，馬斯克的三胞胎 —— 凱伊、達米恩和薩克森出生，他們還有一對雙胞胎哥哥葛瑞芬和薩維爾。根據馬斯克的說法，三胞胎出生之後，潔絲汀苦於產後憂鬱症。「2007 年春天，我們的婚姻真正出了問題，」馬斯克指出，「我們的婚姻岌岌可危。」潔絲汀的部落格文章呼應了馬斯克的看法。她筆下的馬斯克變得比較不浪漫，她覺得人們把她當成「言之無物的花瓶」，不當她是作家，也不認為她與丈夫是對等的。

在一次聖巴特島的旅行中，馬斯克夫婦與一些富豪夫妻共進晚餐。潔絲汀發表她的政治觀點，餐桌上有一名男士對她的慷慨陳詞調侃了一番。「E 輕笑回應，像拍孩子一樣的拍了我的手，」潔絲汀在她的部落格上寫道。從那刻起，潔絲汀要求馬斯克向別人介紹，她不只是他的妻子及孩子的母親，而是有出版作品的小說家。結果呢？「在剩下來的行程中，E 的做法是：『潔絲汀希望我告訴你，她寫過小說，』」這使得人們用『喔，那真的好可愛啊！』的態度看我，並未真正解決我的問題。」

從 2007 年來到 2008 年，馬斯克的生活變得更加煩亂。特斯拉 Roadster 基本上必須重新來過，而 SpaceX 還有幾十個人住在瓜加林島等待獵鷹 1 號下一次的發射。這兩項計畫正在吸光

馬斯克的錢。他開始出售邁拉倫等珍藏品，以取得更多現金。

馬斯克總是鼓勵員工盡全力做好工作，保護他們不受他的財務黑洞影響。同時，他親自監督這兩家公司的所有重大採購案。馬斯克也訓練員工在支出和生產之間做出正確的權衡。這對於許多SpaceX的員工而言是全新的觀念，因為他們習慣了傳統航太公司的生態，這些公司擁有金額龐大且長期的政府合約，根本沒有經歷過以日計算的生存壓力。

「伊隆週日總是在工作，我們聊過幾次，他闡述了他的思維，」SpaceX的早期員工布洛根說，「他說，我們做的每件事決定了燒錢的速度，我們現在每天燒掉10萬美元。正是這種矽谷創業家的思維，沒有任何洛杉磯的航太工程師能夠完全適應。有時候，他不讓你花2,000美元購買一個零件，因為他期許你找到更便宜的，或發明某種更便宜的東西。還有的時候，他不惜花9萬美元租一架飛機，把東西運送到瓜加林島，因為這省下了一整個工作天，所以是值得的。他用這樣的急迫感要求員工：他預期未來10年的營收是一天1,000萬美元，我們只要晚一天達成我們的目標，每一天就是損失那麼多錢。」

馬斯克不可避免的被特斯拉和SpaceX搞得筋疲力竭，而且毫無疑問的，這使得他緊繃的婚姻關係更加惡化。馬斯克家有一群保母幫忙照顧五個孩子，但他無法花很多時間在家，他一週工作七天，而且是洛杉磯和舊金山兩頭忙。潔絲汀需要改變，有時候她想想，覺得很厭惡這樣的自己，認為她只是像花瓶一樣的妻子。潔絲汀渴望再度成為馬斯克並肩作戰的夥伴，生活變得如此混亂又吃力，她想要感受一些最初的火花。

不清楚馬斯克究竟對潔絲汀透露多少有關他的銀行帳戶正在快速縮水的訊息，潔絲汀說馬斯克不讓她知道家裡的財務狀況。但馬斯克的一些密友確實對他財務惡化的狀態略有所知。2008年上半年，VE投資公司執行長葛拉齊亞斯（Antonio Gracias）與馬斯克共進晚餐。葛拉齊亞斯一直是特斯拉的投資人，也是馬斯克最親密的友人和盟友之一，他感覺到馬斯克對他的未來感到非常苦惱。「潔絲汀開始鬧彆扭，但他們還是在一起。用餐時，伊隆說：『我會花最後一毛錢在這些公司上。如果我們必須搬進潔絲汀父母的地下室，那就這樣吧！』」葛拉齊亞斯說。

2008年6月16日，搬進潔絲汀父母家的選項沒了，馬斯克訴請離婚。這對夫妻並未立即對外公布，但潔絲汀在她的部落格留下線索。6月底，她引述音樂人魔比（Moby）的話：「沒有完全調適好的公眾人物這回事，如果完全調適好了，就不會想要成為公眾人物。」只有這句話，沒有別的內容。下一則貼文是潔絲汀和莎朗·史東在找房子，沒有透露原因。後來的幾則貼文，她談到她正在處理「一個重大的戲劇性事件」。9月，潔絲汀第一次在部落格文章裡坦承離婚：「我們有過一段美好時光，年輕時步入婚姻，盡可能走得長遠，現在結束了。」網路論壇「矽谷閒話」自然跟進寫了一篇關於這場離婚的故事，並強調有人看到馬斯克和一名20幾歲的女演員出遊。

離婚加上媒體報導，讓潔絲汀更無顧忌的撰文談論她的私生活。她在後續貼文提到她對這場婚姻結束的說法，以及她對馬斯克女友暨後來第二任妻子的看法，還有離婚過程的

內幕。大眾第一次有機會看到極度令人不快的馬斯克性格描述，並得到關於他的強硬作風的第一手敘述——即使這些說法是來自於他的前妻。這些說法可能並不客觀，卻提供了一個視角讓我們了解馬斯克。下面是一則部落格貼文，內容談到他們步向離婚及快速執行的經過：

　　對我而言，離婚就像是所有的其他選項已用完，把炸彈引爆。我還沒放棄，這是為什麼我還沒訴請離婚的原因。我們仍在婚姻諮詢的初期階段（總共三個階段），但伊隆決定親自處理，他向來如此，他給了我最後通牒：「我們今天把（婚姻）問題解決，否則明天我就跟你離婚。」那天晚上以及隔天早上，他問我打算怎麼做。我強調，我還不準備發動離婚戰爭；我建議，「我們」至少再給彼此一個星期的時間。伊隆點頭，摸摸我的頭，然後離開。當天上午，我去購物，發現他已停掉我的信用卡，這時我才知道他已逕行訴請離婚（E沒有直接告知我，他請別人做這件事）。

　　對於馬斯克來說，潔絲汀每次的網路發言都會造成再次的公關危機，為他的公司接踵而至的困境再添一筆，他多年來塑造的形象顯然快要和他的公司一起垮台，情況非常糟糕。

　　很快的，主流媒體加入「矽谷閒話」，仔細閱讀與這場離婚有關的法院案卷，尤其是潔絲汀爭取更多贍養費的部分。在PayPal創業期間，潔絲汀簽下了婚後協議，現在她主張，她並不是真的有時間或意願去鑽研這份文件所衍生的東西。潔絲汀在一篇名為「挖金者」的部落格文章裡指出，她正在爭取一

份離婚協議，爭取內容包括他們的房子、贍養費和孩子撫養費、600萬美元的現金，以及馬斯克在特斯拉持股的10%、在SpaceX持股中的5%，還有一輛特斯拉Roadster。潔絲汀也現身美國CNBC電視網「離婚戰爭」節目，並為《美麗佳人》撰寫一篇文章，標題是〈我曾是創業家的妻子：美國最不堪的離婚內幕〉。

輿論比較同情潔絲汀，他們不太能理解，這名億萬富翁為什麼要跟他的妻子爭這些看似挺合理的請求。對馬斯克來說，當然主要問題是他的資產不能兌換成現金，他的多數資產淨值都被綁在特斯拉和SpaceX的股票上。這對夫妻最後達成協議，潔絲汀獲得房子、200萬美元現金（扣除她的訴訟費用）、每月8萬美元的贍養費和為期17年的孩子撫養費，以及一輛特斯拉Roadster。[22]

在這項協議後多年，潔絲汀仍然很難談論她與馬斯克的關係。在我們的訪談期間，她數次崩潰痛哭，需要一些時間整理思緒。

她指出，婚後馬斯克隱瞞她許多事情；最後在離婚階段，他對待她就像商場上待征服的敵人。「我們曾經有一段時間處於對戰狀態，一旦和伊隆為敵，是非常令人不愉快的，」她表示。離婚之後，有很長一段時間，潔絲汀持續在部落格談論馬斯克。她寫關於萊莉的事，並評論馬斯克對孩子的教養方式。其中一篇文章批評馬斯克在雙胞胎滿7歲後，就不准家裡放絨毛玩具。被問到此事時，潔絲汀答道：「伊隆是很強硬的人。他在嚴苛的社會和環境中長大，他必須變得非常強悍，不

只是為了飛黃騰達，也是為了征服世界。他不想要養出人生沒有目標、嬌生慣養的孩子。」

這些評論似乎顯示，潔絲汀依然崇拜馬斯克，或至少了解他的堅強意志。[23]

2008年6月中旬，訴請離婚後的幾個星期，馬斯克陷入深度恐慌。李比爾是馬斯克比較崇尚自由的朋友之一，他開始擔心馬斯克的精神狀態，想要做點事讓朋友振作起來。馬斯克和身為投資人的李比爾不時會到國外旅行，邊工作邊找樂子，這個時機剛好適合這樣的旅行，兩人於7月初出發前往倫敦。

這次紓壓計畫一開始很糟糕。馬斯克和李比爾拜會了奧斯頓馬丁汽車公司（Aston Martin），該公司執行長接見他們，並讓他們參觀工廠。這名執行長將馬斯克當成業餘汽車製造商，以高高在上的姿態對他說話，並暗示自己是地球上最懂電動車的人。「他根本就是個腦殘，」李比爾這樣形容。他們兩個以最快的速度逃回倫敦市中心。路上，馬斯克胃痛，後來轉趨嚴重。李比爾當時的妻子是前美國副總統高爾（Al Gore）的女兒莎拉（Sarah Gore），莎拉曾是醫學院學生，所以李比爾打電話請她給意見。他們判斷馬斯克可能是闌尾炎，李比爾帶他去一間醫療診所，得知測試結果是陰性後，開始認真遊說馬斯克晚上去城裡。「馬斯克不想出去，我也不是很想，但我說：『不行，拜託，我們大老遠來這裡。』」李比爾說。

馬斯克在李比爾連哄帶騙下，來到梅費爾區（Mayfair）一家名叫「威士忌迷霧」的俱樂部。小而高級的舞池擠滿了人，馬斯克待了10分鐘就想離開。李比爾的人脈很廣，他

傳簡訊給一名公關友人，後者靠關係請專人送馬斯克到貴賓區，接著聯繫一些最漂亮的朋友，包括前途看好的22歲女明星萊莉，她們很快來到這家俱樂部。萊莉和她兩名漂亮的朋友剛參加完一個慈善派對，身上穿著飄逸的晚禮服。「萊莉穿著一件像灰姑娘的公主禮服，」李比爾說。俱樂部的人介紹馬斯克和萊莉認識，他看到她那耀眼的身影，立刻精神抖擻。

馬斯克和萊莉及他們的朋友同桌，但他們的注意力立刻鎖定對方。萊莉才剛因她在電影「傲慢與偏見」裡瑪麗班奈特的角色竄紅，自視甚高。而年齡較長的馬斯克則搖身一變成了說話溫柔的貼心工程師。他突然拿出手機，展示獵鷹1號和Roadster的照片，萊莉以為他參與了這些計畫，並不知道他是建造這些機器的公司老闆。

「我記得心想，這傢伙大概不常有機會和年輕的女明星說話，他好像相當緊張，」萊莉說，「我決定對他很友善，給他一個美好的夜晚。我根本不知道他這輩子已經跟無數的美女說過話。」[24]馬斯克和萊莉聊得愈多，李比爾就愈積極撮合。過去幾週以來，這是他的朋友第一次看起來很開心。「他的胃不痛，不沮喪了，太棒了！」李比爾指出。

儘管萊莉的打扮很適合童話故事，她並未對馬斯克一見鍾情。但隨著夜漸深，尤其是在俱樂部公關介紹馬斯克認識一名極漂亮的模特兒，他禮貌性地打招呼，隨即坐回萊莉身邊之後，萊莉確實對馬斯克留下更好的印象，也對他更感興趣了。「在那之後，我認為他可能還不壞，」萊莉說，然後允許馬斯克把手放在她的膝上。馬斯克邀請萊莉隔天晚上外出共進

晚餐，她接受了。

萊莉有著凹凸有緻的身材、性感的眼睛和俏皮的好女孩舉止，她是正在竄紅的電影明星，卻沒有嬌氣。她在英國的田園鄉村長大，上一流學校，在她遇到馬斯克的一個星期前，她一直與她的父母同住。「威士忌迷霧」那晚過後，萊莉打電話給她的家人，告訴他們，她碰到一個建造火箭和汽車的有趣男人。萊莉的父親曾經是英國國家犯罪調查隊的隊長，他直接上電腦進行背景調查，結果馬斯克的履歷顯示，他是有五個孩子的已婚國際花花公子。萊莉的父親責備女兒太傻，但她懷抱希望，盼馬斯克能提出解釋，不管怎樣還是與馬斯克共赴晚餐。

馬斯克帶了李比爾赴會，而萊莉則帶了同樣是美女演員的艾格頓（Tamsin Egerton）。這群人在空蕩蕩的餐廳裡用餐，整頓飯下來，氣氛滿冷的。萊莉等著看馬斯克自己怎麼說，最後，他確實宣布他有五個兒子，正在辦理離婚。這段自白足以讓萊莉持續對馬斯克感興趣，她也好奇這段關係會怎麼發展。餐後，馬斯克和萊莉獨自離開，他們在蘇活區散步，然後在波西米咖啡廳停下腳步。在這家咖啡廳裡，滴酒不沾的萊莉輕啜了一杯蘋果汁，馬斯克抓住了萊莉的目光，這段浪漫的戀情就如火如荼地展開。

隔天，兩人共進午餐，然後去當代藝術畫廊白立方，接著回到馬斯克飯店的房間。馬斯克告訴萊莉，他想要讓她看他的火箭。「我當時心有懷疑，但他真的讓我看火箭影片，」她說。馬斯克回到美國後，[25]他們的郵件往來了幾個星期，然後萊莉飛到洛杉磯。「我根本沒有想到女友或任何這類的事

情，」萊莉說，「我只想玩得開心。」

馬斯克則是另有打算。萊莉在加州才只有五天，他就採取行動。他們在比佛利山莊半島飯店的小房間裡，躺在床上聊天。「他說：『我不要你離開，我要你嫁給我。』我想我笑了。然後，他說：『不，我是認真的，抱歉，我沒有戒指。』我說：『如果你喜歡的話，我們可以口頭約定。』我們就約定了。我不記得當時我在想什麼，我只能說，當時我才22歲。」

截至那一刻，萊莉一直都是標準的好女兒，從來不會讓父母操太多心。她在學校的表現良好，已經有一些很好的演出成績，性格溫柔、甜美，她的朋友形容她是真實世界裡的白雪公主。但她卻站在飯店陽台上，通知她的父母，她已經同意嫁給一個比她大14歲的男人，而且這個男人才剛對第一任妻子提出離婚訴求，還有五個孩子和兩家公司，而且她甚至不了解，自己是怎麼可能認識幾週就愛上他。

「我想，我的母親崩潰了，」萊莉說，「但我一直非常浪漫，事實上這並未讓我覺得有那麼奇怪。」萊莉飛回英格蘭收拾她的東西，她的父母和她一起飛到美國與馬斯克見面，馬斯克提出遲來的請求，希望萊莉的父親給予祝福。當時馬斯克並沒有自己的房子，兩人就搬入馬斯克的億萬富豪友人斯高爾的房子。「我住在那裡一個星期後，有個冒失鬼走了進來，我說：『你是誰？』他說：『我是這個房子的主人，你是誰？』我告訴他之後，他就走出去了。」萊莉說。馬斯克後來在斯高爾豪宅的陽台上再度向萊莉求婚，拿出一枚巨大戒指。（從那時候開始，他買了三枚訂婚戒指給她，包括巨大的第一枚戒

指、一枚每天戴的和一枚由馬斯克設計的，這顆戒指有一顆鑽石，旁邊包圍著10顆藍寶石，象徵他們想要有10個孩子。）「我記得他說：『和我在一起，是選擇艱難的路。』當時我不太了解，但現在我懂了，的確相當難，是相當瘋狂的旅程。」

萊莉經歷旋風般的戀情，讓她覺得自己是和一名征服世界、搭乘噴射機四處旅行的億萬富豪訂婚。理論上並沒有錯，但實際上馬斯克的事業正處於低潮。

到了7月底，馬斯克知道，他手上的現金只夠勉強撐到年底。SpaceX和特斯拉在某個時間點之前，都必須取得現金挹注以支付員工薪資，而全球金融市場正處於一片混亂，投資人裹足不前，那筆錢還不清楚從何而來。如果這兩家公司的發展比較順利，馬斯克對募資會覺得比較有信心，但它們並不順利。「他每天回到家，就會有些壞消息，」萊莉說，「他承受來自各方的巨大壓力，真的是非常可怕。」

可以失敗，不可以放棄

SpaceX在瓜加林島的第三次火箭發射，是馬斯克最迫切關心的事。他的工程師團隊仍舊在該島紮營，準備進行獵鷹1號的下一次發射。一般公司往往只會專注在一件任務上，但這不是SpaceX的做法。它於2008年4月將獵鷹1號和一組工程師送到瓜加林島，然後安排另一組工程師進行新計畫，研發獵鷹9號，這是一枚擁有9個引擎的火箭，將會取代獵鷹5號，並可能替代正在逐步除役的太空梭。雖然SpaceX尚未證明它可以成功進入太空，但馬斯克卻已不斷在為航太總署的高價合約

競標做準備了。[26]

2008年7月30日，獵鷹9號在德州有一次成功的試射，9個火箭引擎全數點燃，並產生85萬磅的推力。三天後，在瓜加林島，SpaceX的工程師為獵鷹1號加滿燃料，並祈禱發射成功。這枚火箭載運了一顆空軍衛星，以及航太總署的幾個實驗儀器。SpaceX計劃把這批重達375磅的貨物送上軌道。自從上次發射失敗後，SpaceX一直在對火箭進行重要的改造。傳統的航太公司不會自找麻煩，冒這種額外風險，但馬斯克堅持，SpaceX在試圖讓火箭成功發射時，也要同步推進它的技術能力。獵鷹1號最大的改變，是一個調整過冷卻系統的新版Merlin 1號火箭引擎。

2008年8月2日，第一次發射準備在倒數零秒時中止，SpaceX重新布署並試圖在同一天再次發射，這次一切似乎進行得很順利。獵鷹1號壯觀的飛入天空，沒有任何問題的跡象。SpaceX員工在加州觀看這個過程的網路轉播，發出歡呼和口哨聲。然後，就在第一節火箭和第二節要分開的瞬間發生故障。事後分析顯示，新的火箭引擎在分離過程中，產生突如其來的推力，使得第一節火箭上衝撞到第二節，造成火箭頂端部分及火箭引擎損壞。[27]

這次發射失敗讓許多SpaceX的員工大受打擊。「在30秒的過程中，看著整個房間內的人從大喜變成大悲，這種感覺太深刻了，」SpaceX負責招聘的辛格（Dolly Singh）說，「那就像是有史以來最糟糕的一天。你通常不會看到成年人哭泣，但他們哭了。大家感到疲累又沮喪。」馬斯克馬上對員工發表演

說，鼓勵他們回到崗位。「他說：『聽我說，接下來還有許多工作要做，我們最終會走向勝利的⋯⋯我永不放棄，永遠不會。』」辛格說，「就像有一股不可思議的魔力，所有人立刻冷靜下來，開始專心弄清楚剛才發生什麼事情，還有要如何解決問題。大家的情緒從絕望轉為希望和專注。」

馬斯克對外也表現出積極正面的態度，他在一項聲明中指出，SpaceX有另一枚火箭等著進行第四次發射，在那之後不久還有計畫中的第五次發射。「我已經批准開始籌劃第六次的發射任務，」他表示，「獵鷹9號的開發也會持續進行。」

事實上，第三次發射是一場大災難，有著一串連的後續效應。既然該火箭第二節試射不完全，SpaceX完全沒有機會了解，它是否真正解決了影響第二次飛行的燃料晃動問題。許多SpaceX工程師有信心，他們已經解決這個問題，並急於進行第四次發射，認為他們能輕易解決最新的推力問題。但對馬斯克而言，這個問題似乎更嚴重。「我非常擔憂，」馬斯克說，「如果我們沒有解決第二次飛行的潑濺連結問題，或只要有任何事情發生，例如發射過程中的一個錯誤，或製造過程與之前的任何東西銜接不上，那麼遊戲就結束了。」

SpaceX根本沒有足夠的錢去嘗試第五次飛行。馬斯克已經投入1億美元在這家公司，因為特斯拉的種種問題，他沒有多餘資金了。「第四次飛行是關鍵，」馬斯克說。如果SpaceX第四次可以發射成功，將會對美國政府和潛在的商業客戶注入信心，從而為獵鷹9號，以及甚至更具野心的計畫鋪路。

在邁向第三次發射的這段時間，馬斯克展現一貫的超級

投入作風。公司裡任何妨礙這次發射的人統統被列入馬斯克「關鍵路徑」上的老鼠屎，馬斯克會緊盯該為這些延誤負責的人，但通常他也會盡其所能幫忙解決問題。

「我自己曾有一次耽誤了發射，一天必須向伊隆報告兩次進度，」布洛根說，「但伊隆會說：『這家公司有500人，你需要什麼？』」其中有一通電話必定是發生在馬斯克向萊莉獻殷勤的時候，因為布洛根記得，馬斯克從倫敦的一家俱樂部洗手間打來，想要知道火箭某個大零件的焊接進行得如何。半夜，馬斯克接到另一通電話，因為他在萊莉身邊，所以訓斥工程師時必須壓低嗓門。「他用床邊悄悄話的音量，所以全部的人都得擠在擴音器邊，他告訴我們：『你們這些傢伙給我認真點，』」布洛根說。

關鍵的第四次發射

隨著第四次發射來臨，這些要求和期待逐漸升高，人們開始犯下愚蠢的錯誤。通常獵鷹1號火箭是透過駁船運到瓜加林島，但這一次馬斯克和工程師太興奮也太心急，等不了這趟海洋之旅。馬斯克租了一輛軍用貨機，將箭體從洛杉磯空運到夏威夷，然後再運去瓜加林島。這本來是個不錯的想法，但SpaceX的工程師忘了考量艙壓會對不到八分之一吋厚的箭體造成影響。當飛機開始降落夏威夷，機內所有人都可以聽到貨艙傳來奇怪的聲響。

「我回頭看，可以看到火箭皺起來了，」前SpaceX航空電子設備主管阿爾坦（Bulent Altan）說，「我要求駕駛將飛機拉

高，他照做了。」這枚火箭很像是放在飛機上的空水瓶，被氣壓擠扁變形。阿爾坦估算，SpaceX團隊大約有30分鐘來解決這個問題，然後就必須迫降。他們拿出小折刀，割掉包裹火箭殼體的收縮膜，接著又在機上找到一個維修工具箱，用扳手撐開一些火箭上的螺帽，好讓內部壓力與飛機一致。飛機一落地，這些工程師分工合作打電話給SpaceX各部門最高主管，告知這場災難。

當時是洛杉磯時間凌晨三點，其中一名主管自告奮勇告訴馬斯克這個可怕的消息。他們認為，這次損害需要花三個月才能修好。箭體有若干處凹陷，裝在燃料槽內防止燃料晃動的擋板已經壞了，還有各式各樣的問題也出現。馬斯克下令團隊繼續前往瓜加林島，並加派援手，帶修補的零件過去。兩週後，火箭已經在臨時機棚內修復完成。「這就像集體陷在戰壕裡，」阿爾坦說，「誰也不會當逃兵，丟下並肩作戰的弟兄不管。全部完工時，所有的人都覺得不可思議。」

SpaceX的第四次，也可能是最後一次的發射，訂於2008年9月28日舉行。六個月來，SpaceX的員工在極度痛苦的壓力下夜以繼日的趕工才等到這一天。他們身為工程師的驕傲，以及他們的希望和夢想正面臨嚴峻的考驗。「在工廠這邊觀看這一幕的人正盡最大努力不要吐出來，」SpaceX機械師麥克羅銳（James McLaury）說。

儘管有過去幾次的失敗，瓜加林島上的工程師有信心這次會發射成功。這些人當中，有些人已經在這座島上工作多年，經歷了人類史上最超現實的工程作業。他們一直與家人分

離，忍受著高溫襲擊，被流放在這個小小的發射台前哨 ——
有時候連食物也不充裕。連續好幾天，他們等待發射窗打
開，然後處理後續幾次的中止發射。如果這次發射成功，這麼
多的痛苦、忍耐和恐懼都將會消失於無形。

創造商業與科學的奇蹟

28日傍晚，SpaceX的團隊升起獵鷹1號進入發射位置。它
再度矗立，看起來像是島嶼部落的奇異藝術品，一旁棕櫚樹搖
曳，些許雲朵飄過壯觀的藍天。這時候，SpaceX已經提升其
網路轉播策略，將每次發射都變成一次大型演出，同時開放給
員工和大眾欣賞。兩名SpaceX行銷主管在發射之前，花了20
分鐘，詳細介紹這次發射的所有技術細節。獵鷹1號這次並沒
有攜帶真正的酬載。這家公司和軍方都不希望看到更多東西爆
炸或消失在海裡，所以這枚火箭裝了360磅的假酬載。

SpaceX已經淪為發射劇院的事實，並沒有讓員工感到擔
心，也沒有澆熄他們的熱情。火箭發出隆隆的聲音，接著逐
漸爬升，SpaceX總部這邊的員工發出雀躍的歡呼聲。接下來
每完成一個里程碑 —— 完全離開這座島嶼、火箭引擎檢查回
報正常 —— 人們都會傳出口哨聲和尖叫聲。隨著第一節火箭
脫落，第二節點火約90秒進入飛行，員工們徹底陷入瘋狂，
網路轉播裡充滿了他們興奮的叫聲。「完美，」其中一名正在
解說的主管說道。Kestrel引擎發出紅光並開始6分鐘的燃燒。
「第二節火箭脫離後，我才終於重新恢復呼吸，繃緊的膝蓋也
放鬆下來，」麥克羅銳說。

整流罩在約3分鐘時打開，然後掉回地球。最後，在飛行約9分鐘後，獵鷹1號按照計畫關閉，到達軌道。這是私人建造的機器首度完成這樣的成就，500人花了六年的時間實現了這個現代科學和商業的奇蹟 —— 約比馬斯克原先的計畫多了四年半的時間。

當天稍早，馬斯克和弟弟金博爾帶了他們的孩子去迪士尼樂園，試圖讓自己忘卻逐漸升高的壓力。然後馬斯克快馬加鞭趕回去，以趕上下午四點的發射，並在發射前兩分鐘走進SpaceX的追蹤控制室。「發射成功後，所有人都哭了起來，」金博爾說，「這是我經歷過最激動的時刻之一。」馬斯克走出控制室，到了工廠，受到如搖滾巨星般的歡迎。「那真是棒極了，」他說。

「很多人認為我們做不到，事實上非常多人這樣認為，不是嗎？地球上只有幾個國家做到了，它通常是一個國家的事情，而非一個公司能獨立做到的……此刻心情千頭萬緒，我很難多說些什麼……，但是，哇，這絕對是我一生中最棒的一天。而且我相信對多數在這裡的人來說也是如此。我們向大眾證明，我們做得到。這只是許多事情的第一步……今晚我們要好好慶祝……」然後，布朗拍拍馬斯克的肩膀，把他拉去開會。

慶祝結束後，這次巨大勝利的歡樂氣氛逐漸消失，SpaceX嚴重的財務黑洞，再度成了馬斯克最擔心的事情。SpaceX要繼續進行獵鷹9號的工作，還要迅速建造另一台機器 —— 天龍號太空船（Dragon capsule），後者將被用來運送補給品至國

際太空站，有朝一日可用來載人。歷史上，光是完成其中一個計畫就要花10億美元以上，但SpaceX必須想辦法用這個金額的零頭建造這兩台機器。這家公司已經大幅加快進程，為此招募員工，又搬入位於加州霍桑市規模更大的總部。SpaceX有了馬來西亞政府委託運送衛星進入軌道的一張商業訂單，但發射和支付都要等到2009年中。

此時，SpaceX確實連員工的薪水都快付不出來了。

一場漫長戰役

媒體不知道馬斯克財務問題的嚴重程度，但他們很知道怎麼消遣特斯拉不穩定的財務狀況。一個名叫「關於汽車真相」的網站，於2008年5月展開「特斯拉死亡觀察」，並於同年後續發表了數十篇文章。這個部落格特別喜歡否認馬斯克是該公司真正的創辦人，將他描述成從天才工程師艾博哈德手中偷走特斯拉的投資人兼董事長。

當艾博哈德開始寫部落格，細數成為特斯拉客戶的優缺點時，這個汽車網站也滿心歡喜地呼應他的牢騷。受歡迎的英國電視節目「瘋狂汽車秀」（Top Gear）把Roadster批評得體無完膚，讓這台車看起來就像是還沒真正上路就沒電了。「人們拿『特斯拉死亡觀察』等文章，開起特斯拉的玩笑，真的讓人很不舒服，」金博爾說，「某一天，有多達50篇關於特斯拉會如何死亡的文章出現。」

然後，2008年10月（距SpaceX發射成功後不到幾週）「矽谷閒話」再度登場。首先，它譏諷馬斯克取代德羅里，正式接

掌特斯拉執行長的職務，只是因為馬斯克過去的僥倖成功。後面還印出一封特斯拉員工的電子郵件，公開驚人祕辛。這篇報導說，特斯拉剛進行一輪裁員、關掉底特律辦公室，而且銀行只剩下900萬美元。「我們有超過1,200個預約訂單，這代表我們已經跟客戶拿了數千萬美元的現金，還花光了，」這名特斯拉員工寫道：「同時，我們交車不到50輛。事實上，我遊說我的好友拿出6萬美元預訂一輛Roadster。我的良心讓我再也無法當個旁觀者，讓我的公司去欺騙大眾、詐騙我們親愛的客戶。我們的客戶和一般大眾是特斯拉之所以如此受到愛戴的原因，他們被欺騙，就是不對。」[28]

沒錯，許多負面關注或許其來有自。不過，馬斯克也感覺到，2008年一般人對銀行家和富人的不滿與怨氣，讓他成了箭靶。「我就像被人用槍托狠狠重擊，」馬斯克說，「當時有許多人幸災樂禍，許多方面都很糟糕，潔絲汀在媒體上折磨我，總是有種種關於特斯拉的負面文章，還有SpaceX第三次試射失敗的報導，真的讓人很難過。你有這些龐大的質疑：你的人生不行了，你的車子不行了，你正經歷離婚及所有諸如此類的事情，我以為我們克服不了難關。我想，事情可能真的死定了。」

馬斯克簡單計算了一下SpaceX和特斯拉的財務狀況，意識到只有一家公司勉強有機會存活。「我可以挑SpaceX或特斯拉，或將我所剩的錢平分，」馬斯克說，「那是很困難的決定。如果我平分這筆錢，或許兩家都會死。如果我只給一家錢，這家公司存活的可能性會更大，但那意味另一家公司必死

無疑。我的內心反覆交戰。」

就在馬斯克陷入苦思時，美國經濟環境快速惡化，馬斯克的財務狀況也深陷泥淖。隨著2008年接近尾聲，馬斯克已經囊空如洗了。

萊莉開始將馬斯克的人生視為莎士比亞的悲劇。有時候馬斯克會開口跟她談這些問題，有時候他縮回自己的世界。萊莉偷偷觀察他閱讀電子郵件，壞消息湧入時，她看到他的臉上露出痛苦表情。「看著所愛的人像那樣掙扎，真的很不好受。」她說。由於長時間工作和飲食習慣的問題，馬斯克的體重波動得很厲害。他有了眼袋，臉部表情開始就像超馬選手跑到最後疲憊不堪的樣子。

「他看起來就像是死神本人，」萊莉說，「我當時心想，這傢伙會心臟病發而死，他看起來像是垂死邊緣的人。他承受著高壓與身體上的痛苦，會在睡夢中尖叫。」這對夫妻必須開始向朋友斯高爾借數十萬美元，萊莉的父母打算把房子拿去抵押借貸。馬斯克不再搭乘噴射機往來洛杉磯和矽谷，改搭西南航空。

特斯拉每個月燒掉大約400萬美元，需要完成另一輪重大融資才能撐過2008年並活下來。馬斯克與投資人協商時，他必須依靠向朋友調錢來勉強支付員工每週的薪水。他以慷慨激昂的請求，給所有他想得到或許可以施捨一些錢的人。

李比爾投資特斯拉200萬美元，布林投資了50萬美元。「一堆特斯拉員工簽支票，好讓公司繼續營運下去，」特斯拉企業發展副總裁歐康內爾（Diarmuid O'Connell）說，「這變

成像是投資,但在那段時間,這是有去無回的25,000美元或50,000美元。」金博爾在這段經濟衰退期,因為投資失利錢賠得差不多了,但還是賣掉剩下的資產投入特斯拉。「我幾乎快要破產了,」金博爾說。

特斯拉原本保留Roadster客戶的預付款,但馬斯克現在必須動用那筆錢,讓公司能繼續營運,很快的這些錢也沒了。這些會計操作讓金博爾感到憂心。「我相信伊隆會找到辦法處理好,但這絕對是險招,他很可能因為使用他人的錢而被抓去關,」他表示。

指數破表的信心

2008年12月,馬斯克同時發動幾項計畫試圖拯救他的公司。他聽說航太總署即將給出一份太空站的補給合約。SpaceX的第四次發射讓它有資格獲得這份合約的部分資金,而且據說合約金額超過10億美元。馬斯克透過華府一些管道進行了解,發現SpaceX甚至可能是這個合約的優先候選人。馬斯克開始竭盡全力向人們保證,他的公司可以滿足這項挑戰,將太空船送到國際太空站。

至於特斯拉方面,馬斯克必須去找既有投資人,並要求他們在聖誕節前夕之前完成另一輪融資以避免破產。為了給這些投資人某種程度的信心,馬斯克盡了最後的努力募集到他所能得到的個人資金,並將這些資金全數投入這家公司。他在航太總署同意之下,向SpaceX貸了一筆款項,並指定撥款給特斯拉,又去次級市場試著賣掉他的一些太陽城股份。馬斯克也

從戴爾收購夢想無限（Everdream）資料中心軟體公司的交易中，獲得約1,500萬美元，馬斯克的表弟們創辦了這家公司，馬斯克是投資人。「這就像是『駭客任務』，」馬斯克形容他的財務操作，「夢想無限的交易，真的救了我一命。」

馬斯克湊了2,000萬美元，既然沒有新投資人出現，他要求既有投資人，拿出對等的數字。投資人同意了，2008年12月3日，他們正在進行這輪融資最後的書面作業，馬斯克注意到一個問題。VPCP創投已經簽完所有文件，除了關鍵的一頁，馬斯克打電話給VPCP創辦人暨執行合夥人薩爾茲曼（Alan Salzman），詢問這個狀況。

薩爾茲曼告知馬斯克，該公司對於這輪募資有疑慮，因為此舉會拉低特斯拉的估價。「我說：『那麼，我有很棒的解決辦法，你把我在這筆交易中的那部分全拿去吧！資金短缺的問題真的很嚴重，基於我們目前在銀行的現金，我們下週就發不出薪水了。所以除非你有別的點子，你可否盡量參與，或是讓這輪融資通過？否則我們就會破產。』」薩爾茲曼不肯，告訴馬斯克下週早上七點會向VPCP的高層報告。

馬斯克根本等不了一週的時間，他要求隔天過去，薩爾茲曼拒絕他的請求，迫使馬斯克只能靠自己繼續借貸。「他想要在他的公司開會的唯一理由，是要我跪下來乞討，好讓他可以說『不』，真是混蛋。」馬斯克說。

VPCP創投拒絕評論這段時期發生的事情，但根據馬斯克的說法，薩爾茲曼這麼做是為了讓特斯拉破產。這家投資公司希望拔掉馬斯克的執行長職位，改變特斯拉的資本結構，成為

這家電動車製造商的主要股東，好把特斯拉賣給底特律汽車製造商，或專注於販售電動傳動系統和電池組，而非製造車輛。

在危機中維持專注

「VPCP創投是在迫使一位想要做更偉大、更勇敢事業的創業家吞下他的智慧。」豐傑創投合夥人、同時也是特斯拉投資人的喬維特森（Steve Jurvetson）說，「或許他們已習慣了執行長向他們卑躬屈膝，但伊隆不吃那套。」相反的，馬斯克再度冒險奮戰。

特斯拉知道VPCP創投不能干涉債權交易，於是將這次融資，由股權變成債權。這項策略棘手的部分是讓喬維特森等想要幫助特斯拉的投資人很為難，因為創投公司不做債權交易，要說服他們的金主為一家公司改變他們平常做生意的原則，而且還是很可能在幾天內破產的公司，將是一個很難啟齒的要求。

馬斯克明白這點，於是告訴投資人，他將向SpaceX再借貸一筆款項，自己全數資助這一輪總數4,000萬美元的融資，這個策略奏效了。「有了稀有性，很自然就會強化貪欲，並引起更多興趣，」喬維特森說，「也讓我們更容易回去跟公司說：『這裡有一筆交易，做還是不做？』」

這筆交易最後於聖誕夜完成，只差幾個小時，特斯拉可能就破產了，馬斯克當時只剩下幾十萬美元，隔天根本付不出薪水。馬斯克最後投入1,200萬美元，這些投資公司則提供剩下的資金。至於薩爾茲曼，馬斯克說：「他應該感到羞愧。」

在SpaceX方面，馬斯克和公司的高層主管12月裡大多處於恐懼狀態。根據媒體報導，SpaceX曾經一度最被看好將贏得航太總署的大合約，卻突然失寵了。當時的航太總署署長是差一點成為SpaceX共同創辦人的葛瑞芬，他突然將矛頭對準馬斯克。葛瑞芬不喜歡馬斯克激進的商業手段，認為他遊走於道德邊緣。也有人認為，葛瑞芬是嫉妒馬斯克和SpaceX。[29]

不過，2008年12月23日，SpaceX收到令人振奮的大好消息，航太總署內部人士避開葛瑞芬的阻撓，支持SpaceX成為國際太空站的供應商。該公司獲得16億美元，做為12趟太空站飛行任務的費用。

馬斯克當時與金博爾在科羅拉多的圓石市度假，SpaceX和特斯拉的交易完成時，他突然情緒激動起來。「我想到還沒有買聖誕禮物給萊莉，」他說，「我在該死的圓石市沿街跑，唯一開門的店，賣的是一些廉價的裝飾品，而且他們就要關門了。我找得到的最好的東西是這些拿著椰子的塑膠猴子，那些非禮勿視、非禮勿聽、非禮勿言的猴子。」

對葛拉齊亞斯而言，2008年這段時間讓他徹底了解馬斯克的性格。他看到的是一個男人，赤手空拳來到美國，曾經失去過一個孩子，在媒體上被記者和前妻嘲弄，而且一生事業差點毀於一旦，但最終仍能在混亂中處之泰然。

「他是我見過最能吃苦耐勞及承受壓力的人，」葛拉齊亞斯說，「他於2008年經歷的一切換成任何人早就崩潰了，他不只活下來了，還繼續努力並保持專注。」那種在危機中維持專注的能力，是馬斯克相較於其他經理人和競爭對手的主要優

勢。「多數承受那種緊張壓力的人，」葛拉齊亞斯說，「決斷力會變差，伊隆則變得超級理性。他能夠做出非常清楚的長期決策，而且愈挫愈勇。所有直接見識他經歷過這些事情的人，都會對這個人有更多的敬意。他承受痛苦的能力是我從未見過的。」

09

發射升空
顛覆傳統航太產業

　　獵鷹9號已經成為SpaceX的發展主力，這枚火箭高68.4公尺、直徑3.7公尺、重110萬磅，動力系統是位於底部的九台火箭引擎，以八角網（octaweb）的方式排列，一台在中間，另外八台在外圍成一圈。這九台火箭引擎連結到第一節火箭，也就是有著藍色SpaceX字樣和一面美國國旗圖案的火箭主體。第一節上面是較短的第二節，這是實際在太空中作業的部分，它可以配備攜帶衛星的圓柱形容器，或是載人的太空船。獵鷹9號的外觀設計沒有特別華麗，它是航太版的蘋果筆電或百靈牌熱水壺，一台外觀優雅、功能明確的機器，完全去除華而不實的部分。

　　SpaceX有時會從南加州的范登堡空軍基地發射獵鷹9號，這個基地若非歸軍方所有，或許有機會發展成觀光勝地，基地外緣緊鄰太平洋，綿延數公里，基地內有遼闊的灌木林，綠色山丘點綴其間，幾座發射台坐落於緊鄰海洋外緣的山區。有火

箭發射的日子，白色獵鷹9號會劃過這片碧海藍天和綠色山林直衝雲霄。

　　發射前大約4小時，人員開始為獵鷹9號填裝大量液態氧和火箭用的煤油。等待發射時，一些液態氧從火箭排出，低溫使得液態氧在接觸金屬與空氣時氣化，形成了白色氣流，沿著火箭側面奔流而下，讓人覺得好像是獵鷹9號在準備踏上征途前發出怒吼。

　　控制室內，工程師們監視這些燃料系統和其他各種設備，他們透過耳機和話筒對話，反覆檢查發射清單，在逐項確認通過檢查項目的過程中，進入航太業界所謂的「陷入發燒狀態」（go fever），發射前十分鐘，人員退出，將後續作業交給自動機械，一切安靜下來，氣氛愈來愈緊繃，直到主秀上場，獵鷹9號打破沉寂，發出轟然巨響。

　　火箭的白色格狀支撐結構被拉開，倒數10秒計時開始。一直倒數到4秒時，都還沒什麼明顯變化，然而倒數到3秒時，火箭引擎點火，電腦系統進入最後的極速安全檢查。四架巨大金屬鉗壓住火箭，電腦系統評估九台火箭引擎，測量它們是否能夠產生足夠的向下推力。倒數至零，火箭準備好進行任務，鉗子鬆開，火箭力抗重力，接著火焰團團圍住底座，空氣中充斥液態氧產生的雪白厚重氣流，火箭騰空而上。

　　目睹如此龐然大物在半空中筆直而穩定的飛行，一時間令大腦難以反應，這是一種極為奇特又難以言喻的經驗。升空大約20秒後，在數里外安全區域觀看的人群，首先意識到的是獵鷹9號的轟隆聲響，這種聲音很特別，是一種化學物質快速

劇烈反應時產生的斷續劈啪聲響，接著一連串音爆產生的衝擊波，震動了現場圍觀者的褲腿，獵鷹9號以令人驚歎的高速，愈飛愈高，大約一分鐘後，成了天空中一個紅點，然後突然消失不見。只有那些存心找碴、一心想譏諷人的傻瓜，才會在見證這樣的人類成就時無動於衷吧。

從不被看好到讓美國重返榮耀

馬斯克已經歷過多次這種壯觀場面，今天的SpaceX也已從昔日航太業人士眼中的笑柄，蛻變為最先進、最穩健成長的航太業者之一，它現在大約每個月發射一枚火箭，為企業或國家客戶載運衛星，並運送補給物品至國際太空站。獵鷹1號從瓜加林島發射時，SpaceX還是一家新創公司，而獵鷹9號從范登堡升空時，SpaceX已然是業界翹楚了。

相較於美國的競爭對手如波音、洛克希德馬丁和軌道科學公司，SpaceX不僅要價低，同時能為美國客戶提供別人無法給予的安全感，因為這些對手必須仰賴跟俄羅斯和其他外國供應商合作，而SpaceX幾乎所有的機械零件都是在美國從零開始生產。

SpaceX收費相對低廉，使得美國再度於全球商用發射市場占有一席之地。SpaceX發射火箭，一次收費僅6,000萬美元，不僅比美國同業便宜，也遠低於歐洲、日本，甚至低於俄羅斯、中國的收費水準，尤其中俄兩國還有許多附加優勢，包括兩國政府數十年來大舉投資航太計畫，以及低廉的本國勞動力等。在飛機製造方面，波音仍是美國人的驕傲，足以跟空中

巴士等其他國家的製造商互相競爭；不過，美國政府領導人和大眾過去基於某些考量，卻願意拱手讓出大部分商業發射市場，這種態度令人沮喪且極度缺乏遠見。

衛星製造、衛星相關服務和載運衛星至太空所需的火箭發射市場，整體市場規模在過去十年從每年大約600億美元，暴增至超過2,000億美元。許多國家付費給火箭發射業者，來讓它們的衛星升空以供軍事偵測、通訊或氣象觀測。企業也轉向太空以提供電視節目、網際網路、廣播、氣象、導航和影像服務。這些在太空中的機器建構了我們今日的生活，而且它們將會快速成長，變得功能更強大，也更豐富有趣。

全新一代的衛星製造商才剛嶄露頭角，它們有能力像Google搜尋那樣回答關於地球的許多問題，這些衛星能夠聚焦放大愛荷華州的玉米田，確認何時產量最高可以收割，也能夠計算全加州的沃爾瑪商場停車場上有多少輛汽車，以掌握購物季假日的消費需求。這些新興的衛星製造商經常必須求助俄羅斯人，將它們的衛星送入太空，但現在隨著SpaceX加入，這個規則將被改變。

航太產業利潤最高的市場，是製造衛星及操作衛星的配套系統和服務，美國在這方面仍具有競爭力。美國每年製造約占全球三分之一的衛星，並占有大約60%的全球衛星營收，這些營收大多來自與美國政府有關的業務。其他的衛星銷售和發射業務幾乎全由中國、歐洲和俄羅斯瓜分。

一般預期中國在全球航太市場的重要性會提高，而俄羅斯也信誓旦旦的表示，將要投資500億美元重振它的太空計

畫。這迫使美國必須與這兩個太空領域中最不喜歡的國家打交道，而且沒有多少周旋的籌碼。很明顯的例子是：太空梭退役將迫使美國必須完全倚賴俄羅斯，才能將太空人送往國際太空站，俄羅斯可以每人收取7,000萬美元的費用，並在美俄雙方政治分歧時，很有可能拒絕提供服務。從目前發展看來，SpaceX似乎已打破這個局勢，成為美國能夠恢復載人進入太空的最大希望。

瞄準市場缺口

SpaceX成為顛覆傳統航太產業的自由激進力量，打從一開始它就不是只想要每年進行少量的發射任務，或是倚賴政府合約來生存，馬斯克的目標很明確，他想要利用製造技術的突破，加上發射台技術的進步，大幅降低把物品運輸至太空的成本。其中最重要的是，馬斯克一直在測試可重複使用的火箭，這種火箭能夠把酬載送入太空，並返回地球，精準降落於浮在海上的發射平台，甚至回到原先的發射台。SpaceX將使用反向推力裝置讓火箭緩慢降落，並重複使用這些火箭，而非任其墜海解體。

在未來幾年，SpaceX預計至少將價格調降至對手的十分之一，火箭可重複使用，是促使其得以大幅降價的主因，也將為這家公司創造極大的競爭優勢。想像一下，有一家航太公司可以重複使用同一架飛機進行多次飛行任務，而其他航太公司則需每次都駕駛新的飛機，[30] SpaceX透過成本優勢，可望搶占大部分的全球商用發射市場，而且許多證據顯示，該公司已朝

這個目標大步挺進。

迄今為止，SpaceX已經為加拿大、歐洲和亞洲的客戶運送衛星，完成18次的火箭發射。該公司的公開發射計畫早已排到數年之後，預計會有超過50次的發射，總計價值逾50億美元。SpaceX目前仍是一家私有企業，股票尚未公開上市，馬斯克是最大股東，外部投資人包括：創辦人基金、德豐傑等創投公司，公司的私有性質賦予它對手所欠缺的競爭精神。自從2008年死裡逃生之後，SpaceX一直都是一家賺錢的公司，市值估計約有120億美元。

從Zip2、PayPal、特斯拉到太陽城，都是馬斯克的能力展現，而SpaceX更是代表他本人，這家公司的成敗完全取決於他。部分原因是馬斯克嚴苛的深究細節和對這家公司事必躬親的作風；另一部分原因是SpaceX員工對「馬斯克崇拜」的神化作用：員工們害怕馬斯克、崇拜馬斯克、願意為馬斯克賣命，而他們通常同時具備這三點。

SpaceX在馬斯克的嚴苛管理風格，以及以精神力量打造的企業願景下成長茁壯。在其他航太業者滿足於持續將貌似1960年代的文化遺跡送上太空時，SpaceX反其道而行，它研發出可重複使用的火箭和先進的太空飛船，這些看起來才像是真正屬於21世紀的機器。裝備現代化不只是為了炫耀賣弄，而是真實反映SpaceX正不斷提升技術和改造航太產業的決心與努力。

馬斯克不只是要降低運載發射衛星和太空站補給的成本，他的最終目標是大幅降低發射成本到足以讓人類能夠以更

經濟可行的方式，進行成千上萬次的火星補給航行，最後創建一個移居地。馬斯克想要征服太陽系，以現實環境來看，如果這也是你每天早上醒來想要追尋的人生目標，那你能夠工作的公司僅此一家，即馬斯克的SpaceX。

SpaceX之外的航太業者，讓看似莫測高深的太空變得非常無聊。俄羅斯人掌控了把人員和物品送至太空的大部分市場，他們使用的設備已有數十年歷史。他們用來將人員送往太空站的聯盟號太空船（Soyuz）空間狹窄，它的機械旋鈕和電腦螢幕自1966年首航以來似乎就沒更新過。而新加入太空競賽的國家，卻又精準的仿製俄羅斯和美國的古董級設備。這些機器的老舊狀態，讓進入這個行業的年輕人忍不住抓狂。太空飛船的控制系統就像1960年代的自助洗衣店，沒有什麼比這個設備更無趣了，而實際的工作環境也像這些機器一樣古板過時。優秀的大學畢業生長久以來被迫二選一，要不是選擇行動遲緩的各類軍事承包商，就是選擇有趣、但拿不出實際成果的新創公司。

馬斯克將這些阻礙傳統航太業發展的問題，成功改造並轉變為SpaceX的優勢。有別於其他航太承包商，SpaceX是一家既時髦又極具前瞻性的公司，還擁有矽谷新創公司的福利，像是股票選擇權、快速的決策、扁平化的組織，還有可盡情享用的優格霜淇淋，這些都是古板的航太產業欠缺的。熟識馬斯克的人都會說他不像執行長，更像是一個擅於帶兵打仗的將軍，這種形容很貼切，他為公司精挑細選各種必要人才，精心打造了一支工程特種部隊。

招聘的是特種部隊

　　SpaceX喜歡聘用頂尖名校的高材生，但更看重的是那些展現Ａ型性格特質的工程師。公司招聘人員尋找的是在製造機器人競賽中表現優異的人，或是已經建造出相當特別車款的賽車玩家，他們想要雇用的人是充滿熱情、具團隊精神，並有實際動手製造機械經驗的。「即使你的工作是編寫程式，你還是必須知道機械如何運作，」曾負責SpaceX人才招募五年的辛格指出：「我們要找的是從小就喜歡動手製造東西的人。」

　　有時，人才會自己找上門，更多時候，辛格必須靠一些大膽創新的方法找到他們，讓她聲名遠播的技巧，包括翻閱學術論文找尋有特殊技能的工程人才、直接打電話到實驗室找研究人員，以及施展魔力搶奪大學裡的工程人才。SpaceX的招聘人員會在專業展和研討會中，以類似間諜的方式，爭取他們看中的人才。他們會發送內附有邀請卡的信函，信中說明初次面試的時間與地點，通常是在會場附近的酒吧或餐館。當赴會的人發現他們是少數被選上的人時，往往格外興奮，並感到受重視，也就引發他們去SpaceX工作的高度興趣。

　　如同許多科技公司，SpaceX會對可能的人選進行一連串面試和測試。有些面試是閒聊，讓雙方了解彼此；有些則是充滿令人難以招架的問答，工程師通常會經歷最嚴苛的盤問，雖然商務或銷售人員也同樣要受罪。程式設計師原以為要接受標準測試，卻經歷了震撼教育。一般企業會現場測試程式設計師，要求他們寫數十行代碼來解決問題，但標準的SpaceX問

題，卻需要寫超過500行或甚至更多行的程式碼。所有過關斬將來到面試終點的候選人，會接到另一項任務：寫一篇論文給馬斯克，說明他們為什麼想到SpaceX工作。

能夠通過重重考驗、面試反應靈敏，又寫了一篇好論文的應試者，獎賞就是獲得和馬斯克面談的機會。馬斯克幾乎面試了SpaceX前1,000名雇員，而隨著公司人力擴張，他也持續參與工程師的面試。在與馬斯克見面之前，每一位求職者都會收到警告，被告知面試可能持續30秒鐘至15分鐘：

一開始馬斯克可能仍然不停的寫著電子郵件和埋頭工作，不太開口，別害怕，這是正常的；最後他會坐在椅子上轉過來面對你，但即便是那時候，他可能不會與你的眼神有實質的接觸，或沒有完全意識到你的存在，別害怕，這還是正常的。在適當的時候，他會跟你說話的。

從馬斯克開口的那一刻起，接受面試的工程師們，有可能感到冗長費解，或覺得談話內容宏偉深奧，每個應試者的經歷不一樣。馬斯克或許會問一個問題，也可能會問好幾個問題。不過可以肯定的是，馬斯克會滔滔不絕的說出這道謎題：「你站在地球表面，向南走一英里，向西走一英里，再向北走一英里，正好回到出發點，你在哪裡？」這個問題的其中一個解答是北極，多數工程師馬上就可以回答出來。這時候馬斯克會接著問，「你還可能在哪裡？」答案是靠近南極的某一點，在那兒如果你向南走一英里，地球的周長是一英里。工程師比較少能夠給出這個答案，這時馬斯克會很高興的帶領他們

去了解這個複雜問題,並在解說時帶入所有相關的方程式。他不是太在乎應徵者是否知道答案,他更看重的是應徵者如何描述問題,以及他們解決問題的方式。

辛格與求職者面談時會鼓勵他們,也會誠實告訴他們這家公司和馬斯克的要求。「他們招聘的是特種部隊,」她表示,「如果你想要挑戰極限,那很好,否則你根本不該來。」新員工上班後,很快會發現自己是否真的勇於面對挑戰,許多人工作沒幾個月,就因每週工時超過90個小時而辭職,還有的人是因為無法接受馬斯克和其他主管在開會時的直言不諱。

「伊隆不知道你的感受,他沒有仔細想過一些話是否會讓人受傷。」辛格指出,「他只知道他想要完成的目標,如果你適應不了他的溝通風格,就無法做好這份工作。」

外界印象中的SpaceX人員流動率非常高,而這家公司毫無疑問真的消耗了相當多的人才。然而,許多協助公司創立的重要主管至今已堅持十年或是更久;一般工程師,多數人也至少待滿五年,以取得股票選擇權,以及協助完成他們手中的困難任務,這在科技業頗為常見。

嚴厲也懂得激勵

SpaceX人員對馬斯克似乎有一種非比尋常的忠誠度,馬斯克已經成功的施展魔法,在他的團隊裡營造出類似賈伯斯式的狂熱氛圍。

「他的願景是如此清楚,」辛格指出,「他彷彿對你施展了催眠術,用他的魔眼注視著你,像是在說,是的,我們能登

上火星。」催眠程度更深入些，你就會把滿足他的嚴苛要求當成是一種快樂了。接受我採訪的SpaceX員工，有許多人確實對於公司工時過長、馬斯克的直言不諱，以及他時而荒謬可笑的時間表與期望感到不滿，但幾乎每個人，包括被他開除的人在內，都非常崇拜馬斯克。談到馬斯克時，他們的用詞聽起來都像在形容一個超級英雄。

比起在埃爾塞貢多的舊總部大樓，SpaceX設於霍桑市的新址，在形象上更能吸引年輕的航太精英加入。新總部地址是火箭路1號，附近有機場和幾家加工廠及製造工廠。儘管SpaceX的建築規模和外形跟鄰近廠商的建物大同小異，但白色外觀讓它看起來與眾不同，就像是一座巨大的矩形冰川，坐落於荒涼死寂的洛杉磯外圍區域。

SpaceX的訪客必須經過警衛和一個小型的主管停車場，馬斯克的黑色S型車就停在入口側邊。公司總部前門反光，外人無法看到裡面，門內有更大一片的白，門廳有白色牆壁，等候區有一張時髦的白色桌子，白色接待檯上有兩盆蘭花，花盆也是白色的。訪客完成登記後會拿到一張名牌，被帶進公司的辦公區。

馬斯克的超大辦公隔間位於右側，裡面有兩幅具紀念意義的《航空週刊》（*Aviation Week*）雜誌封面高掛在牆上，巨大平面顯示器旁則是他的兒子們的照片，桌上放著各種裝飾物品，包括一支迴力鏢、幾本書、一瓶紅酒，以及一把名為Lady Vivamus的寶劍，這把劍是馬斯克贏得海萊因獎（Heinlein Prize）時獲頒的，以表彰他在商用航太業的卓越貢獻。

數百人在偌大開放空間的小隔間裡敲打著電腦鍵盤，他們多數是經理人、工程師、程式設計師和銷售人員。環繞桌子四周的會議室有不同太空主題的名稱，例如阿波羅號或馮布朗（Wernher Von Braun；德裔火箭專家，太空事業的先驅之一），還附有解說牌。最大的會議室裡有著超級摩登的高背光滑紅色椅，中間是碩大的玻璃桌，牆上懸掛著獵鷹1號從瓜加林島升空的照片，以及天龍號太空船停靠在國際太空站的全景照片。

拿掉火箭裝飾和那把劍，SpaceX的中央辦公區看起來就和普通的矽谷公司總部差不多，但訪客一旦通過中間那兩道門，進入SpaceX的核心工廠，就會看到一個截然不同的世界。

約16,000坪的工廠樓面難以盡收眼底。這是一個又一個空間組成的廠房，地面是淺灰色的環氧樹脂，牆面和支撐柱是白色的，整座廠房有如一座小城市一般，有許多人、機器穿梭其間，伴隨一些噪音。就在入口不遠處，一艘曾經運送補給至國際太空站並返回地球的天龍號太空船，懸掛在天花板上，它的側面還有黑色灼燒痕跡。太空船下方地面上有一對約8公尺長的著陸腳架，SpaceX建造這個裝置，用來讓獵鷹火箭發射升空後能夠溫和著陸，並可以重複使用。

入口區左邊是廚房，右邊有任務控制室。控制室是封閉空間，有著廣闊的玻璃窗，前面是牆面大小的螢幕，用來追蹤火箭的進程。控制室裡有四排桌子，每排約有10台電腦供任務控制人員使用。再往裡面走進去，有幾個工作區域，以非常隨意的方式區隔開來，有些區域地上用藍線標示，有些則是用藍色工作檯，圍成幾個方形的工作空間。這些工作區的中央，常

可看到一台Merlin火箭引擎被抬高，旁邊圍著六名技師在裝接電路和進行細部調整工作。

就在這些工作區的後方，是一個玻璃牆圍起來的方形空間，大小足以裝下兩艘天龍號太空船。這是一間防塵室，工作人員必須穿戴實驗服和髮罩，以免汙染太空船。左方大約12公尺處，有幾枚上完漆的獵鷹9號火箭，依序橫躺著，等待被運送出去。這當中還坐落著一些藍色牆壁圍起來的區域，且看似被布遮住，這裡是最高機密區，SpaceX可能正在這裡面製造稀奇古怪的太空人裝備或火箭零組件，因而必須對訪客和非專案相關員工保密。側面有個較大的區域，用來製造所有的電子設備，還有個區域是用來製造專用的複合材料，另外一區則生產大小如公車般用來包裹衛星的整流罩。

數百人同時間在工廠裡四處移動，身上有紋身、綁著頭巾的粗獷技師，和年輕的白領工程師混雜其間。整個建築彌漫著汗水味，聞起來像是剛離開遊樂場的小男孩，這些汗臭味替這座工廠永不間斷的勞動力，提供了一些線索。

馬斯克的個人風格貫穿整座工廠，從一些小地方就可以看出來，例如沐浴在藍色燈光下的資料中心，被賦予一絲科幻氣息；燈光下冰箱大小的電腦用大方塊字體標示，看起來彷彿來自電影「魔鬼終結者」中虛構的賽博汀系統公司。馬斯克還在靠近電梯處放置了一尊真人尺寸的發光鋼鐵人塑像。

當然，整座工廠裡最具馬斯克風格的地方，就在工廠正中央的辦公區。這是一座三層樓高的玻璃結構，聳立於各式各樣的焊接區和製造區之間，裡面有會議室和辦公桌。在這個

繁忙的廠房中央有這樣一座透明辦公建築，看起來很突兀。然而，馬斯克希望他的工程師們能隨時看到廠區裡的機械作業，確保他們必須步行穿越整座工廠，並在走回辦公桌的途中能和技師說說話。

這整座工廠彷彿是一座大廟宇，供奉的是SpaceX視其為火箭製造競賽中的重要武器：內部製造。SpaceX的火箭、引擎、電子設備和其他零件，有80%至90%都是自製的，這個策略簡直讓其他競爭對手瞠目結舌。以聯合發射聯盟（United Launch Alliance）為例，該公司曾公開誇耀自己有1,200家以上的供應商來協力製造它的終端產品。ULA是洛克希德馬丁和波音的合資企業，自詡為創造就業的引擎，並不認為高度委外製造是欠缺效率的。

典型的航太業者做法是，先提出發射系統需要的零件清單，然後把設計和規格交給為數眾多的協力廠商去製造。但SpaceX傾向於盡可能減少採購以節省開支，而且它認為倚賴供應商（特別是外國企業）是一大缺點。但這麼高的自製比例看在同業眼裡卻是相當不智，委由專業公司製造諸如無線電設備和動力分配系統，在這個產業已經有數十年歷史，火箭上的每一台電腦和每一種機器也幾乎都是委由其他專業廠商製造，重新自行製造可能提高出錯率，而且浪費時間。

但對SpaceX來說，這反而是他們提升效率的重要策略。除了建造自己的火箭引擎、箭體和太空船，SpaceX還自行設計主機板和電路、偵測振動的感測器、飛航控制與管理電腦和太陽能電池板。舉例來說，SpaceX的工程師發現，光是著手

簡化無線電裝備，就可以將這個設備的重量減輕大約20%，而且自製無線電裝備節省的成本很驚人：一般航太公司使用的工業級設備成本，是5萬到10萬美元，而SpaceX的設備卻只要5,000美元。

成本精省又能提高安全的新做法

一開始，這些成本的節省似乎令人難以置信，但SpaceX現在已經在幾十個項目，甚至幾百個項目，取得驚人的精省成果。SpaceX的設備大多由很容易取得的消費性電子儀器製成，不是像其他同業採用的是「太空級別」設備。這使得SpaceX必須花數年的時間向航太總署證明，普通的電子設備已足以媲美過去行之多年的昂貴專用設備。「傳統航太業以同一套方式做事已經很久了，」前SpaceX工程師艾爾迪恩（Drew Eldeen）表示，「最大的挑戰是，說服航太總署試驗新方法，並建立書面紀錄，證明這些零件的品質夠高。」

為了向航太總署和自己證明這是個正確選擇，SpaceX有時候會把業界標準裝備和它自己設計的原型設備，裝在同一枚火箭上，並在發射升空時進行測試，接著工程師會比較兩者性能。一旦SpaceX的設計跟業界標準裝備表現相當或更好，它就會成為公司正式採用的設備。

在改進非常複雜的硬體系統方面，SpaceX也有許多開創性的作為。一個典型例子是該公司有一台外觀奇異的裝置，那個機器有兩層樓高，用來進行所謂的「摩擦攪拌焊接」（friction stir welding，簡稱FSW，一種新的接合製程技術）。這

台機器能夠將大尺寸金屬板的焊接作業自動化，這些金屬板的用途，包括製造獵鷹火箭的殼體。一隻機械手抓起箭體的一塊金屬板，跟另一塊金屬板對齊，然後把它們焊接起來，焊接長度可達6公尺以上。

航太公司通常盡量避免焊接，因為焊接會對金屬的力學性能產生不利影響，因而限制了能夠使用的金屬板尺寸，並帶來其他設計限制。在SpaceX的早期，馬斯克就要求公司掌握摩擦攪拌焊接技術，這項技術使用一個旋轉頭高速摩擦兩塊金屬板接合處，目的是讓它們的晶體結構融合為一。這就好像是加熱兩片鋁箔，然後用拇指壓在接縫處，讓它們接合。這類焊接技術的接合強度遠高於傳統技術，其他公司之前也使用過這項技術，但不曾應用在箭體那樣大的結構上，使用這項技術的成熟度也遠不及SpaceX。

經過不斷嘗試，目前SpaceX不但能夠將大片薄金屬板焊接在一起，還能夠將獵鷹火箭的重量減輕數百磅，因為它可以採用較輕的合金材料，並避免使用鉚釘、扣釘和其他支援結構。馬斯克在汽車工業的對手們可能很快就得跟進同樣的技術，因為SpaceX已經將一些設備和技術轉移給特斯拉，希望能夠製造出更輕卻又更堅固的汽車。

事實證明這項技術非常有價值，SpaceX的對手們已開始競相模仿，並試圖挖走SpaceX在這個領域的專家。貝佐斯（Jeff Bezos）的火箭公司藍色起源（Blue Origin）特別具有攻擊性，它挖走了世界頂尖摩擦攪拌焊接專家之一的密爾葉科塔（Ray Miryekta），這件事使得貝佐斯和馬斯克之間產生重大

嫌隙。「貝佐斯不僅挖走了密爾葉科塔，而且居然膽敢拿他在SpaceX研發的成果去申請專利，」馬斯克表示，「藍色起源專門瞄準特殊人才發動這些突襲，[31]以雙倍薪水利誘他們。我覺得這是沒有必要的，而且有些野蠻。」在SpaceX內部，藍色起源被戲稱為B.O.（狐臭的縮寫），公司一度設置郵件過濾來篩選出包含blue和origin的郵件，以遏阻挖角。

馬斯克和貝佐斯兩人關係因此惡化，也不再分享登陸火星的共同理想。「貝佐斯野心勃勃，他想成為貝佐斯國王，」馬斯克指出，「他做事向來堅持到底，他一心想要剷除電子商務領域的所有敵人。但坦白說，他這個人比較無趣。」[32]

跨界思考，邊做邊學

在SpaceX的早期階段，馬斯克並不了解製造火箭需要什麼樣的機器設備，以及多少工作量。他會斷然拒絕採購專用加工設備的申請，直到工程師們能夠清楚的逐條解釋為什麼需要某些設備，還有他自己也從中學到教訓之後，他才會同意採購。當時馬斯克還沒有掌握好一些管理技巧，難免為他帶來不好的名聲。

然而，隨著SpaceX逐漸成熟，馬斯克也成長為真正的執行長和火箭專家。剛踏上獵鷹1號之旅時，馬斯克還只是一個充滿幹勁的軟體工程師，他努力從這個截然不同的領域，學習各種基礎知識，在創辦Zip2和PayPal時，他有自信堅持自己的觀點，並指導程式設計師團隊。但在SpaceX，他不得不邊做邊學。起初他大部分的火箭知識來自教科書，但隨著愈來愈多

精英加入 SpaceX，他意識到公司員工就是他的知識寶庫，值得他好好挖掘。

馬斯克會在 SpaceX 工廠裡攔住工程師，開始拷問對方關於某種閥門或特殊材料的專業知識。「起初我以為他是在試探我，看我是否有真才實學，」早期就進入公司的工程師布洛根表示：「然後，我意識到，他想要學習，他會一直問下去，直到他了解了約九成你掌握的知識。」那些跟馬斯克相處已久的人可以證實，他有驚人的知識吸納量，而且幾乎可以完整無誤的牢記，這是他給人印象最深刻、也是最令人畏懼的技能之一。童年時的馬斯克可以快速吸收書中知識，今日這個能力似乎絲毫未減。

在掌管 SpaceX 幾年之後，馬斯克已成為航太專家，很少有科技公司執行長在各自領域的專業程度，能夠接近馬斯克的水準。布洛根表示，「他教導我們時間的價值，而我們教他火箭知識。」

說到時間，馬斯克很可能是史上最會為非常難以製造的產品，訂下激進進度表的經理人。他的員工和一般大眾都發現這是他性格中比較令人不悅的一面。「伊隆總是很樂觀，」布洛根指出，「那是好聽的說法。在關於何時需要完成某項任務方面，他可能是十足的狂人。他會假設所有事情都很順利，並提出一個他想像得到最為激進的時間表，然後假定每個人都能更努力工作，來加快進度。」

馬斯克提出的交貨日期經常會跳票，媒體常以此嘲諷他。在 SpaceX 和特斯拉設法推出它們的第一項產品時，這是

其中一個讓他陷入最大麻煩的習慣。馬斯克發現自己經常得出來面對群眾，想出理由來為延遲交貨辯護。

我提醒馬斯克，獵鷹1號最初設定的發射日期是2003年，他表現得很震驚。「真的嗎？」他表示，「我們說過這句話嗎？好吧，那真的是太誇張了。我想當時我並不十分清楚自己在說什麼。在那之前，我只有寫軟體的經驗，你可以寫一堆軟體，在一年內推出一個網站，一點問題也沒有。但這和寫軟體不一樣，軟體那一套對火箭不管用。」

馬斯克就是管不住自己，他天生是個樂觀主義者，而且感覺上他計算某件事情要花多少時間完成時，都認為每個步驟皆能完美的進行，而且團隊所有成員都有跟他一樣的能力和工作熱情。布洛根開玩笑的說，馬斯克或許是計算寫一行程式碼需要幾秒鐘，然後再乘以他預期的程式碼行數，來預測需要多久才能完成一個軟體計畫。這個比喻或許並不是很貼切，但這與馬斯克的世界觀似乎相去不遠。「他做任何事都很快，」布洛根指出，「連上洗手間都是三秒鐘解決，他確實一直都在跟時間賽跑。」

我問馬斯克如何訂定時間表，他說：

我當然不會試圖訂下無法實現的目標，我覺得那樣會讓人洩氣。你不會想要讓人拿頭撞牆來穿過一堵牆，我從來沒有故意設立無法實現的目標。但我確實一直以來對自己設定的時間表很樂觀，當然我正在努力調整，讓自己更現實點。

我不會假設就像有一百個我（在工作），或諸如此類的，

我的意思是，就SpaceX創立初期來說，那時候我們並不了解開發一枚火箭到底需要什麼。那時候我大概有200%的偏差，今後我對未來計畫或許是25%至50%的偏差，而非200%。

我認為，通常你確實想要有一份時間表，至少是基於你知道的一切提出的，但這個進度表其實應該是未知數（X），你只是朝那個目標努力，但你要了解，會有各種事情是你意料之外的，而這些事情會導致目標日期延後。這並非意味你不該一開始就以此為目標，因為換別的目標，只會導致無法控制的時間延長。

「好吧，那麼你跟大家承諾的是什麼呢？」這個問題是另外一回事。因為你想要努力跟大家承諾的目標是留有餘地的，但為了達成這個對外承諾的進度表，你必須有一個更為激進的對內進度表。（即便如此）有時候你還是會無法兌現對外的進度表。

順便一提，不是只有SpaceX會這樣，對航太產業來說，延遲是常有的事。延遲不是問題，問題是延遲多久。自從二次世界大戰以來，我沒有看到哪個航太計畫是按時完成的。

為了應付這種空前的激進進度表和馬斯克的期望，SpaceX的工程師發展出各種生存技巧。馬斯克經常要求員工提供極為詳盡的專案進度預測，員工們學會了永遠不要將完成目標所需時間按照月或週來計算，因為馬斯克想要以天和小時來預測進度，有時甚至以分鐘來計算。

擁有讓員工主動創新的絕招

毫無疑問的，馬斯克已經精通如何讓員工發揮最大功效。採訪三十幾位 SpaceX 工程師之後，我發現每個人都能提出一個馬斯克用來讓手下如期完成的管理小技巧。

以布洛根為例，通常是經理人為員工設定截止期限，而馬斯克是引導工程師為自己的完成期限負責。「他不會說：『你必須在週五下午兩點前完成。』」布洛根表示，「他會說：『我需要這項很難完成的任務，在週五下午兩點前完成，你能做到嗎？』當你說『我可以』時，你努力工作就不是因為他的要求，而是為了你自己，你可以感覺到這種區別，你已經為自己的工作做出承諾。」

馬斯克聘用數以百計聰明且自我鞭策的員工，他要確保這些人的個人潛能都可以發揮到最大。這個人一天花 16 個小時工作，會比起兩個人一起工作 8 小時的效益高很多，因為一個人工作不需要召開會議、不需要跟誰達成共識，或花時間幫助他人進入狀況，他只需要不停工作。SpaceX 的理想員工就像戴維斯（Steve Davis）這樣，他是該公司先進技術專案的主管。「多年來，他每天工作 16 小時，」布洛根指出，「他一個人完成的工作，比 11 個人一起工作還要多。」

馬斯克是這樣發掘戴維斯的，他打電話給史丹佛大學航太工程學系的助教，[33] 問他那裡是否有工作勤奮且沒有家累的聰明碩博士生。該助教推薦了戴維斯，當時他在攻讀航太工程碩士學位，此外，他還有金融、機械工程和粒子物理學的學

位。馬斯克在某個週三打電話給戴維斯，那個週五就給了他一份工作。戴維斯成為SpaceX第22號員工，是公司目前服務年資第12位資深的員工，到2014年時他也才35歲。

戴維斯參與了瓜加林島任務，他認為那是他一生中最不尋常的經歷。「每個夜晚，你可能睡在火箭旁的帳篷裡，身上爬滿壁虎；或是花一小時搭船，忍受暈船，回去主島。」他表示，「你得在兩者之間挑一個印象中較不痛苦的，每個夜晚又熱又累，那是一段很艱苦的日子。」但在獵鷹1號之後，戴維斯又參與了獵鷹9號和天龍號太空船的開發任務。

成本可壓低的關鍵

SpaceX花了四年時間設計天龍號太空船，這或許是航太史上同類計畫中完成速度最快的。這項計畫一開始由馬斯克帶領少數幾名工程師一起進行，他們大多數人不滿30歲，團隊成員最多時曾達到100人。[34]他們參照過去的太空船作業，閱讀了航太總署和其他航空機構針對雙子星號和阿波羅號等太空船計畫發表的所有文章。「譬如，如果你搜尋阿波羅號的重返大氣層導引演算法，這些很棒的資料庫會直接給你答案，」戴維斯表示。接著，SpaceX的工程師必須想辦法改進這些計畫，讓這艘太空船與時俱進。有些改進很明顯也很容易實現，然而更多項目則需要更多創新。

土星5號和阿波羅號有著龐大的運算裝置，可是運算能力僅及今日電腦（譬如iPad）的一小部分。SpaceX的工程師們知道如何使用更強大的運算技術，以節省更多空間，並提升運

算能力。工程師們決定，天龍號採用和阿波羅號很相似的外觀，但牆面角度會更陡峭，以便為裝置和太空人預留更多空間。SpaceX還與航太總署達成協議，取得PICA隔熱材料的製作技術，並設法降低PICA的製造成本、改進做法，使得天龍號從一開始就能夠承受自火星返回、進入地球大氣層時產生的高熱。[35]

天龍號的成本總計3億美元，其他公司的太空船計畫比它高出10至30倍。「我們自己採購金屬原料，進貨後將金屬攤開、焊接，並製造出所需物件，」戴維斯指出，「幾乎所有的物件都是在SpaceX廠房內製造的，所以成本可以壓低。」

就像布洛根和其他許多工程師一樣，戴維斯也曾被馬斯克要求去完成幾乎不可能實現的任務。戴維斯印象最深刻的一次發生在2004年，當時SpaceX需要一個致動器來推動獵鷹1號第二節火箭的平衡環架，以控制其飛行方向。戴維斯這輩子根本沒建造過任何裝置，於是去找一些能夠幫他製造電動機械致動器的供應商，對方報價是12萬美元。

「伊隆笑了，」戴維斯說道：「他說：『那個零件不會比一個車庫門控制系統更複雜。你的預算是5,000美元，去完成它吧！』」最後戴維斯花了9個月的時間來製造這個致動器。完成之後，他又花了3個小時寫了一封電郵給馬斯克，說明這個傳動裝置的優缺點，他詳細述說他如何設計這個裝置、做出各種選擇的原因，以及成本是多少。

當戴維斯按下「傳送」時，一股焦慮感席捲全身，他知道他花費將近一年的時間付出一切去做的事情，換做是其他航

太公司的工程師，恐怕連嘗試都不願意。對於他的辛勞與焦慮，馬斯克給了他的標準回應之一：「OK」。

戴維斯設計的這個致動器，成本只要3,900美元，後來隨著獵鷹1號一起飛上太空。「我把我的研發與製造歷程全寫在那封電子郵件上，結果一分鐘之後，得到那個簡短的答覆，」戴維斯說，「公司所有的員工都有過類似經歷。我最喜歡伊隆的一點是，他能夠非常迅速做出重大決定，今日他的作風依然如此。」

瓦特森（Kevin Watson）也證實了這點。他於2008年加入SpaceX，之前他在航太總署的噴射推進實驗室工作了24年，參與過各種專案，包括建造和測試能夠承受太空嚴酷環境的運算系統。噴射推進實驗室通常會採用經過特殊強化的昂貴電腦，這一點令瓦特森很沮喪，他夢想製造出更便宜、但有同樣成效的電腦。當馬斯克面試他時，他了解到SpaceX需要的正是這種思維。馬斯克想要的火箭運算系統，成本不超過1萬美元，按照航太產業的標準來看，這是個瘋狂數字，因為一枚火箭的航空電子設備成本，通常超過1,000萬美元。瓦特森指出：「在傳統航太公司，光是為了討論航空電子設備成本的會議所準備的食物，花費就不只1萬美元。」

面試時，瓦特森向馬斯克承諾他能夠達成這個不太可能的任務，交出成本1萬美元的航空電子系統。他上任後立刻開始為天龍號建造電腦，第一個系統叫做CUCU，唸起來就像杜鵑鳥的叫聲「咕咕」。這個通訊裝置會被放在國際太空站，與天龍號通訊。

航太總署裡有許多人把SpaceX的工程師稱為「車庫裡的那些傢伙」，並且懷疑這家新創企業是否真能搞出名堂，包括建造這類機器。但SpaceX以創紀錄的速度製造出這台通訊電腦，而且是這類系統中第一個在首次測試中就通過航太總署的協議測試。航太總署的官員被迫在會議中「咕咕」叫個不停 ── 這是SpaceX早就預謀好要折磨航太總署的小玩笑。

幾個月之後，瓦特森和其他工程師們建造出天龍號的完整電腦系統，接著又將這項技術調整後應用到獵鷹9號。他們的成果是擁有完整備援功能的航電系統平台，確保系統失靈時，還能正常運作，它是利用現成的電腦零件和SapceX自製產品混搭而成，造價略高於1萬美元，但接近馬斯克的目標。

與其跟他競爭，不如離開這一行

噴射推進實驗室放任揮霍性的支出和官僚作風令瓦特森感到失望，而SpaceX重新給了他動力。每一筆超過1萬美元的支出都必須經過馬斯克批准。「我們花的是他的錢，他看好他的錢，這是天經地義的，」瓦特森指出，「他確保沒有愚蠢的事情發生。」每週例會上，決策被快速制定，然後全公司貫徹執行。「每個人可以如此快速的根據會議決定做出調整，真的很令人驚歎。」瓦特森表示，「整艘船艦能夠立刻轉向九十度，這是洛克希德馬丁永遠做不到的。」他接著說：

> 伊隆非常優秀。他事必躬親，無所不知。如果他問你一個問題，你很快就會學到不能憑直覺做出反應，他想要歸根於物

理學基本定律的答案。他非常了解物理原理，了解程度無人可比。他在腦中運算的能力令人震驚。他能夠加入發射衛星的討論，探討我們是否能夠正確進入軌道並同時遞送天龍號，他還能即時解出所有這些方程式。看著他這些年來累積的知識量，真的很驚人。我不想要成為他的競爭對手。要跟他競爭，還不如離開這一行另謀出路。他比你更有謀略、思考更深刻，執行也更到位。

瓦特森在SpaceX最棒的幾個發現之一，是霍桑工廠三樓的硬體迴圈測試台。SpaceX把火箭裡的所有硬體和電子設備的測試版，排放在金屬檯面上。事實上，它複製了一枚火箭從一端到另一端的內部結構，以便跑數以千計的飛行模擬。火箭從電腦上「發射」，然後探測器監測每一個機械和計算硬體零件。工程師可以發出指令讓一個閥門開啟，接著檢查它是否真的開啟、開啟的速度如何，以及流經它的電流大小。這台測試裝置可以讓工程師在實際發射前模擬練習，並弄清楚如何處理各種異常問題。

在實際發射時，硬體迴圈測試台人員可以針對他們觀測到的錯誤，即時做出調整。SpaceX曾使用這台設備即時做過許多設計上的變動。有一次，有個員工在發射前幾個小時發現有個軟體檔案有個錯誤，工程師們修改了這個檔案，檢查它如何影響測試硬體，沒有任何問題之後，再將該檔案傳送給在發射台上等待升空的獵鷹9號，整個過程不到30分鐘。「航太總署不習慣這種做事流程，」瓦特森表示，「如果太空梭有問題，

所有人就是放棄，等待三個星期之後，才能再度嘗試發射。」

馬斯克不時會發送電子郵件給全體員工，以貫徹一項新政策，或是讓大家知道某件事正在困擾他。其中有一封比較著名的郵件是在2010年5月發送的，主旨寫著「縮寫爛透了」：

在SpaceX，有一股使用自創縮寫的風氣正在蔓延。過度使用自創的縮寫會嚴重阻礙溝通，在公司成長之際，保持良好的溝通極為重要。對個案而言，偶爾使用幾個縮寫似乎沒什麼大不了，但如果一千個人都在自創縮寫字，久而久之，結果會是我們不得不發給新進員工一大張詞彙表。沒有人能夠記得住所有這些縮寫，而且沒有人想在會議上表現得像笨蛋，所以就坐在那裡，處於無知狀態。這點對新進人員來說尤其難為。

這種狀況必須立刻停止，否則我會採取嚴厲措施——過去幾年我已經給了夠多的警告。除非我批准，否則縮寫不得進入SpaceX的詞彙表。誠如我過去要求的，如果既有的縮寫無法證明其存在的合理性，就應當被剔除。

例如，根本不應該用「HTS」（horizontal test stand；水平測試架）或「VTS」（vertical test stand；直立測試架）來做為測試架的稱呼。這兩個縮寫特別愚蠢，因為它們包含了不必要的字。在我們測試基地的「支架」（stand）顯然是「測試」（test）支架。VTS-3是四個音節，而Tripod（三腳架）是兩個音節，因此這個該死的縮寫實際上反而比原名更花時間去理解！

衡量縮寫的關鍵是看它是有助於溝通，還是阻礙溝通。外界工程師熟知的縮寫，比如GUI（圖形使用者介面），是沒問

題的，我們可以用。假設我已經批准了，那麼偶爾創造幾個縮寫也還好，例如用 MVac 和 M9 代替 Merlin 1C-Vacuum 或 Merlin 1C-Sea Level，但還是要盡可能少用。

這是典型的馬斯克風格。這封郵件語氣直截了當，但對於一個想要盡可能以最高效率做事的人來說，並非無的放矢。別人或許認為郵件內容執著的事情無關緊要，但馬斯克還是有他的道理。雖然他想要所有的縮寫都經由他批准，這點有些好笑，但那完全符合他事必躬親的管理風格，而且這種管理風格用在 SpaceX 和特斯拉，成效很好。自那以後，員工們給這個縮寫政策起了一個綽號叫做「ASS Rule」（屁規則）。

用最強的技術，挑戰傳統工序

SpaceX 的做事方針就是「全心投入，完成任務」，等待指示和詳細指令的人，無法在這裡生存，渴求回饋意見的人也一樣。如果沒有充分準備就跟馬斯克說，不可能完成他的要求，那絕對是最糟糕的事。

如果有人告訴馬斯克，沒辦法把某樣東西（比如說那個致動器）的成本降低到馬斯克想要的程度，或是沒有足夠的時間在他設定的期限前建造出一個零件，「伊隆會說：『好吧，你不用幹了，現在開始由我負責這項計畫。我會做你的工作，同時擔任兩家公司的執行長，我會把它做出來。』」布洛根表示，「瘋狂的是，伊隆真會這麼做。每次他裁掉某人並接手那個人的工作，不管什麼計畫，他都能做得出來。」

　　當SpaceX的企業文化跟航太總署、空軍和聯邦航空管理局（FAA）等官僚機構產生矛盾時，雙方都會感到非常不愉快。這些摩擦在瓜加林島上已初露端倪，當時政府官員們認為SpaceX對火箭發射程序的態度輕率，並不時提出質疑。有幾次SpaceX想要改變發射程序，而任何改變都需要一堆書面作業，例如SpaceX已經寫下替換一個過濾器所需的所有步驟：戴上手套、戴上安全護目鏡、轉開螺帽等等，後來想要改變這個程序，或是使用不同類型的過濾器，聯邦航空管理局會需要長達一個星期的時間檢查這個新的工序，然後SpaceX才能真正動手更換火箭上的過濾器。

　　SpaceX的工程師和馬斯克都覺得這種拖延很荒謬。有一次，又發生這樣的事情，馬斯克在電話會議上怒斥一名聯邦航空管理局官員，當時與會的還有SpaceX團隊及航太總署的人。「現場變得很火爆，他痛斥對方大約10分鐘，甚至進行人身攻擊。」布洛根說。

　　馬斯克並不記得這件事了，但他確實記得跟聯邦航空管理局的其他衝突。有一次，他整理了一名聯邦航空管理局雇員在一場會議中的談話，他認為這些話很愚蠢，就把它們列出來並寄給對方的上司。「然後，他的白癡上司回給我一封冗長郵件，說他曾參與過太空梭計畫，負責過20次發射，諸如此類的話，還說我怎麼敢說別人錯了，」馬斯克說，「我告訴他：『不只是那個雇員錯了，讓我來重申原因；你也錯了，讓我來清楚告訴你原因。』那之後我想他沒有回我的郵件。我們努力為航太產業帶來重大改變，如果現有規則讓你無法進步，你就

必須抗爭。」

「監管部門有個根本問題。如果監管人員同意改變一個規則，帶來了壞結果，他們很可能因此丟掉飯碗。反之，如果他們改變一個規則，帶來好結果，他們一點獎勵都拿不到。這非常不公平。於是很容易理解，為什麼監管人員不願意改變規則，因為有巨大的懲罰風險，卻沒有對應的獎勵。在這種情況之下，任何理性的人會怎麼做呢？」

在2009年中，SpaceX聘請了前太空人鮑爾索克斯（Ken Bowersox）擔任太空人安全和任務保障單位的副總裁。鮑爾索克斯符合傳統大型航太公司重視的聘雇模式：他擁有海軍官校的航太工程學位，曾任空軍試飛員，並曾飛過幾次太空梭。SpaceX內部許多人員認為他的加入是一件好事。大家覺得他是個勤奮、尊貴的人，能夠以不同視角檢視公司的許多工作程序，以確保公司用安全、標準化的方式處理事情。

結果鮑爾索克斯到了SpaceX之後，卻常困在講求高效和傳統工序之間左右為難。日子一天天過去，他和馬斯克歧見愈來愈深，他開始覺得他的意見好像不受重視。有一次，一個零件一直到上了測試架才被發現有重大缺陷，一名工程師形容這個缺陷如同一個咖啡杯沒有底部。根據旁觀者的說法，鮑爾索克斯主張，公司應該回溯並調查導致這個錯誤的程序，從根本上解決問題。而馬斯克已經斷定，他知道問題本質所在，並解雇了當時已為公司效力兩年的鮑爾索克斯。（鮑爾索克斯拒絕對他在SpaceX任職時間發生的事情發表看法。）

公司內部有許多人認為，這個事件是馬斯克的強硬態

度，無形中摧毀一些非常必要程序的事例。而馬斯克對此有完全不同的看法，他認定鮑爾索克斯的工程知識水準達不到公司的要求。馬斯克指出：「平心而論，他對技術問題的理解不夠深入。」儘管其他航太公司爭相聘請前太空人進公司工作或是掛名，SpaceX自此之後就只聘用擁有最強技術背景的太空人。

有幾位政府官員很坦白說出對馬斯克的看法，不過他們不願意具名。有一位說，馬斯克對待空軍將領和類似層級的軍方人士的方式令人震驚。馬斯克廣為人知的是，當他認為對方大錯特錯時，他會直言不諱，就算對方是高階官員也照說不誤，而且毫無歉意。

還有一名官員無法置信，馬斯克會把非常聰明的人叫做笨蛋，「跟馬斯克在一起生活，就像是一對非常親密的夫妻，他可以溫柔又忠誠，然後在某些時候，卻又顯得非常冷酷無情。」SpaceX如果想要繼續跟軍方和政府機構做生意，從現有承包商手裡搶下合約，馬斯克必須好好約束自己，「他最大的敵人是他自己，以及他的待人方式。」

最值得信賴的副手

馬斯克得罪公司外面人士時，蕭特威爾往往要想辦法平息事端。她和馬斯克一樣，言辭尖銳、性格鮮明，但她願意扮演和事佬的角色。這些技能使得蕭特威爾得以應付SpaceX的日常營運，讓馬斯克可以專注於公司的整體戰略、產品設計、行銷和激勵員工。就像所有馬斯克最信賴的副手一樣，蕭特威爾是願意在多數時候待在幕後的人，她盡心盡力做好她的工

作，並專注於管理公司業務。

蕭特威爾在芝加哥郊區長大，母親是藝術家，父親是神經外科醫生。她是一名聰明又美麗的女孩，在校成績優異，還是啦啦隊員。她並未從小就表現出對科學有很大興趣，只知道一種工程師職業：火車駕駛員。但有跡象顯示，她有點與眾不同：她會主動修剪草坪，並組裝家裡的籃球架。小學三年級時，她一度對汽車引擎產生興趣，她的媽媽買給她一本詳述汽車引擎運作原理的書。

中學時，她的媽媽強迫她在某週六下午參加一場在伊利諾理工學院舉行的講座。當蕭特威爾聆聽其中一個分組講座時，她被一名50歲的女機械工程師給迷住了。「她穿著漂亮的衣服，那件套裝和鞋子都是我喜歡的，」蕭特威爾表示，「她身材高挑，高跟鞋踩得很好。」蕭特威爾在會後和這位女士聊了起來，了解她的工作內容。蕭特威爾說：「就在那天，我決定成為機械工程師。」

在西北大學取得機械工程學士和應用數學碩士學位之後，蕭特威爾在克萊斯勒找到一份工作，那是該公司專為有領導潛力的畢業生而設的管理培訓計畫。她一開始在汽車機械師學校，接著又到不同部門。她在進行引擎研究時，發現了兩台非常昂貴的克雷（Cray）超級電腦，它們被閒置在那裡，因為沒有人知道怎麼使用。她很快登錄進入這兩台超級電腦，並設計好執行計算流體力學（computational fluid dynamics；簡稱CFD）的運算，來模擬閥門和其他零件的性能。她對這份工作很感興趣，但大環境卻開始讓她感到不快樂。公司每件事都有

明訂規則，其中包括許多工會規章制度，規定誰能操作什麼機器。「有一次我使用了某種工具，就被記錄下來，」她表示，「接著，我打開了一瓶液態氮，又被記錄下來。我開始想，這份工作並非我預期的那樣。」

蕭特威爾離開了克萊斯勒培訓專案，在家重新調適後，接著去攻讀應用數學博士，但並沒有持續多久，她有次回去西北大學，一位教授提到航太公司（Aerospace Corporation）有個工作機會。這是一家不為公眾熟知的公司，自1960年起，總部就一直設在埃爾塞貢多，是一個中立的非營利組織，為空軍、航太總署和其他聯邦機構的太空專案提供諮詢服務。這家公司有點官僚氣息，但多年來在研究領域和對大型計畫的影響力頗有建樹。

蕭特威爾於1988年10月加入航太公司，之後參與了涵蓋面甚廣的多項計畫。其中一個計畫需要她構建一個熱傳學模型，來描繪太空梭貨艙的溫度波動如何影響各種酬載的設備性能。她在航太公司工作了10年，磨練了做為系統工程師的技能。不過，最後她對這個產業的步調愈來愈不滿。「我不理解，為什麼需要15年來製造一顆軍用衛星，」她指出，「你可以想像，我對這一切已經愈來愈沒有耐心了。」

接下來四年，蕭特威爾轉換工作到航太新創公司微宇宙（Microcosm），這家公司和航太公司在同一條路上，距離很近。她在那裡擔任航太系統部門和企業發展主管。聰慧、自信、直率和美貌兼具的蕭特威爾，逐漸贏得銷售高手的名聲。2002年，她的一位同事科尼格斯曼（Hans Koenigsmann）

決定跳槽到 SpaceX。蕭特威爾請她吃了一頓告別午餐，並開車送對方去 SpaceX 當時的破舊總部。「科尼格斯曼叫我進去跟伊隆見個面，」蕭特威爾說，「我去了，當時我跟他說：『你需要一個好的企業發展人員。』」

隔天布朗打電話給蕭特威爾，表示馬斯克想要找她來面試，職位是企業發展副總裁。結果她成為了 SpaceX 第 7 號員工。她表示：「我提前三週給微宇宙離職通知，並重新裝修我的浴室，因為我知道接了這份工作之後，恐怕就沒有自己的生活了。」

在 SpaceX 的早期歲月中，蕭特威爾完成了奇蹟似的壯舉，那就是銷售公司尚未產出的產品。SpaceX 比預期的時間晚了好多年，才完成第一次成功發射，一連串的失敗讓人極度不安。但早在 SpaceX 將第一枚獵鷹 1 號火箭送入軌道之前，蕭特威爾就已經向政府和企業客戶成功販售了大約 12 次發射任務。她以她高超的業務能力，與航太總署談成了數筆高額合約，幫助 SpaceX 度過最艱困的時期，這其中包括 2006 年 8 月一筆價值 2.78 億美元的合約，建造為國際太空站運送補給的運載工具。

蕭特威爾的輝煌業績，使得她成為馬斯克在 SpaceX 的頭號紅顏知己，並在 2008 年底成為這家公司的總裁和營運長。

隨著 SpaceX 規模愈來愈大，蕭特威爾的職責還包括強化公司文化，以避免這家公司變成像那些它喜歡嘲諷的傳統航太巨擘一樣官僚。她能夠切換到一種隨和、平易近人的氛圍，在會議中向全公司進行演說，或是說服一群公司可能想要招攬的

人才，為什麼他們應該跟公司簽約，為公司賣命。

在一次與實習生的會議中，蕭特威爾把大約100人集中到餐廳的角落。她身著黑色高跟皮靴、緊身牛仔褲和棕褐色夾克，披著圍巾，齊肩金髮，戴著大圓圈耳環。她手持麥克風，在這群人面前來回走動，請大家介紹自己來自哪所學校、在公司參與什麼計畫。一名學生來自康乃爾大學，參與的是天龍號太空船計畫；另一名來自南加州大學，做的是火箭推進系統設計；還有一位來自伊利諾大學，在空氣動力學部門實習。花了大約30分鐘才介紹完，這些學生是世界上最令人印象深刻的一群年輕人，至少從他們的名校背景，和發亮的眼神，透露出的熱情是如此。

學生踴躍向蕭特威爾提問：她的最棒的時刻？她對於成功的建議？SpaceX面臨的競爭威脅？她審慎仔細的回答問題，也熱情鼓勵這些學生。她強調，相較於其他傳統航太業者，SpaceX具備精簡、創新的優勢。「我們的競爭對手怕我們怕得要死，」蕭特威爾對這群學生表示，「那些龐然大物會被迫想辦法進行整頓來和我們競爭，我們的任務就是超越它們。」

瞄準載人飛行市場

蕭特威爾表示，SpaceX最大的目標之一，是盡可能提高飛行頻率。這家公司追求的從來都不是一次賺一大筆，而是寧願細水長流。發射一枚獵鷹9號的費用是6,000萬美元，公司希望透過規模經濟和改進發射技術，將這個數字降低到大約2,000萬美元。SpaceX花費25億美元將四艘天龍號太空船送抵

國際太空站，並進行了9次獵鷹9號飛行任務和5次獵鷹1號飛行任務。這樣的每次發射總價，是其他同業無法理解的，更別提渴望去達成了。

「我不知道那些傢伙把錢都花哪去了，」蕭特威爾表示，「他們在燒錢，我就是不懂。」在她看來，若干新興國家正逐漸展現對火箭發射的興趣，它們將衛星通訊技術視為帶動經濟成長，以及提升地位與已開發國家抗衡的重要關鍵。較低廉的飛行價格將有助於SpaceX取得這批新客戶的多數生意。

SpaceX也期待參與擴大中的載人飛行市場，對於像維珍銀河（Virgin Galactic）和XCor航太公司所從事近地軌道的五分鐘觀光飛行，從來就沒有興趣。然而，它確實有能力將研究人員送往畢格羅航太公司（Bigelow Aerospace）興建的軌道棲息地和不同國家建造的軌道科學實驗室。SpaceX也將開始製造自己的衛星 —— 有像矽谷新創公司製造的那種小型衛星，也有企業和政府需要的較大型衛星，讓該公司成為一站式的太空商家。

所有這些計畫都取決於SpaceX是否能夠證明它可以每月按計畫發射，完成價值50億美元的發射訂單。「多數客戶提前簽約，除了表示對我們的支持，也是為了能夠拿到好的價錢。」她指出，「現階段我們需要按時發射，並讓發射天龍號太空船的效益更高。」

與實習生的對話一度停擺，因為當時SpaceX公司場地是租來的，還不能興建諸如大型停車場之類的設施讓公司3,000名員工的生活更便利。蕭特威爾承諾公司會提供更多停車

位、更多洗手間和更多矽谷新創公司提供的那些免費福利。她說：「我想要一間托兒所。」

但只有在談論SpaceX最偉大的使命時，蕭特威爾才真正展現出自我，也激勵了實習生們。他們當中有些人清楚表明夢想成為太空人，蕭特威爾說，在SpaceX工作幾乎肯定是他們上太空的最好機會，因為航太總署的太空部隊已經逐漸縮編。設計出外觀很酷，看起來不再像「棉花糖寶寶」的太空服，是馬斯克的目標之一。「太空服不能笨重難看，」蕭特威爾指出，「必須做得更好。」至於太空人會去哪兒？「好吧，有太空基地、月球，當然還有火星。」

SpaceX已開始測試名為「重型獵鷹」（Falcon Heavy）的巨大火箭，這枚火箭具有比獵鷹9號更遠的射程，而且它有另一艘更大的太空船即將問世。「我們的重型獵鷹火箭無法把相當於一整輛巴士的乘客送上火星，」蕭特威爾表示，「所以，在重型獵鷹之後，還會有新產品，我們已經在進行了。」

為了達成這樣的目標，SpaceX人員必須是高效率並富有進取心，「你要確保高產出，排除任何阻礙前進的障礙。」如果這聽起來很苛刻，那就算它苛刻吧，蕭特威爾認為，商用太空競賽最終會是SpaceX和中國之爭，必然是這樣。

從更長遠來看，這場競賽是為了確保人類生存。「如果你覺得人類滅絕沒什麼，那就不要上太空。」蕭特威爾表示，「但如果你認為人類值得做一些風險管理，並找尋第二個生存之地，你就應當專注在這個問題上，並花一些錢。我相當確定，我們會被航太總署選定，將登陸器和探測車送到火星。」

SpaceX的第一項任務會是將許多補給送到火星，一旦人類登上火星，就會有地方住、有食物吃、有事情做。」

正是這類談話，讓航太產業人士感到非常興奮和不可思議，他們長久以來一直希望有公司能發展成功，並真正為太空旅行帶來革命性的進展。如果你問航空專家，他們會告訴你，萊特兄弟開始他們的試驗之後的20年，航空旅行就已經成為常態。相較之下，航太業卻似乎完全停滯不動。

我們已經登陸月球、將研究運載工具送上了火星，並探索了太陽系，但所有這些事情都還是極為昂貴的一次性計畫。航太總署的行星科學家斯多克（Carol Stoker）指出，「因為在既有的火箭方程式運作下，太空探索的成本仍舊極其高昂。」拜來自軍方和航太總署等政府機構的合約所賜，航太產業一直擁有巨額預算得以運用，並盡其所能努力製造最大、最安全可靠的機器。這個行業一直都在為最佳性能而努力，這樣航太承包商才能滿足合約的要求。如果你試圖為美國政府發射一顆價值10億美元的軍用衛星，這種策略是合理的，因為你根本負擔不起酬載爆炸的後果。但整體而言，這種方式扼殺了對其他努力的追求，導致組織龐大、過度支出，並嚴重傷害了商用太空產業。

槓上ULA，爭取競爭機會

除了SpaceX之外，美國航太發射服務業者面對國外同業已經不再具有競爭力，它們的發射能力有限，是否仍有雄心壯志也令人質疑。SpaceX在國內軍用衛星和其他大型酬載方面

的主要對手是ULA，這是波音和洛克希德馬丁於2006年合併相關業務後成立的合資企業。當時結盟的想法是，美國政府的訂單不夠養活兩家公司，合併兩家公司的研究和製造業務，能夠降低發射成本並提升安全性。ULA一直倚靠兩家公司各自的三角洲（Delta；波音的火箭）和擎天神（Atlas；洛克希德馬丁的火箭）發射運載工具幾十年的經驗，而且已經成功發射過為數眾多的火箭，這使得它成為可靠性的典範。

但無論是ULA，還是各自也能提供商用服務的波音和洛克希德馬丁，都不能在價格方面與SpaceX、俄羅斯和中國競爭。「在極大程度上，全球商用市場被歐洲的亞利安太空公司、中國的長征公司或俄羅斯的運載工具所主宰，」航太公司民用和商用計畫總經理畢爾登（Dave Bearden）指出：「它們的不同之處僅僅在於勞動力成本和建造方式的不同。」

說得更直白一點，ULA已經變成一家讓美國蒙羞的公司了。2014年3月，ULA當時的執行長賈斯（Michael Gass）和馬斯克在一場國會聽證會上對峙，會議的部分議題是關於SpaceX要求承擔更多政府年度發射任務。一系列幻燈片顯示，自波音和洛克希德馬丁從兩家壟斷到一家獨大，政府的發射支出激增的情況。

根據馬斯克在聽證會上展示的數字，ULA為每次發射收取3.8億美元費用，而SpaceX收取的費用只有9,000萬美元（這個數字比SpaceX的標準收費6,000萬美元要高，是因為政府對特別敏感的發射有一些額外要求）。馬斯克指出，只要挑選SpaceX做為發射供應商，政府省下的錢就足夠支付火箭上

運載的衛星了。

　　賈斯沒有真正反駁馬斯克，聲稱馬斯克提供的ULA發射價格的數據並不準確，但是也拒絕提供自己的數據。聽證會舉行時，正值美、俄兩國因為俄羅斯在烏克蘭的野心行動而關係緊張。馬斯克正確的指出，美國可能很快就會對俄羅斯進行制裁，此舉可能會涉及航太設備。ULA的擎天神5號火箭（Atlas V）恰好倚賴俄羅斯製造的火箭引擎來發射敏感的美國軍用設備。

　　「我們的獵鷹9號和重型獵鷹發射運載工具是真正的美國製造，」馬斯克表示，「我們在加州、德州設計與製造我們的火箭。」賈斯面無表情的反擊說，ULA已經購買了兩年份的俄羅斯火箭引擎，也買下了火箭引擎的設計圖，並將它們從俄文翻譯成了英文。（幾個月後，ULA撤換了賈斯，並和藍色起源簽約研發美國製造的火箭。）

　　輪到阿拉巴馬州參議員薛爾比（Richard Shelby）質詢時，SpaceX經歷了此次聽證會最令人沮喪的時刻。ULA在阿拉巴馬州有製造工廠，和這位參議員關係密切。薛爾比覺得必須為家鄉的企業助陣，他一再指出，ULA已經成功完成68次發射，接著問馬斯克如何看待這些成就。航太業是薛爾比最大的捐助者之一，結果令人驚訝的是，他對於把東西送上太空，傾向支持官僚主義並反對競爭。「通常競爭會帶來品質更好、價格更低的合約，但航太發射市場比較特殊，」薛爾比表示，「它是一個被政府和工業政策框住的有限需求市場。」

　　這場聽證會結果成了某種騙局。政府原先同意為14次敏

感發射任務進行招標，而不是直接交付ULA。馬斯克也已經赴國會陳述他的立場，說明SpaceX足堪膺任完成這些任務以及其他發射任務候選者的理由。但聽證會隔天，空軍將招標的14次發射砍到介於1和7次之間。一個月後，SpaceX對空軍提起法律訴訟，要求獲得發射業務的機會。「SpaceX不是要求獲得這些發射合約，」該公司在它的freedomtolaunch.com網站上指出，「我們只是在尋求競爭的權利。」[36]

　　SpaceX在國際太空站補給任務和商用衛星方面，主要的美國競爭對手是軌道科學公司。軌道科學公司於1982年成立於維吉尼亞州，它跟SpaceX一樣，都是這個產業的新生力量，它對外募資，專攻將較小型衛星送入近地軌道的市場。儘管軌道科學公司的機器種類有限，但較有經驗，它倚賴俄羅斯和烏克蘭等國家的供應商提供火箭引擎和箭體，這使得它更像是太空飛行器的組裝公司，而不是像SpaceX是一家真正的製造商。

　　再者，不同於SpaceX，軌道科學公司的太空船無法承受從國際太空站返回地球的旅途，因此它無法把實驗和其他貨物帶回來。2014年10月，軌道科學公司的一枚火箭在發射台上爆炸。因為調查這次事件，該公司暫停發射火箭，它轉而向SpaceX尋求協助，為它的一些客戶提供服務。軌道科學公司也表示，將會逐漸停用俄羅斯火箭引擎。

　　至於載人上太空方面，在為期四年的運送太空人至國際太空站的航太總署競標案中，SpaceX和波音雙雙成為贏家。SpaceX取得26億美元，而波音則獲得42億美元，用來在2017

年之前開發各自的太空船，並將太空人送往國際太空站。這兩家公司實際上將代替太空梭，恢復美國進行載人太空飛行的能力。「我其實不介意波音拿兩倍的錢與SpaceX一樣達成相同的航太總署要求，而且是用較差的技術。」馬斯克表示，「有兩家公司參與，對於人類太空飛行的進步是比較好的。」

　　SpaceX一度看起來像是會成為專精一個領域的小公司，它最初的計畫是以較小的獵鷹1號做為主力。獵鷹1號每次發射收費600萬美元至1,200萬美元，是迄今為止將物品送入太空最便宜的載具，這個價格讓業界非常興奮。Google在2007年宣布它的月球X大獎（Lunar X Prize；提供3,000萬美元獎金給能夠把機器人送上月球的人），之後遞交的許多計畫書都選擇以獵鷹1號做為發射運載工具，因為這似乎是送東西上月球唯一價格合理的選擇。

　　全世界的科學家同樣很興奮，他們認為終於有一種經濟實惠的方法能把實驗送入軌道。但所有這些圍繞獵鷹1號的熱情談論，並沒有帶來實質的市場訂單。「非常明顯的是，市場對獵鷹1號有巨大需求，但就是沒有錢進來，」蕭特威爾表示，「這個市場必須能夠支持一定數量的發射載具，而每年3枚獵鷹1號的訂單，這生意是難以為繼的。」2009年7月，最後一枚獵鷹1號在瓜加林島發射，當時SpaceX為馬來西亞政府運送一顆衛星進入軌道。「我們對獵鷹1號寄予厚望，」蕭特威爾指出，「對這結果，我很激動，但也很失望。我原本期望訂單會源源不斷進來，但八年過了，訂單依舊杳然。」

　　此後，SpaceX以驚人速度擴展它的火箭發射能力，看起

來它或許已接近重新提供單次發射收費1,200萬美元的服務。到了2010年6月，獵鷹9號首次升空並成功進入地球軌道。同年12月，SpaceX證明，獵鷹9號能夠將天龍號太空船送入太空，並且能夠安全回收降落海面的太空船。[37]這是有史以來第一家取得如此成就的商用航太企業。接著，在2012年5月，SpaceX經歷了自瓜加林島首次成功發射以來，公司歷史上最重要的時刻。

「我們抓到龍尾巴」

2012年5月22日凌晨三點四十四分，在佛羅里達州卡納維爾角，一枚獵鷹9號火箭從甘迺迪太空中心升空。這枚火箭如同護衛般，將天龍號太空船推升進入太空，直至太空艙脫離。太空艙的太陽能電池板展開，接著倚靠它的18顆Draco推進器（小型火箭引擎）來指引它飛向國際太空站。太空船的旅程耗時三天，SpaceX的工程師們輪班工作，其中有些人就睡在工廠的吊床上。多數時間他們在觀察天龍號太空船的飛行，檢查它的探測器系統能否探測到國際太空站。天龍號太空船最初計畫在25日凌晨四點左右停靠國際太空站，但當太空艙接近太空站時，有個意外的小閃光持續阻礙了利用雷射光準確進行太空艙與太空站間距離的運算。

蕭特威爾指出：「我記得我們奮戰了兩個半鐘頭。」當夜，隨著時間消逝，她的UGG靴、網眼毛衣和緊身褲開始感覺像是睡衣了，而工程師們則是和這個意外的難題搏鬥。SpaceX人員一直在擔心這次任務會被取消，此時公司決定

上傳一些新軟體到天龍號太空船，縮小探測器系統使用的視框，以消除陽光對機器的影響。接著，就在七點之前，天龍號太空船跟太空站的距離足夠近了，太空人佩悌特（Don Pettit）利用一支長約18公尺的機械手臂，抓到這台補給太空艙。佩悌特說：「休斯頓太空站，我們好像抓到龍尾巴了。」

「我又餓又累，」蕭特威爾表示，「我們在一大清早喝香檳。」天龍號太空船停靠國際太空站時，控制室裡大約有30個人。接下來的幾個小時，員工們一一湧入分享這興奮的一刻。SpaceX又創下了一個紀錄，成為第一家停靠國際太空站的私人企業。幾個月後，SpaceX從航太總署獲得4.4億美元經費，以繼續研發提供載人飛行的天龍號太空船。

「伊隆正在改變航太業做生意的方式，」航太總署的斯多克指出，「他成功的降低成本，同時確保了安全性。他從科技業帶來了最好的東西，像是開放空間辦公室，以及鼓勵溝通和人際互動。這些開明做法跟多數的航太業者是很不一樣的，傳統航太產業的運作就是製作各種必要文件和進行專案評估。」

2014年5月，馬斯克邀請媒體赴SpaceX總部，展示航太總署資金的部分成果，公布了天龍2號太空船（Dragon V2）。多數經理人喜歡在專業展或日間活動中炫耀他們的產品，但馬斯克更喜歡在夜晚舉辦一場真正好萊塢風格的盛會。

數以百計的賓客抵達霍桑市，品嚐著開胃菜，一直到晚上七點半，展示開始。馬斯克身著一件偏紫色的天鵝絨夾克，看起來就像美國情境喜劇「Happy Days」裡的方茲（Fonz），他用拳頭用力敲擊太空船的門，門「砰」一聲打開。他揭示的場

景令人驚歎。

過去太空艙內擁擠的生活空間不見了，眼前有七張薄而堅固的曲線型椅子，四張靠近主控制台，三張在後面一排。馬斯克在艙內四處走動，顯示空間寬敞，接著坐進中間的隊長位置。他手伸上去，打開開關，由四塊螢幕組成的主控台優雅的滑落下來，正好位於前排座椅前面。[38]在主控台中央，是飛行控制桿，還有一些主要基本功能的實體按鈕，供緊急狀況或觸控式螢幕失靈時使用，艙內漆上了明亮的金屬色。終於有人建造了一艘適合科學家和電影工作者夢想的太空船。

伴隨著時尚外觀的是強大實在的功能，天龍2號不需要機械手臂，能夠自動停靠國際太空站和其他太空居住地。它將使用SuperDraco火箭引擎，有史以來第一台完全由3D印表機打印而成的火箭引擎。這意味，一台由電腦導引的機器將一整塊金屬（這裡採用的是高強度的鉻鎳鐵合金）列印堆疊成火箭引擎，所以它的強度和性能應當優於任何人工焊接不同零件而成的機器。

最令人難以置信的是，馬斯克透露，利用SuperDraco火箭引擎和推進器溫和著陸，天龍2號將能夠降落在地球上任何SpaceX想要降落的地方，不需再降落在海上，也不必再拋棄太空飛船了。「那才是二十一世紀太空飛船應該有的著陸方式，」馬斯克指出，「你可以重新裝滿推進劑，再次飛行。只要我們繼續拋棄火箭和太空飛行器，就永遠無法真正進入太空。」

天龍2號只是SpaceX同時持續研發的機器之一。該公司下

一個里程碑之一，將是重型獵鷹的首次發射，根據設計，重型獵鷹將是世界上最強大的火箭。[39] SpaceX已經找到方法，將三枚獵鷹9號合併成一枚有27台Merlin引擎的火箭，載重可達53公噸以上。馬斯克和慕勒的設計，有一個天才之處：SpaceX能夠將同樣的火箭引擎，運用於從獵鷹1號到重型獵鷹等不同的裝置，以節省成本和時間。

「我們自己製造主燃燒室、渦輪泵、氣體產生器、噴嘴和主閥門，」慕勒指出，「我們有完全的控制權，有自己的測試場，而大多數其他公司使用的是政府的測試場。我們的工時減少一半，製造材料相關的工作也是。四年前，我們一年能製造兩枚火箭，現在我們一年能製造二十枚。」SpaceX自豪的宣稱，比起僅次於它的競爭對手波音／ULA的三角洲4號重型火箭（Delta IV Heavy），重型獵鷹能夠以三分之一的成本，運送兩倍的酬載。SpaceX也正忙於興建一座全新的發射中心，位於德州布朗思維爾（Brownsville），目標是透過將各種程序自動化——把火箭豎立在發射台上、裝填燃料和發射，每小時能夠從這裡發射多枚火箭。

一次又一次創造出新事物

SpaceX不改早期作風，持續透過實際發射，對這些新的載具進行實驗，這些做法是其他公司不敢嘗試的。SpaceX經常會宣布它將試驗一台新的火箭引擎或著陸腳架，並在為發射準備的廣宣中強調這次升級的內容。然而，該公司在一次任務中同時針對十幾個目標進行祕密測試，也不足為奇。基本

上，馬斯克會要求員工在不可能完成的任務之上，再去達到不可能實現的目標。

　　一名前SpaceX主管形容這種工作氛圍像是一台永動機（perpetual motion machine），這台機器的運轉靠的是「不滿足」與「永恆希望」混合在一起的奇妙動能。「那就像是馬斯克讓所有人忙這台車，並打算靠一缸油從洛杉磯開到紐約，」這位經理指出，「他們忙了一整年，測試所有零件。接著，他們出發前往紐約，所有人私下都認為，能開到拉斯維加斯就算幸運了，結果車子開到了新墨西哥州，這已是他們預期的兩倍距離，但馬斯克還是生氣。不論跟誰比，他都能夠讓手下的業績比別人多出兩倍。」

　　在某種程度上，馬斯克對任何事情都永不滿足。2010年12月的那次發射就是一個例子，SpaceX當時將天龍號太空船送入軌道並成功返回。那是公司的巨大成就，而員工們為此已經不辭辛勞的工作了數月或甚至數年之久。發射日是在12月8日，而SpaceX在12月16日舉辦一場聖誕派對。派對開始前大約90分鐘，馬斯克召集最高主管到SpaceX開會。包括慕勒在內的這六名高階主管盛裝打扮，已經準備慶祝聖誕節和天龍號太空船的歷史性成就。但馬斯克卻痛斥了他們大約一個鐘頭，只因為一枚新型火箭的桁架結構進度落後。布洛根指出：「他們的夫人坐在隔了三個辦公隔間的地方，等待馬斯克罵完。」

　　其他類似的例子層出不窮，譬如：馬斯克拿額外的股票選擇權，獎勵一個30人的團隊，因為他們完成了一個棘手的航

太總署的案子。當中有許多人想要立即、有形的報酬，要求現金獎勵。「他責備我們不懂得股票的價值，」前任工程師艾爾迪恩說，「他沒有尖叫或是怎樣，但他似乎對我們很失望。聽到他說那樣的話真讓人難過。」

許多SpaceX員工內心揮之不去的問題是，究竟什麼時候才能看到所有這些努力的巨大回報。SpaceX的員工待遇不錯，但絕對不算太高。許多員工期待公司上市時大賺一筆。問題是馬斯克不急著上市，這是可以理解的，畢竟向投資人解釋整個火星計畫仍有困難，因為到另一個星球開闢殖民地的商業模式會是怎樣，至今仍未見雛形。員工們聽到馬斯克說，數年之內公司不會上市，甚至在火星任務看起來更有把握之前，公司都不會上市，他們開始抱怨。

馬斯克發現之後，寫了一封電子郵件給全體員工，這封郵件是一個極好的窗口，讓我們了解他的思維，以及他的想法有多麼不同於幾乎所有其他公司的執行長。（全文請參見附錄）

2013 年 6 月 7 日

關於上市

正如我最近的談話，我愈來愈擔心 SpaceX 在火星運輸系統準備就緒之前上市。創造在火星上生活所需的技術，一直都是 SpaceX 最根本的目標。如果成為一家上市公司減弱了該可能性，那麼我們應該等到火星計畫穩固後才做。我對於重新考量上市的問題抱持開放的態度，但有鑑於我在特斯拉和太陽城方面的經驗，我對於強迫 SpaceX 上市是很猶豫的，特別是考慮到我們的使命是一個長期目標。

SpaceX 有些人不曾經歷公司股票上市的經驗，可能認為上市是值得嚮往的。事情並非如此，尤其如果上市公司有重大技術變革，公司股價會因為內部營運結果或外在經濟環境變化而巨幅震盪，大眾很容易陷入集體恐慌，而把創造偉大產品的美好理想忘得一乾二淨。

對於那些自以為比公開市場投資人更聰明，並會在「對的時間」賣出 SpaceX 股票的人，讓我幫你打消這個念頭。如果你真的比多數避險基金管理者屬害，那麼不必擔心你的 SpaceX 的股票價值，因為你可以乾脆投資其他上市公司股票，並在市場賺數十億美元。

伊隆

10

電動車的復仇
商機一直都在

汽車和卡車的電視廣告多如牛毛，很容易讓人無感，並忽略廣告裡發生什麼事。其實沒關係，因為汽車產業這些年來也沒有太多事情發生。汽車製造商憑藉在廣告上做一點小努力，幾十年來銷售著幾乎一模一樣的東西：一輛車子，加上空間多一點、每加侖多跑一點里程數、更好操作，或是多一個杯架。找不到任何有趣賣點的車商，有時只好靠穿著清涼的女人或是有英國口音的男人，偶爾還有穿著西裝跳舞的老鼠來助陣，藉此試圖說服人們，他們的產品比別人好。

下次當電視上出現汽車廣告，不妨停下來聽聽這些廣告在說什麼。當你了解福斯汽車簽約即可開走的「活動」，只是意味「讓購車經驗變得不那麼痛苦」，你就會意識到，汽車產業竟已淪落至此水準了。

2012年中，特斯拉電動車讓那些自滿的車廠大為震驚，它的 Model S 轎車開始交車，這款全電動豪華轎車充電一次可

以跑超過480公里，起步加速0-96km/h僅需4.2秒。如果你利用可選擇的配備，放置兩張面朝後的兒童安全座椅，這輛車可以坐7個人；此外，Model S有兩個行李箱，一個是標準型，另一個是特斯拉所稱的「前行李箱」（frunk），就在一般汽車放置體積龐大的引擎位置。

這輛轎車的底盤是由電池組構成，它還有一個西瓜般大小的電動馬達位於兩個後輪之間，去除了引擎運作和刺耳的機器噪音，這意味Model S跑起來很安靜，它在速度、里程數、操作和儲藏空間方面，也優於多數豪華轎車。

讓車子變有趣

此外，Model S的車門手把是隱藏式設計，讓車身外觀更顯流暢，當駕駛靠近按下鑰匙開鎖鍵，銀色感應式門把會自動彈出，駕駛開門入座後，門把會再度縮回。一坐進車內，眼前是一個17吋觸控螢幕，控制車子多數的功能，不論是調高音響的音量，[40]或是手指一滑打開天窗，都由這個觸控螢幕控制。多數汽車有一大片儀表板來容納各種顯示器和按鈕，並保護人們遠離引擎的噪音，而Model S則是獻上更大的空間。

Model S擁有先進的無限網路傳輸系統，駕駛可以透過觸控式的主控制台，聆聽線上串流網路音樂或顯示Google地圖來導航。啟動車子也不需轉動鑰匙或觸碰按鈕，駕駛坐在椅子上的重量，加上形狀像是迷你Model S的感應鑰匙，就可啟動車輛。這輛車使用重量較輕、強度卻更高的鋁合金材質，安全評級是史上最高，車主可以在全美高速公路沿線設置的特斯拉

充電站「免費」充電；特斯拉計畫這些充電站日後將擴大至世界各地。

對於工程師和關心環保的人而言，Model S是高效率車廠的典範。傳統的汽車和油電混合車有數百個至數千個可動零件（moving parts），引擎必須靠活塞、曲軸、機油濾清器、發電機、風扇、分電器、閥門、線圈和汽缸，以及許多必要機械零件，來進行持續性受控制的燃燒。引擎產生的動力必須通過離合器、齒輪和驅動軸來使輪胎轉動，而排氣系統則負責處理廢氣。在這個過程下，僅有大約10%至20%的效能會變成推進力，大多數的能量（約70%）會變成熱耗損，其他的則是成為冷卻耗損與機械耗損，例如被風的阻力、煞車和其他機械功能消耗掉。

相較之下，Model S有約12個可動零件，電池組瞬間輸出能量到一個西瓜大小的馬達，由馬達轉動輪胎，最後大約會產生60%的有效動能，剩下的能量則大多是熱損耗，以Model S這樣的效能，相當於每加侖汽油可跑約160公里。[41]

Model S還有另一項顯著特點，就是顧客購買和擁有這台車的經驗。特斯拉直接透過自己的專賣店和網站販售Model S，顧客不用到經銷商那裡，跟促銷人員討價還價。它模仿蘋果設置自己的專賣店，而且通常選擇鄰近蘋果商店的高級商場，或是富裕的城郊住宅區設店。

顧客一走進店裡，會看到專賣店中央展示著一輛豪華Model S，通常在靠近店後方會陳列裸露的車子底盤，用來展示電池組和馬達。顧客可以在幾面大型觸控螢幕上計算，換成

全電動車可能省下多少燃料費，也可以在螢幕上，為他們將來的Model S配置不同外觀並追加配備。完成後，顧客只要朝螢幕用力一揮，這台Model S就會戲劇化的出現在店中央更大的螢幕上。如果你想要試坐展示車，銷售人員會將靠近駕駛座車門的一條紅色天鵝絨繩往後拉，讓你坐進車內。

這裡的展售人員不靠佣金賺錢，也不需要努力說服你購買一系列的額外配備或服務。無論你最後是在專賣店或網站上購買這輛車，都會得到備受禮遇的交車服務。特斯拉會把車子送到你家、辦公室或任何指定地點。公司也提供客戶到矽谷車廠取車的選擇，並貼心的彌補他們，招待同行的朋友和家人參觀公司內的設施。

在交車之後的幾個月，車子無需換油或調整引擎，Model S不需要這些，因為它已將內燃引擎車中許多無用的機械標準予以廢除，只需少數的可動零件。如果車子出問題，特斯拉會派人過來取車，並在維修期間提供客戶代步車。

大車廠做不到的維修神功

特斯拉還可以為Model S車主提供一種大車廠根本做不到的補救問題方法。有些早期車主曾抱怨一些小故障，例如門把彈出時不順暢，或是雨刷的速度太嚇人，對於這樣昂貴的車子，這些是不可原諒的瑕疵，但特斯拉採取極為聰明又有效率的行動來解決問題。特斯拉的工程師趁車主睡覺的時候，透過網路連結進入車子系統，下載更新軟體，當車主早上醒來，開車出去時，發覺車子的問題解決了，感覺好像是魔法精靈把它

修好了。

除了修補錯誤的神功之外，很快的特斯拉也開始在其他方面向人炫耀它的軟體技術了。它提供一款智慧型手機軟體，讓人們可以遠端開啟車內空調或暖氣，以及在地圖上察看車子停放的位置。特斯拉也開始為 Model S 安裝更新軟體，增加車子的新功能。很可能在一夕之間，Model S 就多了在山路和高速公路駕駛的新摩擦力控制功能、突然充電速度變快，或是擁有新的聲控範圍。

特斯拉將車子變成有趣的東西，這是一種在你購買之後實際上功能會變得更好的設備。誠如 Model S 早期車主之一、也是第一個解碼人類 DNA 的知名科學家文特（Craig Venter）所言：「它改變了運輸的一切，它是一部有輪子的電腦。」

第一批注意到特斯拉開始展現不凡成就的，是矽谷的科技愛好者。這裡有許多喜歡嘗鮮的人，他們願意購買最新的小發明，並能夠忍受小缺點，通常這種習性適用於價格介於 100 至 2,000 美元的電腦設備。但遇上特斯拉，這些喜歡嘗鮮的人，不只願意花 10 萬美元在一種可能不會成功的產品上，也願意相信一家新創公司能為他們帶來前所未有的好處。

特斯拉很需要這種在產品開發初期的信心支持，當時根本沒人料到這家公司日後會有這麼大的規模。在 Model S 上市後的頭幾個月，舊金山及鄰近城市的街上，一天可能看到一、兩輛，後來一天開始可以看到五至十輛。很快的，Model S 感覺像是矽谷兩大核心都市帕羅奧圖和山景城最常見的車子。Model S 成了富裕科技愛好者的終極身分象徵，讓他們可以炫

耀、有新玩意可玩，同時還能以環保人士自居。Model S現象從矽谷擴散至洛杉磯，然後是整個西海岸，接著又到華盛頓特區和紐約（雖然普及程度沒那麼高）。

獲年度汽車獎肯定

比較傳統的汽車製造商起初將Model S視為一種小噱頭，並將它上衝的銷售量視為一時的流行，但這些心態很快變成接近恐慌的狀態。2012年11月，就在Model S開始交車後沒幾個月，著名車訊雜誌《汽車潮流》（*Motor Trend*）幾位編輯將年度汽車獎史無前例一致投票給Model S，一舉擊敗來自保時捷、BMW、凌志和速霸陸（Subaru）等公司的11款汽車，並盛讚Model S：「很肯定的證明，美國還是能夠製造出偉大的東西。」

《汽車潮流》讚揚Model S是史上第一款贏得這個最高殊榮的非內燃引擎車，該雜誌寫道，這輛車操作起來像跑車，開起來和勞斯萊斯一樣平穩，儲藏空間跟雪佛蘭Equinox一樣多，而且比豐田Prius的能源使用效率更高。數月之後，《消費者報告》給了Model S史上最高的車輛評分99分（滿分100），並稱讚Model S可能是史上最好的車子。大約同時期，Model S的銷售開始隨著特斯拉股價一路上揚，通用汽車和其他車廠合作成立團隊，開始研究Model S、特斯拉和馬斯克的創新做法。

特斯拉達成的成就，非常值得我們深入思索，好好研究一番。馬斯克著手製造這輛全電動轎車，過程中有許多堅持都不容妥協，最後他真的都辦到了。此外，他利用創業家柔道策

略，顛覆了數十年來人們對電動車的批評。Model S 不只是最好的電動車，它毫無疑問是最好的車子，而且是人們夢寐以求的車子。

繼 1925 年克萊斯勒成功崛起之後，美國就沒再出現過任何成功的汽車公司，直到特斯拉創立。在此之前，矽谷在汽車產業上毫無建樹，馬斯克也從來沒有經營過車廠，底特律的大車廠認為這家公司既自大又不專業。然而，就在 Model S 上市一年後，特斯拉出現獲利，季營收創下 5.62 億美元，銷售預估提高，公司的市值追平馬自達汽車。馬斯克創造了相當於 iPhone 地位的車子。底特律、日本和德國的汽車經理人，只能望著他們蹩腳的廣告興嘆，一邊思索著這到底是怎麼發生的。

這些傳統大車廠會如此後知後覺，是有原因的，這些年來，特斯拉怎麼看都像是一場十足的災難，它沒有本事做對太多事。一直到 2009 年初，特斯拉在 Roadster 的開發才真的邁開大步前進，並解決了這台跑車一些製造上的問題。就在特斯拉試圖加緊腳步製造 Roadster 時，馬斯克寄出一封電子郵件給客戶，宣布將要調高價格，由 92,000 美元，調漲為 109,000 美元。在這封電子郵件中，馬斯克說，有 400 名已經訂購 Roadster、但尚未出貨的客戶，將會受到價格變動的衝擊，被迫拿出額外的錢來購車。他試圖安撫特斯拉的客戶，聲稱該公司沒有選擇，只能調高價格。

Roadster 的製作成本遠高於公司最初的預期，而特斯拉也必須證明它有能力製造出可以賺錢的車子，以提高它爭取大筆政府貸款的機會，有這筆錢他們才能建造 Model S，更何況

他們已對外界承諾Model S將於2011年交車。「我堅信這項計畫……在對早期客戶的公平性和確保特斯拉的生存之間，達成合理的妥協，這顯然是合乎所有客戶的最佳利益，」馬斯克在電子郵件中寫道：「從特斯拉創辦以來，製造大眾市場的電動車一直都是我的目標，我不想做任何危及那個目標的事情，我認為多數的特斯拉客戶也不希望我們這麼做。」雖然有些特斯拉客戶滿腹牢騷，但馬斯克對特斯拉客戶的解讀，大致上是正確的，他們對他的提議照單全收。

化逆境為助力

在價格調高之後，特斯拉有一次安全性召回，公司說法是Roadster底盤製造商蓮花汽車公司在裝配線上有個螺栓沒有鎖好。往好的來看，特斯拉當時只交出大約345輛的Roadster，這意味解決這個問題是在可控制的範圍內；從壞的來看，安全性召回是汽車新創公司最不該發生的，即使特斯拉聲稱，這只是一種積極作為的安全措施。但隔年，特斯拉又發出一次主動召回，因為它得到報告，有一條電源線磨擦Roadster的車身，導致短路並有冒煙狀況。那次，特斯拉召回439輛Roadster。特斯拉盡可能將這些問題逆轉成對自己有利的方向，該公司處理方式是逐一拜訪客戶檢修Roadster，或是派人去取車帶回工廠檢修。

此後，特斯拉的每次困境，馬斯克都會努力化解，以轉變成機會，例如趁機宣揚該公司重視服務，並致力提高客戶滿意度，而這些策略多半奏效。

除了 Roadster 偶爾出包，特斯拉也持續遭受公眾形象的問題。2009 年 6 月，艾博哈德控告馬斯克，並竭盡全力在一份訴狀中詳述他被公司革職一事。艾博哈德控告馬斯克損害名譽、誹謗和違約。這些指控將馬斯克描繪成一名橫行霸道的投資人，逼迫對公司有很深感情的創辦人離開。這項訴訟也指控馬斯克吹噓他在特斯拉創辦時的角色。馬斯克回敬了一篇部落格貼文，詳述艾博哈德的缺點，並對指控他不是該公司真正創辦人的說法感到不滿。

不久之後，雙方和解並同意停止貶抑對方。艾博哈德當時在一份聲明中指出：「身為公司的共同創辦人，伊隆對特斯拉一直有十分卓著的貢獻。」艾博哈德同意寫下那樣的聲明必然非常痛苦，而那份聲明的存在，顯示了強硬派馬斯克的談判技巧。今日，這兩個男人持續鄙視對方，雖然按照法律規定，他們不能公開這麼做。不過，艾博哈德對特斯拉的怨恨並不長久，他手上的特斯拉股票後來變得非常值錢。他依然開著他的 Roadster，而他的妻子則買了一輛 Model S。

因為發展早期有這麼多的紛擾，造成特斯拉在媒體的負面形象。有些媒體和汽車業人士將它視為愛耍噱頭的公司，他們似乎抱持看笑話的心態，把馬斯克和艾博哈德及其他不滿的前雇員之間的爭吵當成肥皂劇。馬斯克不僅未被當做成功的創業家，矽谷有某些人還視他為粗暴的吹噓者。唱衰他的人認為，特斯拉遲早要關門，馬斯克就會得到該有的下場，而 Roadster 將走進電動車的墳場，底特律大車廠會證明他們比矽谷更懂創新開發新車款。世界的自然秩序將維持不變……

不過，有趣的事情發生了，特斯拉成功存活下來。

從2008年至2012年，特斯拉賣出約2,500輛的Roadster。[42] 這台車完成馬斯克最初想要達成的目標：證明駕駛電動車可以是一種樂趣，而且電動車也可以成為人們渴望擁有的商品。成功推出Roadster，特斯拉讓大眾持續意識到電動車的存在，並且是在一個幾乎不可能達成的大環境下做到的，因為當時正處於美國汽車業和全球金融市場的大崩盤時期。

馬斯克是不是特斯拉的創辦者，此刻已無關緊要。如果不是馬斯克投入資金、行銷本領、具策略性的說服力、工程才智和不屈不撓的精神，今天就沒有特斯拉這家公司了。特斯拉靠馬斯克的意志存活下來，這家公司也反映了他的性格，如同英特爾、微軟和蘋果公司也反映出它們的創辦人性格一樣。另一位特斯拉創辦人塔本寧，在思考馬斯克對這家公司的意義時，也說了類似的話：「伊隆將特斯拉推進到超乎我們能想像的更遠境界。」

Roadster的誕生過程非常艱難，但這趟冒險之旅也給了馬斯克極大刺激，他可以全新的姿態在汽車產業一展身手。特斯拉的下一輛車，代號白星（WhiteStar），將不是另一家公司的車子改裝版。白星將會從頭做起，充分利用特斯拉電動車技術所能提供的，例如因為蓮花Elise的底盤限制，Roadster的電池組必須安裝在接近車子的尾部。這當然可行，但由於電池加諸的重量，所以整體來說並不理想。

後來成為Model S的白星，馬斯克和特斯拉的工程師從一開始就知道，他們會在車子底盤安裝1,300磅的電池組，這會

賦予這台車低重心和極好的操控性，也會賦予 Model S 低的極慣性矩，此設計較能使車子免於翻轉的危險。理想上，你會希望引擎等重型零件盡量靠近車子的重心，這是為什麼賽車的引擎通常會靠近汽車的中心。傳統汽車在這個標準上是很糟糕的，笨重的引擎放在前面，乘客在中間，汽油在後面晃動。Model S 的重型零件將非常接近重心，這對於操控、性能和安全都有正面效應。

舒適豪華兼具的性感轎車

不過，車子內部結構只是 Model S 出類拔萃的成因之一。馬斯克想要讓車子的外觀也能傳達一種形象概念，它將會是一台轎車，而且是一台性感的轎車，兼具舒適與奢華，不會有之前特斯拉開發 Roadster 時被迫接受的種種妥協。為了實現這部漂亮又高功能的車子，馬斯克雇用了丹麥汽車設計師費斯可（Henrik Fisker），他在奧斯頓馬丁公司的作品頗富盛名。

特斯拉於 2007 年首度對費斯可透露 Model S 的計畫，請他設計一台流線型的四門房車，價格介於 50,000 美元至 70,000 美元之間。當時特斯拉的 Roadster 還造不出來，全電動動力系統是否禁得起時間考驗也還是未知。但馬斯克拒絕等待或是把情況弄清楚再來，他已定下目標，希望 Model S 在 2009 年底或 2010 年初交車，需要費斯可快速作業。據說，費斯可有過人的設計才華，過去十年間，他設計了一些最令人驚豔的車子，不只幫奧斯頓馬丁，也曾幫 BMW 和賓士汽車設計過特別款汽車。

費斯可在加州橘郡有一家工作室，馬斯克和其他特斯拉主管會到那裡碰面，檢查一直在更改的 Model S 設計稿。但每次造訪，都比前一次更糟。

費斯可的笨重設計讓特斯拉團隊感到不解。「一些初期風格就像一顆巨蛋，」前特斯拉白星計畫副總裁羅伊德（Ron Lloyd）表示，「太糟糕了。」馬斯克退回設計稿，費斯可怪罪特斯拉為 Model S 設下的物理限制太綁手綁腳。羅伊德指出：「他說，我們不讓他把車子做得性感。」費斯可嘗試了幾種不同的做法，並以泡沫塑料做出汽車模型，讓馬斯克和他的團隊仔細研究。「我們不斷告訴他，這些是不對的，」羅伊德說道。

結果費斯可或許把他的最好構思保留給自己，他後來創立了費斯可汽車，並於 2008 年公布費斯可 Karma 油電車。這款豪華房車看起來像是蝙蝠俠週日會開出去兜風的車子。這台車有拉長的線條和乾淨俐落的邊緣，漂亮極了，非常有原創性。

羅伊德表示：「很快的情勢就變得明朗，他打算跟我們競爭。」馬斯克深入挖掘這個情況，發現費斯可一直在找矽谷附近的投資人投資他的汽車公司，而且很可能故意拖延特斯拉的設計，或是根本沒花太多心思。矽谷著名的創業投資公司凱鵬華盈（Kleiner Perkins Caufield & Byers）一度有機會投資特斯拉，最後把錢投入費斯可的公司。[43] 這一切讓馬斯克忍無可忍，他於 2008 年對費斯可提起訴訟，指控他偷取特斯拉的構想，並利用特斯拉支付的 875,000 美元設計費，幫助特斯拉的對手汽車公司取得進展。但費斯可最後贏了這場官司，法官認

為特斯拉的指控毫無根據，命令特斯拉賠償費斯可訴訟費用。

特斯拉曾經想過像費斯可一樣做油電車，汽車電池先充電，電力耗盡之後，汽油引擎負責幫電池充電。這台車充電後能夠開80至130公里，然後必要時可利用隨處可見的加油站來幫電池充電，不用擔心開不遠。特斯拉工程師製造了油電原型車，並計算所有成本和性能的數據，最後他們發現油電車是一種過於妥協的產品。「它很貴，而且性能比不上全電動車。」

史特勞貝爾說：「如果這麼做，我們必須建立一個團隊，去跟全世界所有車廠的核心技能競爭，而我們要賭上一切的產品，卻違反所有我們相信的，像是電力電子學和電池改良技術。徹底想清楚之後，我們決定竭盡全力朝我們認定的終點前進，義無反顧。」得出這項結論後，史特勞貝爾和特斯拉內部的人開始放下對費斯可的憤怒，他們認為，費斯可最後會交出一台雜牌車，並自食惡果。

大車廠可能需要花費10億美元，以及動用數千人來設計，才能讓一台新車上市。但特斯拉催生Model S時，完全沒有這些資源。根據羅伊德的說法，特斯拉最初目標是每年建造10,000輛Model S，並打算以大約1.3億美元的預算來達成這個目標，包括設計製造和取得必要的製造機械以沖壓車身零件。羅伊德說：「伊隆對所有人逼得最兇的事情之一，是盡可能所需物件都由公司內部自己製造。」

一般大汽車廠非常仰賴第三方，但特斯拉透過雇用可以工作和設想得比第三方更好的聰明員工，來彌補它欠缺的研發資金。羅伊德指出：「這就是一個諸葛亮勝過三個臭皮匠。」

　　一小組特斯拉工程師開始試圖釐清Model S的機械內部作業。他們首先到一家賓士經銷商，試開賓士CLS四門轎車和E級（E-Class）轎車。這些車子都有相同的底盤，特斯拉工程師仔細分析了這兩輛車，試著找出他們喜歡的部分和不喜歡的原因。最後，他們顯然比較喜歡賓士CLS的風格，並選定它做為發想Model S的基礎。

　　特斯拉的工程師買了一輛賓士CLS，並將它拆解。另一個團隊已經將Roadster的箱狀矩型電池改裝成扁平形狀，然後工程師切開CLS底部，並放入這個電池組。接著，他們把連結整個系統的電子設備放入後車箱。最後，放回內裝，恢復車子的原樣並完工。歷時三個月，特斯拉實際上建造了一台全電動賓士CLS。

　　特斯拉利用這部車去尋求投資人和諸如戴姆勒等未來夥伴的支持，戴姆勒後來向特斯拉購買了電動動力系統，安裝在自家生產的車子裡。特斯拉團隊不時會把這部車開上路，它比Roadster重，但跑得很快，充一次電可以行駛約195公里。為了以相對祕密的方式進行測試，這些工程師必須把排氣管的飾管焊接回去，讓它的外觀看起來與其他CLS無異。

成立設計中心，讓車子重新變酷

　　2008年夏天，一位藝術家型的汽車愛好者范霍茲豪森加入特斯拉。他的工作就是收拾費斯可留下的殘局，以及將Model S打造成一個令人崇拜的產品。[44]

　　范霍茲豪森在康乃迪克州的小鎮長大，他的父親從事消費

性商品的設計和行銷，他將家裡地下室變成他的想像樂園，到處都是麥克筆、各種紙張和材料。年紀漸長後，他逐漸喜歡上汽車。某個冬天，他和朋友把一部沙丘越野車給拆解了，然後又一切安好的組裝回去。他在學校筆記本的空白處畫滿汽車，臥室牆上也都是汽車圖片。申請大學時，他決定和父親一樣，就讀雪城大學工業設計系。在一次實習期間，他碰到一名設計師，對方談到洛杉磯有一所設計藝術中心學院（Art Center College of Design）。「這個人告訴我關於汽車設計的種種，還談到洛杉磯的這所學校，我非常感興趣，」范霍茲豪森說，「在雪城大學讀了兩年之後，我決定轉學到洛杉磯。」

范霍茲豪森搬到洛杉磯，也開啟了他在汽車業充滿故事性的設計生涯。他曾在密西根州的福特車廠及歐洲的福斯汽車實習，並在福斯開始熟悉不同的設計美學。1992年畢業後，他開始為福斯汽車執行一項預期將令人極為興奮的案子，那就是打造極機密的新版金龜車。「那真的是一段奇妙的時光，」范霍茲豪森說，「全世界只有50個人知道我們在做這個案子。」他有機會設計這台車的外觀和內裝，包括在儀表板旁設計一個小花瓶架的獨特設計。

福斯汽車之前一直苦於美國市場的銷售不振，1997年福斯汽車的新金龜車上市，范霍茲豪森第一手見證這台車的外觀如何抓住大眾的目光，並改變人們對福斯汽車的觀感。「它開啟福斯汽車品牌的重生，並將設計美學重新深入這家公司，」他說。

范霍茲豪森在福斯汽車的設計團隊工作了八年，一路高

升，他也愛上南加州的汽車文化。洛杉磯人長久以來就愛車子，那裡的天氣讓人可以享受從敞篷車到架著衝浪板的廂型車等各式各樣的交通工具。幾乎所有主要車商都把設計工作室設在洛杉磯，也讓范霍茲豪森有機會從福斯跳槽到通用汽車，後來又到馬自達擔任設計總監。

通用汽車讓范霍茲豪森了解到大車廠有多麼令人厭惡。通用旗下的汽車沒有一台讓他真正感興趣，在這種公司文化下，想要做出什麼大成就，幾乎是不可能的。他是數千人設計團隊中的一員，公司將工作隨意分配給員工，也沒有考慮到哪個人真正想做哪台車。「他們奪走了我的靈魂，」范霍茲豪森說，「我知道我不想死在那裡。」

相較之下，馬自達需要他，也想要找他來幫助。馬自達讓范霍茲豪森和他的團隊在北美汽車市場的每輛車上，都留下他們的印記，他們為馬自達生產一系列概念車，並重新塑造這家公司的形象。誠如范霍茲豪森所言：「我們將『zoom-zoom』（譯注：馬自達的口號，模仿引擎轟鳴的聲音，代表速度、樂趣和活力）融入這台車子的外觀和給人的感受。」

范霍茲豪森開啟一項計畫，透過重新評估座椅使用的材質類型，以及汽車使用的燃料，讓馬自達的車子變得更環保。2008 年初，他製造出一台以乙醇為燃料的概念車，就在這個時候，一名友人告訴他，特斯拉需要一名首席設計師。為了打聽這項職務，他與馬斯克的助理布朗玩了一個月的電話追人遊戲，才終於連絡上馬斯克，並在 SpaceX 總部與馬斯克見面進行面試。

大膽選擇相信

　　馬斯克從范霍茲豪森那一身蓬鬆不拘又時髦的衣著，以及輕鬆的言談舉止中展現的想法和創造力，立刻看出他是那個可補強特斯拉的人才，於是積極爭取他加入。他們參觀了霍桑的SpaceX工廠和矽谷的特斯拉總部。這兩個地方都很混亂，散發著新創公司的氣息。馬斯克提高誘惑，並說服范霍茲豪森：他有機會打造汽車的未來，放棄安穩的大車廠輕鬆工作，來追求這個千載難逢的機會，是有極大意義的。「伊隆和我開著Roadster，所有人都盯著瞧，」范霍茲豪森說，「我知道我可以待在馬自達十年，並過得非常舒服，也可以大膽選擇相信一個尚未經證明的東西。在特斯拉，沒有歷史，沒有包袱，只有可能改變世界願景的產品。誰不想參與呢？」

　　雖然范霍茲豪森知道去新創公司工作有各種風險，但他可能不了解，他於2008年8月開始在特斯拉工作時，這家公司其實差不多快要破產了。馬斯克讓范霍茲豪森從一個安穩的工作落入鬼門關頭。但從許多方面來說，這個機會是范霍茲豪森這個職涯階段要追尋的。特斯拉感覺不太像是一家汽車公司，比較像是一群人一起努力打造與實現一個大想法。「對我而言，這很令人興奮，」他說，「這就像是車庫實驗，而且它讓車子重新變酷。」這裡沒有人是西裝筆挺的，也沒有因為在這一行工作多年而變得遲鈍的老傢伙。

　　在特斯拉，范霍茲豪森發現的是充滿能量的技客，他們不了解他們想要做的幾乎是不可能的任務。馬斯克的存在更強化

了這股能量，並給了范霍茲豪森信心，特斯拉真的可以打敗規模比它大非常多的競爭對手。「伊隆的想法總是遠遠超越當下，」他說，「你可以看到，他領先所有人一步或三步，並百分之百投入我們在做的產品。」

范霍茲豪森仔細看過費斯可的Model S草圖和粘土模型，覺得真的不怎麼樣。「它是一團不知所云的東西，」他指出，「對我而言，很明顯的，之前做這件事的人是個生手。」馬斯克也有同感，並盡可能清楚表達他想要的。即便有些想法還不是很精確，但足以讓范霍茲豪森感受到他的願景，以及他在這個願景上傳達的信念與信心。「我說：『我們要重新展開行動，一起努力，讓這台車成為一個了不起的作品。』」

為了省錢，特斯拉設計中心在SpaceX工廠裡誕生。范霍茲豪森團隊的幾個人占據了一個角落，並搭起棚廠，除了有所區隔，更為他們做的事增添一些神祕。按照許多馬斯克員工的傳統，范霍茲豪森必須建造自己的辦公室，他前去IKEA，購買了一些桌子，然後去一家美術用品店買了紙張和筆。

就在范霍茲豪森開始設計Model S時，特斯拉工程師已經啟動一項計畫，打算建造另一台電動CLS。他們把這台車徹底拆了，移除所有車身結構，然後將車輪軸距延長約10公分，以符合一些早期Model S的規格。所有參與Model S計畫的人開始加速趕工，在大約三個月的時間內，范霍茲豪森團隊已設計出今日我們看到的95%的Model S，而且工程師開始在骨架四周建造原型外裝。

在開發過程中，范霍茲豪森和馬斯克每天都會進行討

論。他們的辦公桌距離很近，這兩個男人有種天生的默契，馬斯克說，他想要這部車擁有奧斯頓馬丁和保時捷般的美感，以及一些具體功能，例如他堅持這台車子可以坐7個人。「這根本就是『見鬼了』，在一輛轎車裡哪能辦到，」范霍茲豪森說，「但我了解，他有五個孩子，想要這輛車可以被認為是一部家庭房車，他知道別人也會有這個問題。」

此外，馬斯克想利用大型觸控螢幕來傳達另一個概念；當時iPad還未上市，那是好幾年以後的事了。當時一般人在機場或購物亭用的觸控螢幕多半很糟糕，但對馬斯克而言，iPhone和所有它的觸控功能，會讓這類技術更快普及，變得隨處可見。他打算製造一個巨大的iPhone，讓它可以處理大多數的房車功能。

為了找到正確的螢幕大小，馬斯克和范霍茲豪森會坐在只有骨架的車子裡，舉起不同尺寸的筆記型電腦，將他們橫放或直放看看怎樣最好用。後來他們決定採用直式的17吋螢幕。駕駛只要觸摸螢幕就可以做所有的事情，除了打開前座儲物箱和應急燈之外，根據法律，這部分需要用實質的按鈕執行。

由於車子底部的電池組非常重，馬斯克、設計師和工程師一直在想辦法減少Model S其他部分的重量。馬斯克選擇不用鋼鐵，改用較輕的鋁合金，大幅解決了這個問題。「這台車的非電池組部分，必須比同等級的汽車來得輕，全採用鋁合金就變成顯而易見的決定，」馬斯克說，「根本的問題是，如果我們不用鋁合金製造，這台車就一點用處也沒有了。」

馬斯克說，這是「顯而易見的決定」，貼切的說明了他是

如何思考與行動的。沒錯，這台車必須夠輕，而鋁合金將是讓車子變輕的一個選擇。但在當時，北美的汽車製造商幾乎都沒有生產鋁合金車板的經驗。因為當大力擠壓時，鋁合金容易破裂，還會產生紋路，看起來就像皮膚上的妊娠紋，讓它很難均勻上漆。

「在歐洲，有一些捷豹車款和一款奧迪車是鋁合金製的，但市占率不及5%。」馬斯克說，「北美什麼都沒有，一直到最近福特F-150才達到多數為鋁合金製。在那之前，我們是唯一的全鋁合金製車。」在特斯拉內部，人們不斷試圖說服馬斯克不要用鋁合金製車身，但他不肯讓步，認為它是唯一理性選擇，接下來就要由特斯拉團隊來釐清如何實現鋁合金製車身了。「我們知道辦得到，」馬斯克說，「問題在於這有多困難，以及我們會花多久時間來弄清楚。」

所有Model S的主要設計決策，幾乎統統出現類似的難題。「我們一開始談論觸控螢幕時，這些傢伙回應說：『在汽車供應鏈上沒有任何像那樣的東西，』」馬斯克說，「我說我知道，那是因為它以前從來沒有被放在一台該死的車子裡。」馬斯克認為，電腦製造商有製造17吋筆電螢幕的豐富經驗，他期待他們也能很容易的為Model S製造出一個螢幕。「筆記型電腦相當耐用，」馬斯克說，「就算掉在地上、在陽光下曝曬，還是可以用。」但在跟筆記型電腦供應商接觸後，特斯拉的工程師回報說，為電腦而設的溫度和振動酬載標準，似乎未能達到汽車標準。特斯拉在亞洲的供應商，也不斷要這家汽車製造商去找汽車部門，而非電腦部門。

　　馬斯克進一步研究狀況後，發現問題出在筆電螢幕過去不曾在更嚴格的汽車條件下進行測試，這些條件包括劇烈的溫差變化等。於是特斯拉進行這些測試，結果顯示電子儀器運作如常完全沒問題。特斯拉開始跟亞洲製造商合作，改善他們當時不成熟的電容式觸控技術，並想辦法隱藏螢幕背後的配線，讓這項觸控技術得以實現。「我很確信，我們得到了世界上唯一的17吋觸控螢幕，」馬斯克說，「之前沒有電腦製造商或蘋果曾經成功製造過。」

　　就汽車業的標準來看，特斯拉工程師算是想法非常激進的了，但就連他們也難以完全履行馬斯克的願景。「他們想要幫車燈安裝一個該死的開關或按鈕，」馬斯克說：「我們為什麼需要開關？天暗了，燈就該亮了。」接下來，工程師要抵制的是車門手把的設計。

　　馬斯克和范霍茲豪森一直在研究很多初步的設計（門把當時還沒畫），並開始愛上這台車乾淨俐落的外觀，他們後來決定門把應該只在乘客需要進入車內時才出現。工程師們立刻意識到這將會有技術上的困難，他們製造出一台原型車，完全不理會這個概念，讓馬斯克和范霍茲豪森非常不高興。「這台原型車有門把，不是自動彈出來的，」范霍茲豪森說，「我當然很不高興，伊隆也說：『這為什麼跟我們設計的不一樣？我們不要這個。』」

　　為了加速Model S的設計腳步，有些工程師白天工作一整天，接著另一批工程師晚上九點出現並徹夜工作，這兩組人馬就擠在SpaceX工廠裡約85坪的設計中心棚廠內，他們的工作

空間看起來就像戶外婚禮的招待區。其中一位主要工程師賈維丹（Ali Javidan）指出：「SpaceX的這些傢伙很尊重人，不會偷看或問東問西。」范霍茲豪森交出他的設計規格，工程師就建造原型車身。每週五下午，他們把他們製作的東西拿到工廠後方的庭院，馬斯克會檢查，並提供意見。為了測試車身，工程師會裝上代表五個人的重物，然後車子繞工廠一圈又一圈地跑，直到車子過熱或拋錨為止。

不曾失敗，代表不夠創新

范霍茲豪森愈了解特斯拉的財務困境，就愈希望大眾看到Model S。他表示：「情勢很危急，我不想錯過完成這個作品並向世界展示的機會。」2009年3月，就在范霍茲豪森加入的六個月之後，那個重大時刻來臨了，特斯拉在SpaceX總部召開記者會，向世人展示Model S。

在火箭引擎和鋁塊之間，特斯拉對外展示了一台灰色Model S轎車。從遠距離觀看，這輛展示車既漂亮又精緻。當天的媒體報導形容這台車是奧斯頓馬丁和瑪莎拉蒂（Maserati）愛的結晶。但事實上，這輛車根本還沒有組裝完成，它還有賓士CLS的底部結構，雖然記者會上沒有人知道這點，而且一些車身板和引擎蓋是用磁鐵吸在車架上。

「引擎蓋一推就滑開了，」受邀參與這項活動的特斯拉車主李克（Bruce Leak）說，「它不是真的裝上去的，他們把它放回去，並試著對齊調整好，但接著某人推了一下，它又再度移動，就像《綠野仙蹤》裡有人躲在幕後操弄一樣。」

　　活動之前，幾名特斯拉工程師已經試開了幾天，以了解車子開多久會過熱。雖然展示活動並不完美，但確實達到馬斯克的目的，它提醒人們，特斯拉有個可靠的計畫來讓電動車成為主流，而且從設計和里程數的角度來看，相較於通用和日產等大廠心目中的車子，特斯拉電動車的野心大多了。

　　這項展示背後的棘手現實是，特斯拉要把Model S從道具變成市售的車子，成功率微乎其微。該公司有專業技術及完成任務的決心，但沒有很多錢或是大工廠可以大量製造生產。建造一輛完整的車子需要沖切機，將鋁片裁切成適當的尺寸，用來製造車門、引擎蓋和車身板。接下來就是龐大的沖壓設備和金屬模具，以用來把鋁片彎成精確的形狀。然後還要數十台自動機械幫忙組裝車子、電腦控制的銑床做精確的金屬作業、噴漆設備和進行測試的一堆機器。這是數億美元的投資，不僅如此，馬斯克需要雇用數千名工人。

　　跟SpaceX一樣，馬斯克比較希望盡可能在公司內部建造特斯拉的車子，但高昂的成本不是特斯拉可以承擔的。特斯拉企業發展副總裁歐康內爾指出：「原先的計畫是我們會做最後的組裝。」公司的合作夥伴會沖壓機件、焊接和噴漆，然後將所有的東西運送到特斯拉，特斯拉的工人則將這些零件組裝成完整的車子。特斯拉先是計畫要在新墨西哥州阿布奎基市建造工廠處理這類工作，然後又改在加州聖荷西，之後又撤回這些計畫案，讓這兩個地方的市政府非常不高興。挑選工廠地點，搞得大家都知道他們的決策搖擺不定，讓人們對特斯拉推出第二台車的能力缺乏信心，同時也產生類似Roadster延遲交

車的負面新聞效應。

歐康內爾於2006年加入特斯拉，幫助解決一些工廠和融資問題。他出身於鄰近波士頓一個愛爾蘭中產階級的家庭，在達特茅斯學院取得學士學位，接著先後取得維吉尼亞大學外交政策碩士學位，及在西北大學的凱洛格管理學院工商管理碩士。他一心想要成為研究蘇聯及其外交和經濟政策的學者，他並在維吉尼亞大學時鑽研這些領域。

「但是後來，1988年和1989年時，蘇聯開始解體，反正就是，我有品牌（定位）的問題，」歐康內爾說，「在我看來，我好像正在朝學術或情報生涯邁進。」就在那時候，歐康內爾的職業生涯繞到另一條路上，他進入商界，成了麥肯世界集團（McCann Erickson Worldwide）、Y&R（Young and Rubicam）和埃森哲（Accenture）等公司的管理顧問，提供可口可樂、AT&T等公司諮詢服務。

2001年幾架飛機撞上紐約雙子星大廈，歐康內爾的職業生涯之路發生了更劇烈的改變。隨後歐康內爾就像許多人一樣，決定要竭盡所能為國效力。即將步入不惑之年的他已經錯過從軍的時機，遂將重心放在想辦法進入國家安全機構工作。歐康內爾到華盛頓特區各個單位求職卻一無所獲，直到遇到主管政治和軍事事務的助理國務卿布盧姆菲爾德（Lincoln Bloomfield），他需要有人幫忙處理調節中東任務的優先順序，並確保對的人在做對的事情，而他認為，歐康內爾的管理顧問經驗是這份工作的好人選。

歐康內爾成了布盧姆菲爾德的幕僚長，處理從貿易談判至

巴格達設立使館等各種緊張狀況。在通過安全調查之後，歐康內爾也有權限讀取每日軍事報告，這是由情報和軍事人員針對伊拉克和阿富汗軍事行動蒐集的資料。「每天早上六點，第一個放在我桌上的就是這份隔夜報告，包括誰被殺以及他們如何遇害的資料，」歐康內爾說，「我不斷想著，這太瘋狂了，我們為什麼要在那個地方？不只是伊拉克，而是這整件事。我們為什麼要投入這麼多資源在這個世界的那個地區？」歐康內爾得出了一個令人毫不意外的答案：石油。

歐康內爾愈深入了解美國對國外石油的倚賴，就愈覺得沮喪和失望。「我的客戶基本上是戰鬥指揮官——那些主管拉丁美洲和中央司令部的人，」他說，「我和他們交談，並做了研究和調查，我了解到，即使在和平時代，我們還是投入相當多的資源用來支持以石油為中心的經濟路線。」

為了下一代，投身特斯拉

歐康內爾決定，為了他的國家和他剛出生的兒子，明智的做法是改變這個經濟方程式。他檢視風力、太陽能和傳統汽車製造商等產業，他不相信它們對現況能有足夠激進的影響。然後，他在閱讀《商業週刊》時，碰巧讀到一篇報導談到一家名為特斯拉電動車的新創公司，他上網查看這家公司網站，上面形容特斯拉是一家「光做不說」的公司。「我寄出一封電子郵件，告訴他們我來自國家安全領域，對於減少我們對石油的倚賴充滿熱情，並認為石油只是類似死胡同的東西，」歐康內爾說，「隔天我收到一封電子回郵。」

馬斯克雇用了歐康內爾，並很快派他去華盛頓特區，開始四處尋找特斯拉的電動車可能可以爭取到什麼租稅抵減和減稅。歐康內爾同時起草一份能源部刺激方案申請書。[45]「我只知道我們將會需要很多錢來建立這家公司，」歐康內爾說，「我的看法是我們必須探究所有的東西。」特斯拉一直在尋求介於1億至2億美元之間的資金，嚴重低估建造Model S所需的費用。「我們太天真了，而且還在摸索我們在這個行業的方向，」歐康內爾說。

2009年1月，特斯拉以便宜的價格取得保時捷在底特律汽車展慣有的展位，因為許多大車廠退出這次活動。費斯可在走道對面有個豪華的攤位，鋪著木質地板，還有漂亮的金髮車展女郎倚靠在車上。特斯拉有Roadster、電動動力系統，完全不耍花招。

事實證明，特斯拉工程師展現的技術足以吸引大男孩們的注意。這次車展過後不久，戴姆勒表達了一些興趣，想要了解電動賓士A級車可能有什麼外觀和可以給人什麼感覺。戴姆勒主管說他們將會在一個月之內拜訪特斯拉，討論生意細節，而特斯拉工程師決定在他們來訪前建造兩台原型車，好給他們留下深刻的印象。結果任務成功，戴姆勒的主管在看了特斯拉最後完成的原型車後，為他們在德國的一批測試車，訂了4,000顆特斯拉電池組。之後特斯拉團隊也對豐田汽車的人，演出相同的戲碼，同樣拿到它的生意。

2009年5月，特斯拉的生意開始起飛。Model S已經亮相，戴姆勒在那之後，以5,000萬美元取得特斯拉10%的股

權。這兩家公司形成策略夥伴關係，由特斯拉提供戴姆勒的Smart汽車1,000顆電池組。「那筆錢很重要，在當時幫了很大的忙，」歐康內爾說，「它也是一種驗證：發明內燃引擎的公司正在投資我們。這是影響深遠的一刻，我確信，它讓能源部的那些傢伙覺得我們是來真的。不只是我們的科學家說這個東西好，還有賓士。」

不出所料，2010年1月，能源部與特斯拉達成4.65億美元的貸款協議。[46]這筆錢遠高於特斯拉對政府的期待。但這只是多數車廠讓一台新車上市的10幾億美元的一小部分。因此，雖然馬斯克和歐康內爾非常高興得到這筆錢，但他們對特斯拉是否能達成雙方協議的目標還是感到憂心，特斯拉需要再拿到一筆資金才行，要不或許該去偷一座汽車工廠？2010年5月，從某個程度來說，該公司真的做了這樣的事。

為舊廠房注入大量創新元素

通用和豐田於1984年合作成立了新聯合汽車製造公司（NUMMI），這家公司位於矽谷外緣地區的加州費利蒙市，原先是通用的裝配廠。這兩家公司希望這家合資公司能結合美國和日本汽車製造技術的長處，並生產品質更高、價錢更便宜的汽車。這座工廠後來生產了數百萬輛的雪佛蘭Nova和豐田Corolla。但遇上經濟大衰退，通用正想辦法從破產困境中再爬起來，它於2009年決定放棄這座工廠，宣布關閉整個設施，留下5,000名失業員工。

突然之間，特斯拉有機會在它的總部附近購買一座約50

公頃的工廠。就在2010年4月最後一部豐田Corolla送出生產線後，特斯拉和豐田宣布合作夥伴關係並進行工廠轉移。特斯拉同意支付4,200萬美元取得這座工廠的一大部分（這部分資產曾經一度價值10億美元），而豐田則投資5,000萬美元在特斯拉，取得該公司2.5％的股權。特斯拉基本上獲得一座工廠，還免費得到大批金屬沖壓機器及其他設備。[47]

特斯拉一連串幸運的轉折，讓馬斯克龍心大悅。就在這座工廠的交易於2010年夏天完成之後，特斯拉展開申請股票首次公開發行程序。該公司明顯需要盡可能籌募資本，好讓Model S上市及推動其他技術計畫。特斯拉希望募集約2億美元的資金。

對於馬斯克而言，股票上市有如與魔鬼交易。自從Zip2和PayPal時期以來，馬斯克盡其所能維持他對旗下公司的控制權。即使他仍是特斯拉最大的股東，一旦上市，這家公司將會受制於公開市場的多變性。馬斯克這個極端深謀遠慮的人，將要面臨尋求短期回報的投資人經常會有的事後諸葛。特斯拉也將難逃大眾的檢視，因為它將被迫公開帳目。這並不是好事，因為馬斯克比較喜歡祕密運作，還有因為特斯拉的財務狀況看起來很糟糕，該公司有一項產品（Roadster）、龐大的研發成本，而且不久前差點破產。

汽車論壇Jalopnik將特斯拉的IPO視為鋌而走險的最後手段，而非一次穩健的金融行動。「沒有更好的說法，特斯拉就是錢坑，」這個汽車網站寫道，「自從該公司於2003年成立以來，它的虧損已超過2.9億美元，營收僅1.476億美元。」消息

來源告訴這個網站，特斯拉希望每年售出20,000輛Model S，
每輛售價58,000美元，Jalopnik嘲笑道：「即便考量環保人士對
Model S這類車子的潛在需求，對於計劃在疲弱的市場推出定
位為奢侈品的小公司而言，那是野心勃勃的目標。坦白說，我
們持懷疑的態度。我們已經看到市場可能有多麼殘酷，而且其
他汽車製造商也不會白白讓出那麼大的市場給特斯拉。」其他
的專家也認同這項評估。

　　儘管如此，特斯拉還是於2010年6月29日上市，它募集
到2.26億美元，當日公司股價衝高41％。投資人無視於特斯
拉2009年有5,570萬美元的虧損及過去七年中耗資超過3億美
元。這是自福特汽車於1956年上市以來，美國汽車製造商的
第一個IPO。但競爭對手還是沒有把特斯拉放在眼裡，只把它
當做煩人的小咖。日產執行長高森（Carlos Ghosn）利用這件
事提醒人們，特斯拉只是個小車廠，而他的公司已經計劃在
2012年以前生產高達50萬輛電動車。

　　有了新資金，馬斯克開始擴充工程團隊，並正式投入
Model S的研發工作。特斯拉的主要辦公室從聖馬刁市搬到帕
羅奧圖一棟更大建築內，范霍茲豪森也擴大洛杉磯的設計團
隊。賈維丹則投入不同的計畫，包括幫助開發電動化賓士、
電動豐田Rav4和Model S原型車。特斯拉團隊在一個很小的
實驗室裡展現高效能的工作，以每週兩輛車的速度，由約45
人做出35輛Rav4測試汽車。Model S第一台「預覽版」（alpha
version）的原型車，在帕羅奧圖辦公室的地下室誕生，這台車
包括來自費利蒙工廠的新沖壓機件、一個重新改造的電池組

和重新改造的動力電子設備。「第一台原型車在約凌晨兩點完成，」賈維丹說，「我們興奮的開著沒有玻璃、內裝或車蓋的車子四處跑。」

一、兩天後，馬斯克過來查看這台車。他跳進車子裡，並開往地下室的另一端，他在那裡花了些時間與這台車獨處。接著，他出來了，在這台車子旁邊走動，然後工程師過來聽他對這台車的意見。接下來幾個月，這個過程重複很多次。「他通常給予正面且具建設性的意見，」賈維丹說，「只要有可能，我們就會讓他試開，他可能要求方向盤要緊一點或是諸如此類的事情，然後跑走去開另一個會。」

這個「預覽版」大約製造了12輛原型車，有幾輛送去博世公司（Bosch）等供應商，開始進行煞車系統的作業，剩下的則被用來做不同的測試和設計調整。特斯拉的主管嚴格控制這些車子輪流使用的時間，給一個團隊兩天的時間進行天冷測試，然後立刻將那輛原型車交給另一個團隊進行動力系統調整。「這讓豐田和戴姆勒來的那些傢伙，留下非常深刻的印象，」賈維丹說，「他們可能有200輛『預覽版』的車子及數百台的『測試版』的車子，我們則利用大約15台車，來做從撞擊測試至內裝設計等所有的事情，他們覺得不可思議。」

特斯拉員工磨練出跟SpaceX員工類似的技巧，以應付馬斯克的高度要求。精明的工程師知道，他們不能沒有準備好替代方案，就去開會報告壞消息。「最可怕的會議之一是，我們必須要求伊隆再多給兩週的時間，以及更多的錢來建造另一個版本的Model S，」賈維丹說，「我們必須先擬定計畫，說明

事情要花多久時間，以及要花多少錢。我們告訴他，如果他在
30天內要這台車，就需要雇用一些新人，然後我們呈給他一
疊履歷。你不能告訴伊隆說你辦不到，你會被踢出房間，你需
要做好所有準備。在我們提出這項計畫之後，他說：『好吧，
多謝。』」

有時候，馬斯克會給特斯拉工程師多到讓人受不了的要
求。有個週末，他把Model S原型車開回家，週一回來提出了
大約80項的更動要求。由於馬斯克從來不寫下來，他把所有
要更動的地方記在腦子裡。「他每週都會跟我們核對一次，
看工程師修改了什麼。」SpaceX的那些工程原則在這裡也適
用，你要嘛做馬斯克要求的，否則就準備鑽研材料的特性，說
明為什麼某個東西無法做。「他總是說，『將問題歸源於物理
學』，」賈維丹說。

Model S的研發在2012年接近完工時，馬斯克要求多又喜
歡細究的風格，又更精進了。他與范霍茲豪森每週五在位於洛
杉磯的特斯拉設計工作室仔細檢查Model S。范霍茲豪森和他的
小團隊已經搬出SpaceX工廠的角落，並在靠近SpaceX建物後
面，擁有自己的機棚廠房設施。[48]這棟建築有幾間辦公室及一
個大的開放區域，那裡有許多等著檢驗的各種車輛和零部件的
實體模型。

2012年，有一次我去拜訪的時候，那裡有一台完整的
Model S、一個Model X（當時尚未對外公布的運動休旅車）的
骨架，還有各種輪胎和殼蓋成列靠著牆壁。馬斯克一屁股坐進
Model S的駕駛座，范霍茲豪森則坐進乘客的位子。馬斯克東

看西看，然後目光停留在遮陽板上。它是米黃色，邊上四周有一條明顯的接縫，讓布料看起來鼓鼓的，馬斯克說：「這是魚嘴。」固定遮陽板的螺絲釘也很明顯，馬斯克強調，他每次看到它們，都覺得刺眼，讓人完全難以接受。他指出：「我們必須選定什麼是世界上最好的遮陽板，接著超越它。」車外幾名助理趕忙記錄下來。

這個過程在開發 Model X 時再度上演。Model X 是特斯拉以 Model S 為基礎，將一台運動休旅車和迷你廂型車合併建造出來的。范霍茲豪森將這台車四個版本的中心控制台放在地上，以便將它們一個一個裝進去，供馬斯克檢視。不過，這兩人卻花大多數的時間苦思中間排的座椅，這些座椅每個都有獨立的基座，所以每名乘客都可以調整座位，而不用整排挪移。馬斯克喜歡這個功能賦予乘客的自由度，但看到全部三個座椅放在不同的位置之後，他卻有疑慮。「問題在於它們永遠對不齊，可能看起來很亂，」馬斯克說，「我們必須確保它們不會太亂。」

長久以來，外界一直覺得把馬斯克當成設計專家的想法很怪異。他的內心是物理學家，行為舉止則是工程師，很多談論馬斯克的人說，他應該算是那種矽谷典型的怪咖，靠閱讀教科書才知道什麼是好的設計。事實上，馬斯克可能有一些天賦異稟，並將其轉為優勢。他是非常靠視覺理解的人，可以將別人認為好看的東西儲存在腦中，以便隨時回想。這個過程幫助馬斯克發展出結合自身鑑賞力的好眼力，同時也讓他有更好的能力把想要的東西化為文字。結果就產生一種自信而堅定的眼

界，這種眼界確實能與消費者的品味產生共鳴。

馬斯克就像賈伯斯一樣，能夠想到甚至消費者不知道他們會想要的東西，例如車門把和大型觸控螢幕，他也為所有特斯拉的產品和服務設想出一個共同觀點。「伊隆標榜特斯拉是一家生產產品的公司，」范霍茲豪森說，「他對於必須把產品弄對，充滿了熱情。我必須幫他實現想法，並確保它是美麗且吸引人的。」

在設計和技術上，都不容妥協

在Model X方面，馬斯克同樣扮演重要角色，這台車一些最華麗的設計要素都源於他。他和范霍茲豪森在洛杉磯的某汽車展四處逛著，他們抱怨要進去運動休旅車的中排和後排座椅很難。家長們都很清楚這個事實，因為找角度把小孩和兒童座椅安置入座時很容易扭傷背；還有想擠進第三排座椅的高個子也能了解這種感受。

「即便是乘坐擁有更多空間的迷你廂型車，滑動車門也擋住幾乎三分之一的入車空間，」范霍茲豪森指出，「如果你可以用獨特的方式打開這台車，那有可能是真正改變遊戲規則的關鍵。我們把那個核心想法帶回去，並做出40或50個設計構想來解決這個問題，我認為，我們最後提出了最激進的一個構想。」Model X擁有馬斯克所謂的「鷹翼門」（Falcon-wing doors），類似迪羅倫（DeLorean）等高級車的鷗型翼車門，車門往上抬，然後技巧性的展開雙翼，既不會擦到停在旁邊的車子，也不會撞到車庫的天花板。家長們再也不用彎腰或扭

身，就能把小孩放入第二排座椅。

特斯拉的工程師一開始聽到鷹翼門的反應是退縮的，馬斯克又提出瘋狂的要求了。「每個人都試圖找理由，說明我們為什麼做不到，」賈維丹說，「例如它不能放在車庫裡、滑雪板這些東西沒法放。然後，伊隆拿了一個展示模型到他的家裡，讓我們看門是可以開啟的。所有人都咕噥著，是啊，在一棟1,500萬美元的豪宅內，車門當然會開。」如同引發爭論的車門手把一樣，Model X的車門成為這部車最吸引人的特色，也是消費者討論最多的焦點。「我是第一批拿兒童座椅做測試的人之一，」賈維丹說，「我們有一輛迷你廂型車，你必須有軟骨功才能把座椅裝入中間排的座位。相較之下，Model X就非常輕鬆。如果它是噱頭，那它也是一個實用的噱頭。」

我於2012年拜訪這間設計工作室期間，附近的停車場裡有幾輛特斯拉競爭對手的車子，馬斯克一定要證明，相較於Model X，這些車子的座椅有種種限制。他很誠摯的努力坐進Acura（雅哥）運動休旅車的第三排座椅，但即使這台車宣稱有七人座空間，馬斯克的膝蓋還是頂到他的下巴，而且他根本塞不進座椅。「那就像是小矮人的洞穴，」他說，「誰都可以製造一款外觀大的車子，真正厲害的是要讓裡面空間夠大。」馬斯克從一台對手的車子，換到下一台，向我和范霍茲豪森逐一說明這些車子的缺點。「知道別的車子有多糟糕是件好事，」他說。

這些話從馬斯克的嘴裡脫口而出，瞬間令人覺得錯愕。一個需要花九年時間來生產3,000輛車的傢伙，竟數落起每年建

造數百萬輛車的汽車製造商。

　　然而，馬斯克是從柏拉圖的理想主義來看待一切。照他看來，所有設計和技術的選擇，都應以製造盡可能接近完美的車子為目標。就這點而言，對手車廠並沒有做到，那是馬斯克批判的。對他而言，幾乎就是二選一。要做就想辦法不容妥協地做出某種令人驚歎的東西，否則就不要做。而且如果你不做，馬斯克就認為你是失敗者。對於外人而言，這種態度看似不可理喻或是愚蠢，但這種思考邏輯對馬斯克來說是有效的，而且不斷的逼迫他自己及周遭的人奮力一搏。

　　2012年6月22日，首部Model S全電動轎車出廠，特斯拉邀請所有員工、一些挑選過的客戶和媒體到費利蒙的工廠觀禮。Model S延遲交車的日期介於18個月至兩年之間，這取決你選擇哪一個承諾交車的日期來計算。有一些延遲，是因為馬斯克提出非比尋常的技術要求，工程師需要時間發明；還有的延遲，只是這個還是菜鳥車廠運作上的問題：學習生產一台零瑕疵的豪華車，和必須經歷嘗試錯誤，以成為更成熟、更精練的公司。

　　外賓第一眼看到特斯拉工廠就留下深刻印象。馬斯克於該建築側邊漆上巨大的特斯拉黑色字樣，如此一來，駕車經過高速公路或是飛來觀禮的人們，就能很清楚該公司的位置。這座工廠的內部，過去是通用和豐田的昏暗色調，現在則呈現馬斯克的美學。地板為白色樹脂，牆壁和橫樑也漆成白色，10公尺高的沖壓機器是白色的，多數的其他機械，例如成組的自動機械，則被漆成紅色，讓這個地方看起來像工業版的聖誕老人

工廠。一如SpaceX的做法，馬斯克將工程師們的桌子安置在工廠裡，他們就在一個用基本的隔板圍起來的區域裡工作，馬斯克在那裡也有一張桌子。[49]

Model S的上市活動，就在這座工廠的某個區域舉行，特斯拉人員在那裡完成車子的檢測。樓面有一部分有各式各樣的凹槽和凸起，技術人員監聽車子通過時所有聲響。還有一間小房間，高壓水柱噴灑在車子上以檢查漏水。最後一項檢測，Model S開上一個竹製高台，加上許多LED照明設備，提供大量的明亮對比，好讓人們可以找出車身的缺陷。Model S出生產線的頭幾個月，馬斯克會到這個竹製平台檢查每輛車。投資人兼特斯拉董事喬維特森指出：「他趴在地上，從輪窩往上仔細查看。」

實踐承諾的關鍵時刻

首批大約12輛車交車時，數百人聚集在這個平台周圍觀看。許多員工是這座工廠的工人，他們曾是NUMMI工廠的員工，在這座工廠倒閉時丟了工作，現在再度回來工作，製造這台未來車。他們揮舞美國國旗並戴著紅、白和藍色的遮陽帽。Model S在台上一線排開，公司有幾名工人哭了。看著這整個程序，即使是最愛挖苦馬斯克的評論家們也會軟化。你可以批評特斯拉拿政府的錢或誇大電動車的前景，但這家公司正設法製造某種有大想法且與眾不同的東西，結果就是數以千計的人得到工作。機器在背後發出嗡嗡聲響，馬斯克做了簡短致詞，然後將車鑰匙交給車主。他們駛離竹製平台並出了工廠大

門，特斯拉員工群起歡呼。

就在四星期之前，SpaceX運送物資至國際太空站，並讓太空船成功返回地球 —— 這是私人公司的空前成就。這個成就，加上Model S成功上市，使得矽谷以外的世界對馬斯克迅速改觀。這個總是一再承諾的傢伙，正接連實現一些令人驚歎的成果。「我可能對於某些事情的時間掌握一直很樂觀，但我對結果並未過度承諾，」在Model S上市後，馬斯克在一次訪談中告訴我，「我已經做了所有我說我要做的事情。」

萊莉並沒有在馬斯克身邊慶祝和分享這一波成功，他們離婚了。馬斯克開始考慮，如果能找到時間，他要再度與人約會。然而，即使私生活面臨這樣變動，馬斯克卻找到多年來未曾感受到的平靜。當時他表示：「我感覺肩膀上的重擔卸下了一些。」馬斯克帶著兒子們到茂宜島，與弟弟金博爾和其他親戚會合，多年來，他終於有了第一個真正的假期。

就在這次假期之後，馬斯克首度讓我真正一窺他的生活。馬斯克曬傷的手臂還在脫皮，他陸續在特斯拉和SpaceX總部、特斯拉設計工作室和比佛利山莊放映他贊助的紀錄片時，與我會面。這部「霍亂時期的棒球」（Baseball in the Time of Cholera）是不錯的片子，但內容很嚴肅，探討海地霍亂流行時期的事。原來馬斯克前一年聖誕節已造訪過海地，當時他的噴射機裝滿給孤兒院的玩具和超薄型麥金塔筆記型電腦MacBook Air。這部影片的共同導演穆瑟（Bryn Mooser）告訴我，馬斯克在一次烤肉活動中，教孩子們如何發射模型火箭，然後搭乘獨木舟造訪叢林深處裡的一個村落。

影片放映之後，馬斯克和我偷空離開人群到街上閒逛，我挑明說，每個人都把他當成東尼史塔克，但他真的沒有散發那種「在軍隊護送穿越阿富汗時，喝蘇格蘭威士忌的花花公子」氣息。他提出海地獨木舟之行反駁：「我喝他們稱為『殭屍』的飲料，也喝得酩酊大醉。」他微笑，然後邀請我到對街的一家店喝飲料以慶祝這部影片上映。此時的馬斯克似乎一切順利，並享受當下。

生存戰爭再起

平靜的日子並沒有持續多久，很快的，特斯拉的生存戰爭又起。一開始，公司一週只能生產10輛轎車，並且有數千輛延遲交車的訂單。那些押注特斯拉股票會跌的作空人士已經建立很大的空頭部位，使得該公司的股票成了那斯達克交易所掛牌的百大上市公司中拋空金額最大的股票。

持否定論者期待：Model S會出現許多瑕疵，使得人們對這台車的熱情消退，開始大量取消訂單。此外，人們對於特斯拉能否以深具意義的方式加速生產並取得獲利，也有很多質疑。2012年10月，美國總統候選人羅姆尼在與歐巴馬辯論時，稱特斯拉是「失敗者」，同時嚴厲批評太陽能電池板製造商索林卓（Solyndra）和費斯可汽車公司等幾個由政府支持的綠色技術公司。

雖然懷疑論者大舉押注特斯拉即將失敗，但馬斯克以堅定信念迎戰。他開始談論特斯拉的目標，是成為利潤高於BMW的全世界最賺錢車廠。接著，在2012年9月，他公布某件讓特

斯拉的批評者及擁戴者同感震驚的事情。特斯拉已經祕密建造首批充電站網絡。該公司公布了加州、內華達州和亞利桑那州的六個充電站地點，並承諾接下來還會設置數百個充電站。特斯拉打算建立一個全球充電網絡，讓Model S車主可以長途駕駛，下高速公路後快速充電，而且是免費的。

事實上，馬斯克堅信，特斯拉車主很快就能夠駕車橫越美國，而不用花一毛燃料費。Model S的車主會很容易找到這些充電站，不只因為車上電腦將會引導他們到最近的充電站，還因為馬斯克和范霍茲豪森已設計了巨大的紅白立碑預告即將抵達這些充電站。

特斯拉稱這些充電站為「超級充電站」，對這家資金吃緊的公司而言，這代表著巨大的投資。在Model S和特斯拉的發展處於如此不穩定的時期，把錢花在這種事情上，很容易被認為是介於愚蠢與瘋狂之間。當然，馬斯克還沒有狂妄到想要以相當於福特和艾克森美孚開年度假日派對的預算，來改造汽車的根本概念，並同時建造一個能源網路。但那的確是他們的計畫，馬斯克、史特勞貝爾和特斯拉內部的其他人士很早以前就規劃了這種孤注一擲的遊戲，並懷抱超級充電站的構想，將某些功能建入Model S。[50]

雖然Model S的誕生和充電網讓特斯拉贏得許多媒體的報導，但正面的媒體報導和良好的氣氛是否能夠持續還是未知。由於趕著讓Model S上市，特斯拉已經做出重要取捨。這台車有一些令人驚歎的新奇功能，但公司裡所有人都知道，就豪華車而言，Model S在對等的功能上，不及BMW及賓士，例

如前幾千輛Model S交車時，並沒有其他高級車常見的倒車雷達和雷達導航控制系統等。賈維丹指出：「若不能立即雇用50人團隊來做出其中一件，那就是盡可能以最快速度將這些事情做到最好。」

未達水準的裝配也難以自圓其說。這些喜歡嘗鮮的車主可以忍受雨刷故障幾天，但他們想要看到符合10萬美元價格標準的座椅和遮陽板。雖然特斯拉盡可能取得最高品質的材質，但有時候卻難以說服頂尖供應商認真看待它。「人們非常懷疑我們交得出1,000輛Model S，」范霍茲豪森說，「這讓人沮喪，因為我們內部有決心要讓這台車做到完美，但無法從外面得到相同的承諾。類似遮陽板這樣的東西，我們最後必須找三流的供應商，然後在已經開始交車之後，再進行補救。」不過，相較於再度對公司造成破產威脅的內部一連串風波（本書將首度披露這些詳細的情況），車身與車內配備的美觀問題算是小事一樁。

馬斯克雇用前蘋果主管布蘭肯希普（George Blankenship），負責特斯拉商店和服務中心的營運。布蘭肯希普在蘋果工作時，他的辦公室與賈伯斯只隔幾道門，曾以建立多數蘋果商店策略而受到肯定。特斯拉剛聘用布蘭肯希普時，媒體和大眾很興奮，期待他會做出有別於傳統汽車業令人驚歎的東西。

布蘭肯希普是做了一些，他在全世界擴充特斯拉商店，並帶入蘋果商店的氣息。除了展示Model S，特斯拉商店也銷售帽衫和帽子，在後面還有一區提供孩子蠟筆和特斯拉著色本。布蘭肯希普帶我參觀位於聖荷西聖坦納高級商店街

（Santana Row）的特斯拉商店。他給人溫暖、像爺爺一樣的印象，並將特斯拉視為他能改變世界的機會。

「一般的經銷商希望當場把車子賣給你，以清掉停車場裡的庫存，」布蘭肯希普說，「這裡的目標則是去發展人們與特斯拉和電動車的關係。」他說，特斯拉希望將Model S變成不只是一台車，理想上，它將會類似iPod或iPhone，是一種人們夢寐以求的商品。布蘭肯希普強調，特斯拉Model S當時有超過10,000台的訂單，多數訂單是客戶沒有試駕就下訂的。這種初期的熱捧有許多是源自於馬斯克的光環，布蘭肯希普說，馬斯克和賈伯斯很像，但他是比較含蓄的控制狂。「這是我第一次在一個會改變世界的地方工作，」布蘭肯希普說道，同時批評了一下蘋果的部分小機件有時候根本無關緊要的特質。

馬斯克和布蘭肯希普一開始相處得還不錯，但在2012年後期，雙方關係破裂。特斯拉確實有大量的訂單，人們預付5,000美元取得購買Model S的權利並排隊購買。但該公司一直難以將這些保留訂單轉為實質的銷售。這個問題背後的原因仍舊不明，可能是車主對內部裝備的抱怨，也可能是特斯拉論壇及訊息板上提到的早期缺陷，造成疑慮。在Model S的二手車市況不明朗的情況下，特斯拉也欠缺融資選擇來減緩車主購買一輛10萬美元車子的風險。你可能擁有未來車，也有可能花六位數字，卻買到一台裝有電池組的沒用東西（因為找不到二手車買家而變得一文不值）。當時的特斯拉服務中心也很糟糕。初期車子的車況並不穩定，客戶陸續被送到服務中心，但他們根本還沒準備好應付這麼多人。許多未來的車主可能希

望再觀望久一點,以確保該公司能存活下去。誠如馬斯克所言:「這台車的口碑爛透了。」

到了2013年2月中旬,特斯拉已經陷入危急狀態。如果它再不趕快將保留訂單轉化為實質購買,它的工廠將會閒置,公司會賠很多錢。而且如果任何人風聞工廠產能下降,特斯拉的股價很可能大幅下挫,潛在車主將會變得更謹慎,而空頭將成為贏家。

孤注一擲衝銷售

馬斯克原本被蒙在鼓裡,不知道問題的嚴重性,但他一得知,馬上採取他典型的孤注一擲作風。馬斯克把人事、設計工作室、工程、財務和任何他可以找到的部門人員召集起來,並指示他們拿起電話,打電話給預訂客戶,並務必完成交易。「如果我們不交車,我們就完蛋了,」馬斯克告訴員工,「所以,我不管你是負責什麼部門的工作,你的新工作就是把車子送出去。」他要前戴姆勒主管吉蘭(Jerome Guillen)負責改善服務的問題。

馬斯克開除了幾個他認為表現不及格的高級主管,並提拔一群表現優異的資淺員工。他也親自宣示,保證Model S的轉售價格。客戶將能夠以同級豪華轎車的平均價格來轉售車子,馬斯克並以他的數十億美元身家做擔保。最後,馬斯克試圖為特斯拉精心安排故障保險,以防他的種種操作失靈。

在4月第一週,馬斯克去找Google的朋友佩吉。根據熟知他們討論內容的人表示,馬斯克說出他擔心特斯拉可能撐不過

接下來的幾週。不只預約客戶下單購買的速度，不如馬斯克預期，連已下單的顧客，在聽到接下來的功能和新的顏色選擇之後，也開始推遲履行他們的訂單。情況變得如此糟糕，特斯拉可能必須關閉工廠。特斯拉對外公布必須進行工廠維修，技術上是真的，雖然如果訂單有按照預期的速度履行，該公司就會繼續生產。馬斯克對佩吉說明這一切，然後雙方達成約定，由Google收購特斯拉。（譯注：馬斯克對此說法的回應是：「我覺得他們誇大了當時情況。我的確跟Google方面有非正式的談話，但從未涉及到請對方出資收購特斯拉。報導稱Google要出60億美元來收購特斯拉，其實並沒有那回事。」）

馬斯克不想要出售，但這項交易似乎是特斯拉未來唯一生路。馬斯克對於收購的最大疑慮是，新的業主無法堅持完成目標。他想要確保公司最後會生產出一台大眾市場的電動車。馬斯克提出條件，他要維持特斯拉的控制權長達八年，或是直到它開始生產大眾市場的車子為止。馬斯克也要求增資50億美元以進行工廠擴張。Google的一些律師因為這些要求而退縮，但馬斯克和佩吉繼續討論這筆交易。按照特斯拉當時的價格，Google必須支付約60億美元來收購這家公司。

就在馬斯克、佩吉和Google的律師周旋於這個收購案的決定因素時，奇蹟發生了。在馬斯克動員下，擔任汽車銷售員的500名員工快速售出了大量車子。銀行裡只剩幾週營運現金的特斯拉，在約14天內賣出足夠數量的汽車，最後出現第一季度的銷售大暴發。2013年5月8日，特斯拉震驚華爾街，公布上市以來首度獲利1,100萬美元，營收為5.62億美元。它在

那段期間,交出4,900輛車。這項宣布使得特斯拉的股票從每股30美元,在7月漲至每股130美元。

在公布第一季財報幾週之後,特斯拉提早連本帶利還清政府的4.65億美元貸款。突然之間,特斯拉似乎手上有大量可支配的現金儲備,而空頭則被迫承受巨大虧損。股價穩健的表現提高了消費者信心,為特斯拉的營運打下重要基礎。隨著車輛銷售量提高和特斯拉市值提升,特斯拉不再需要與Googl討論交易,而且特斯拉也已變得太貴買不起了。[51]

專屬馬斯克的夏天

接下來發生的,是專屬馬斯克的夏天。馬斯克讓公關人員進入高度戒備狀態,他告訴他們,他想要嘗試每週發布一次特斯拉公告。雖然該公司始終未達那樣的速度,但它確實不停的發布聲明。馬斯克召開一系列的記者會,提出Model S的融資計畫、建造更多充電站及開設更多零售店的訊息。

在一次記者會上,馬斯克強調,特斯拉的充電站是太陽能發電,且這些場所備有電池,以儲存多餘的電。「我開玩笑的說,即使有『殭屍末日』,你還是能夠利用特斯拉的超級充電系統跑遍全美,」馬斯克說道,他為其他汽車製造商的執行長設下非常高的門檻。但截至目前為止,特斯拉曾有過的最大型活動是在洛杉磯舉辦,當時公司公布了Model S的另一個祕密功能。

2013年6月,特斯拉把洛杉磯設計室的原型車清掉,並邀請特斯拉車主和媒體前來參加一場華麗的晚會。數百人出席了

這場盛宴，他們駕著昂貴的 Model S，經過霍桑市骯髒醜陋的街道，停在設計工作室和 SpaceX 工廠之間。這個設計工作室已經被改裝成沙發酒吧。燈光昏暗，地板鋪著人工草皮，層層平台錯落其間，人們可以交流，或坐在沙發上，穿著連身黑色緊身裙的女人穿梭在人群中遞送飲料。音響播放著傻瓜龐克（Daft Punk）的歌曲「走運」（Get Lucky）。

設計工作室前方建造了一個舞台，但馬斯克先混在人群中，之後才登上舞台。很明顯的，他已經成為特斯拉車主心中的搖滾巨星 —— 完全相當於賈伯斯之於蘋果迷心中的地位。人們包圍他，並要求照相；對比之下，史特勞貝爾站到一邊，經常都是獨自一人。

來賓享用了幾杯飲料之後，馬斯克從人群中擠到前面，老舊的電視廣告被投射在舞台上方的螢幕上，畫面是幾個家庭停在埃索和雪佛龍加油站，小孩子們很開心看到吉祥物埃索老虎。馬斯克說：「老實說，喜愛汽油是一種奇怪的事情。」這時候一輛 Model S 被送上舞台，車子下面的地板有個洞打開。馬斯克說，在幾秒鐘內換好 Model S 下方的電池組一直都是有可能的，只是這家公司不曾告訴任何人這件事。特斯拉現在開始會在充電站增加電池交換服務，以做為更快速的充電選擇。人們可以開到一個充電站，機器人會拿掉這台車的電池組，並在 90 秒內裝好新的電池組。馬斯克表示：「來到特斯拉充電站，唯一必須要做的決定是，你希望快點，還是免費。」[52]

在後續幾個月中，有幾個事件差點擾亂了這個屬於馬斯克的夏天。《紐約時報》針對這台車及其充電站，寫了一篇非常

嚴厲的評論,還有幾台Model S房車碰撞後起火。馬斯克以違反傳統公關智慧的方式,緊追這名記者不放,拿出數據來駁斥評論者的主張。馬斯克與金博爾和友人兼特斯拉董事葛拉西亞斯在阿斯本度假時,親自寫了這篇火爆的駁斥文。

「在別的公司,會是公關小組集思廣益,」葛拉西亞斯表示,「伊隆覺得它是當時特斯拉面臨的最重要問題,而那一直是他在處理的事情,也是他優先考慮的事情。這個事件可能毀了這台車子,並威脅到這家公司的生存。他在這些情況下的非傳統作風,是否曾經讓我覺得不安呢?有,但我相信問題終究會解決。」馬斯克運用類似的做法來處理起火事件,他在一份新聞稿中聲明,Model S是美國最安全的車子,他還幫車子加裝了鈦合金底盤護板和鋁合金車身板,來擋掉和摧毀碎石,並維護電池組的安全。

起火事件和偶爾的負面評論,都沒有影響特斯拉的銷售或是股價。隨著特斯拉的市值膨脹至大約是通用和福特的一半,馬斯克的明星光芒愈來愈亮。

獨特又俐落的演說技巧

特斯拉於2014年10月召開另一場記者會,強化了馬斯克的汽車業新巨人的地位。馬斯克公布了一輛擁有兩個馬達(一前一後)的超級充電版Model S,起步加速0-96km/h不到3.2秒,特斯拉已經將一台轎車變成一台超級車。

「這就像從航空母艦的甲板上起飛,」馬斯克說,「簡直太瘋狂了。」馬斯克也公布一套新的Model S軟體,賦予這

台車自動駕駛的功能。這台車有雷達偵測物件並發出碰撞警告，還可以透過全球定位系統自行導航。「將來你還能夠把車子召喚過來，」馬斯克說，「它會來到你所在的任何地方。我還有別的東西想做，我們的許多工程師也是第一次聽到這件事，我希望充電連接器能自動插入車子，有點像蛇形機械手臂。我認為我們可能會做像那樣的事情。」

數以千計的人們排隊等候數小時，來看馬斯克展示這項技術。馬斯克在記者會上談笑風生挑動群眾的熱情。這個曾經在創辦PayPal年代在媒體面前表現笨拙的男人，如今已經練就一種獨特、俐落的演說技巧。

馬斯克一站上舞台，站在我身邊的一名女士立刻腳軟；在我另一邊的男士說，他想要一台Model X，剛剛才拿了15,000美元給一名朋友，幫他把預約號碼往前挪，如此一來他就可擁有第700號的車子。這種狂熱，加上馬斯克引起注意的能力，象徵這家小型汽車製造商，以及它怪異的執行長已經有了極大的轉變。對手車廠恨不得獲得這樣的關注，對於特斯拉一聲不響的就跟了上來，並且交出這樣出人意表的好成績，他們基本上只有目瞪口呆的份。

就在Model S的熱潮席捲矽谷之際，我拜訪了福特位於帕羅奧圖的小研發室。當時該研究室的主管是綁著馬尾、穿涼鞋的工程師吉力（TJ Giuli），他非常嫉妒特斯拉。每部福特汽車裡有數十個由不同公司製造的電腦系統，它們必須彼此對話並協同作業。它是長時間演變而來的一團混亂，此刻要簡化這個狀況簡直不可能，尤其是像福特這種每年必須生產數十萬輛汽

車的公司，更是無法停工並重新啟動。

相較之下，特斯拉必須從零開始，並讓自己的軟體成為Model S的中心。吉力巴不得有相同的機會。「軟體在許多方面是新的汽車經驗的核心，」他指出，「從車內的動力系統至警告裝置，人們利用軟體創造有表現力且令人愉快的環境。Model S軟體與其他部分的整合水準真的令人欽佩。對於我們在這裡所做的工作來說，特斯拉已立下一個基準點。」這次談話後不久，吉力離開福特，轉任一家神祕新創公司的工程師。

矽谷小車廠 vs. 底特律三巨頭

主流汽車產業無法阻擋特斯拉的腳步，卻不能停止車廠高層想盡辦法的刁難，例如：特斯拉想要將第三代車取名為Model E，這樣它的汽車產品線就會有Model S、E和X（SEX），馬斯克的另一個惡作劇。但福特當時的執行長穆拉利（Alan Mulally）威脅興訟，企圖阻止特斯拉使用Model E的名稱。

「因此我打電話給穆拉利，說了類似這樣的話：『你在搞我們嗎？還是你真的打算做Model E？』」馬斯克說，「而且我不確定哪一個比較糟糕。你知道嗎？如果他們只是惡搞我們，會比較說得通，但是如果他們真的想要在這時候推出Model E，而我們有Model S、X，看起來會很荒謬。所以即使福特百年前確實有Model T，但已經沒有人認為Model款是福特的東西，只會讓人覺得他們剽竊。像是你為什麼去偷特斯拉的E？像是某種法西斯軍隊橫掃字母表，類似（偷走字母的）

『芝麻街』小偷。他說：『不對，不對，我們當然要用。』而我說：『喔，我認為那不是好主意，因為人們會混淆，因為這樣沒有意義。今日人們不習慣福特有以Model命名的車，福特車款通常像是福特Fusion。』而他說：『不，他們很想要用那個名稱。』那太糟糕了。」

在那之後，特斯拉註冊了Model Y的商標，這是另一個惡作劇。「事實上，福特冷冷的打電話給我們說：『我們看到你們註冊了Model Y。你們不打算要Model E，要改用Y了嗎？』」馬斯克說，「我說：『不，我們只是開玩笑的。這不是剛好組成SEXY（性感）嗎？』結果，商標法這一行不講笑話。」[53]

馬斯克將特斯拉轉為一種生活風格，這是對手車商錯過或找不到方法與之對抗的優勢。特斯拉不只是賣給人們車子，也賣給他們一種形象、一種他們得以深入了解未來的感受，和一種關係。數十年前，蘋果也以Mac做了相同的事情，後來推出iPod和iPhone也有相同的效果。即使是非蘋果信仰的人，一旦購買了硬體和下載iTunes等軟體，也會被吸入它的宇宙。

如果你沒有盡可能掌控這種生活風格，是難以建立這種顧客關係的。個人電腦製造商將他們的軟體外包給微軟，晶片交給英特爾，還把設計給了亞洲廠商，他們永遠不可能製造出跟蘋果一樣美麗和完整的產品。當蘋果把這種專業帶入新的領域，並讓人們迷上它的應用軟體，這些電腦製造商已來不及做出回應。

你可以從特斯拉放棄車款年份，看到馬斯克將汽車當成生活風格。特斯拉並沒有將車子命名為2014或2015年款，也

沒有「出清2014年款的庫存,以便為新車騰出空間」的特賣會。它生產的是此刻它所能做的最好的Model S,那也是客戶接收到的訊息。這意味著特斯拉不會花一整年的時間開發新功能並抓住不放,然後在新款車上再一口氣釋放所有這些新功能,它是將已準備就緒的功能逐一加入生產線。有些客戶可能因為錯失一些功能而覺得沮喪。但特斯拉設法用軟體更新來實現多數的升級功能,讓每個車主都能得到這些新功能,提供既有的Model S車主一些意外之喜。

特斯拉模式

對於Model S車主而言,全電動的生活風格,換句話來說就是讓生活變得比較不麻煩。你不用去加油站,只要跟所有智慧型手機用戶一樣,晚上把車子插電即可,車子會立刻開始充電,或者車主可以利用Model S的軟體,設定在電費最便宜的深夜時段充電。特斯拉車主不只避開了加油站,還可以免於多數的車廠維修。傳統汽車需要更換機油和變速箱油,以處理所有因數千個可動零件造成的摩擦與損耗。比較單純的電動車設計免除了這類的維修。

此外,Roadster和Model S都利用了所謂的再生煞車系統,再生煞車系統可以延長煞車的壽命。在踩和放的狀態中,特斯拉並沒有利用煞車墊和摩擦力來強迫車速慢下來,而是經由軟體操控馬達來產生反向力矩,以降低輪胎的轉速。特斯拉的馬達在這個過程中產生電能,並把電灌回電池,這是為什麼電動車在市內開時比較省電。特斯拉還建議車主每年將Model S送

回檢修一次，但那主要是為了把車子看過一遍，確保零件沒有過早磨損。

特斯拉就連維修方式的思維也不同於傳統汽車業，多數汽車經銷商的主要獲利來自於汽車維修服務。他們對待汽車就像是會員服務，期待人們能多年、每年多次造訪他們的服務中心。這是經銷商一直努力阻止特斯拉直接銷售車子給消費者的主要原因。[54]

「最終目的是你買了車子後，永遠不必再把車子開回去維修，」賈維丹說，「經銷商收費高於私人維修廠，卻能給人安心，因為他們的車子是由原廠專業人士在處理。而特斯拉的獲利是來自車子的最初銷售所得，以及一些可自由選擇的軟體服務。」

「我拿到第10號Model S，」矽谷軟體奇才暨創業家奧斯默說，「它是很棒的車子，但它有你可能在論壇上看到的所有問題。特斯拉承諾會處理所有這些問題，而且他們是用拖車將車子運回廠裡，如此一來就不會增加車子的里程數。然後，我的車回廠進行一年的維修服務，他們把所有的東西都處理好，結果車子比新的還要好。在服務中心裡，車子被天鵝絨攔繩圍起來，真的好美。」

特斯拉模式不是為了羞辱車廠和經銷商的做生意方式，而是一種比較微妙的操作，讓人們了解電動車如何代表一種汽車的新思維。所有的汽車公司將會很快跟隨特斯拉的腳步，並為他們的車子提供某種形式的空中下載技術的更新服務，不過它們更新的可行性和範疇將會很有限。

「一般車廠根本無法靠空中下載技術更換火星塞，或汰換正時皮帶，」賈維丹說，「不管怎樣，擁有一台汽油車，時間到了，引擎蓋下面就是會出問題，並迫使你回去找經銷商。賓士不會為了刺激買氣說：『你不必把車子帶過來。』因為這不是真的。」

特斯拉的優勢還在於它內部設計了許多主要零件，包括整台車的運行軟體在內。「如果戴姆勒想要更改某計量器的外觀，它必須聯繫地球另一端的供應商，然後等候一連串的批示，」賈維丹說，「改變儀表板上的P字外觀要花他們一年的時間。在特斯拉，如果伊隆決定要每個計量器上面都有一隻復活節兔子的圖樣，他可以在幾小時內完成。」[55]

就在特斯拉成為現代美國工業的明星之際，最接近它的對手們卻紛紛消失了。費斯可汽車公司申請破產，於2014年被一家中國汽車零件公司收購。它的主要投資人之一是凱鵬華盈投資公司的創業投資人蘭恩（Ray Lane），蘭恩讓凱鵬華盈失去投資特斯拉的機會，轉而投資費斯可，這個非常糟糕的決策，傷害了該公司的品牌及蘭恩的聲譽。更美好地方（Better Place）是另一家消失的新創公司，當初它受到的媒體關注是費斯可和特斯拉加起來都比不上的，該公司募集了接近10億美元，建造電動車和充換電池站，但這家公司沒有生產出太多東西，於2013年宣告破產。

史特勞貝爾等特斯拉元老以簡單幾句話，提醒人們，建造一台很棒的電動車商機一直都在。「這真的不是像一窩蜂追逐這個概念，而我們先達陣，」史特勞貝爾說，「事後的討論經

常忘記的是：人們曾經認為這是地球上最愚蠢的商機，創業投資人都逃之夭夭。」

特斯拉不同於競爭對手的是，願意不遺餘力堅持追逐他們的願景，矢志完成馬斯克為汽車工業立下的新標準。

11

馬斯克的統一場論
下一個十年

賴夫三兄弟林登、彼得與羅斯,過去就像一幫科技阿飛。1990年代末期,他們跳上滑板,穿梭在聖塔克魯茲(Santa Cruz)的街道,勤快的敲開各公司的大門,詢問是否有人需要他們提供電腦系統管理服務。這三個跟馬斯克一起在南非長大的年輕人,很快得出結論,要推銷他們的科技智慧,一定有比挨家挨戶敲門更好的方式。

後來,他們推出一些新軟體,讓他們可以從遠端控制客戶的電腦系統,並將許多企業需要的制式任務自動化,像是安裝更新軟體等,這個軟體促成他們成立了一家新公司夢想無限。他們以一種頗引人注目的方式進行促銷——在矽谷豎立廣告看板,看板上林登扮演水下曲棍球員脫光站著,[56]褲子掛在腳踝上,手持一部電腦遮住身體重要部位,上面廣告標語寫著:「不要陷入系統當機的窘境。」

2004年,賴夫三兄弟再度尋找新的挑戰,不只是為了賺

錢，如林登說的，是更想要：「創造某種能讓我們每天都開心的東西。」那年接近夏末時，林登租了一輛露營車，與馬斯克出發前往黑石沙漠，參加瘋狂的火人祭。這兩個男人自孩童時期起，就經常一起冒險，他們很期待這趟長途旅行，除了敘舊，還能為他們的事業激盪出新想法。

馬斯克知道林登和他的兄弟們想要大展身手，他邊開車，邊轉頭建議林登去了解太陽能市場。馬斯克對這個市場已經做了一些研究，認為有些商機，別人還沒看到。林登回憶道：「伊隆說，那是不錯的市場切入點。」

馬斯克是火人祭活動的常客，抵達之後，他和他的家人依照他們的例行模式，先架起帳篷並準備好他們的彩繪藝術車。這一年，他們把一台小車的車頂切開，提高方向盤並向右移，讓方向盤位置靠近車子中間，還把車內座椅換成長沙發。馬斯克很享受駕駛這台新奇古怪的車。

「伊隆很喜歡火人祭的氛圍，看著周遭擠滿粗獷奔放的人，」他的老友李比爾說，「這是伊隆版的露營。他想要開著彩繪藝術車、欣賞裝置藝術及很棒的燈光秀，他也跳了很多舞。」馬斯克在這個活動中，也展現出他的力量和決心。那裡有根木製的柱子，約9公尺高，上面搭了一個跳舞平台。好幾十個人想要爬上去都失敗了，馬斯克也去試。「他的技巧非常笨拙，原本應該不會成功，」林登說，「但他抱住柱子，一吋吋的往上爬，最後真的登頂了。」

馬斯克和賴夫一家盡興的離開火人祭之後，賴夫兄弟就下定決心，要成為太陽能產業的專家了。他們積極尋找新的市場

機會，花了兩年時間研究太陽能技術和這個產業的動態、閱讀相關報告、拜訪專家，並參加產業會議。就在太陽能國際會議期間，賴夫兄弟找到了他們可以發展的商業模式。

這場活動約有2,000人出席，[57]他們全擠進幾家飯店會議廳聽取報告，並參加小組會議。在一場討論會上，幾家世界最大的太陽能設備安裝公司代表坐在台上，會議主持人問他們是否正採取哪些措施來讓價格更親民。「結果他們全給了相同的答案，」林登說，「他們說：『我們正在等市場需求提升，電池板的價格自然就會下降了。』顯然他們沒有人願意解決這個問題。」

當時，消費者想在房屋上安裝太陽能電池板並不容易，必須非常積極，買到電池板並找人安裝。消費者要先花錢，還要有相關知識，猜測房子是否有足夠的陽光，以確保沒有白費工夫。此外，大家都知道隔年的機型效率會更高，所以購買電池板的意願又更低了。

太陽城誕生，開展新商機

賴夫兄弟決定讓安裝太陽能電池板變得更簡單，於是在2006年成立太陽城公司。有別於同業，太陽城不製造太陽能電池板，而是向外購買，再由公司提供客戶其他服務，包括寫軟體分析客戶目前的能源開銷、了解客戶的房屋座向，以及他們的房屋可以接收多少陽光量，然後決定太陽能是否適合這間房屋。

他們成立自己的團隊來安裝太陽能電池板，還創造了一個

新融資系統，讓客戶不需預先支付任何太陽能電池板費用。消費者可以固定的月費租用這些電池板若干年，如此一來，消費者的整體能源開銷就可以減少，不必再為了不斷調高的一般公用事業費率苦惱；如果他們賣掉房子，還可以把合約讓渡給新屋主。當舊合約到期時，屋主還可以選擇升級至更有效率的新太陽能電池板。

馬斯克幫助賴夫兄弟建立這個全新的營運架構，成為太陽城的董事長及最大的股東，擁有大約三分之一的公司股份。

六年之後，太陽城成為美國最大的太陽能電池板安裝及融資服務公司。該公司實現了最初目標，並讓安裝太陽能電池板不再是苦差事。競爭對手於是爭相模仿它的商業模式。後來因來自中國的太陽能電池板大量湧入市場，導致價格崩跌，太陽城跟著受惠，公司客戶群也從一般消費市場擴大至企業市場，並與英特爾、美國連鎖藥局沃爾格林（Walgreens）和沃爾瑪等，簽下大型安裝合約。

2012年太陽城股票上市，股價在後續幾個月飆漲，2014年公司市值接近70億美元。

在太陽城快速成長的這幾年，矽谷人士對綠色科技公司投入了大筆資金，但大多損失慘重。搞砸的企業不少，包括費斯可、更美好地方等電動車製造商，還有太陽能電池製造商索林卓（Solyndra，索林卓曾是歐巴馬政府宣揚綠色能源計畫政績時，所打的形象牌，美國政府給予高額貸款，但該公司後來宣告破產），保守派人士喜歡拿索林卓來警告美國政府胡亂支出及濫用職權。

一些史上最有名的創業投資人，如多爾和科斯拉（Vinod
Khosla），也因為對綠色科技投資失敗，遭到媒體慘烈攻擊。
他們的故事幾乎千篇一律：人們投資綠色科技，因為這是在做
對的事，而不是因為它具有商業意義。從新類型的能源儲存系
統，到電動車、太陽能電池板，技術上似乎總是達不到企業預
期的商業目標，而且需要許多政府資助和鼓勵方案來創造一個
可以運作的市場，這些批評大多是公平的。

只有馬斯克的潔淨事業存活下來，他似乎早已看出其他人
遺漏的關鍵。

「大約有十年的時間，我們有個通則：不要再投資潔淨科
技公司。」PayPal共同創辦人、創辦人基金的創業投資人提爾
說，「從總體產業面來看，我們是對的，因為潔淨科技整體來
看相當糟糕。但就個別企業來說，伊隆有兩家美國最成功的潔
淨科技公司。我們之前總是寧可將他的成功解釋為幸運，他有
現實版『鋼鐵人』的稱號，還被漫畫家描繪成成功商人的形
象 —— 他就像是動物園裡珍稀的物種一樣。但現實情況已發
展到一個地步，你不得不問，他的成功是否意味著對傳統成規
的控訴，質疑一直以保守漸進方法做事的我們。從這個世界仍
舊懷疑伊隆來看，我認為這說明了瘋狂的是這個世界，而非我
們以為是狂人的伊隆。」

就像馬斯克的其他事業一樣，與其說太陽城開展出新商
機，不如說它是一種具前瞻性的世界觀。馬斯克以非常理性的
方式，在很早以前就斷定太陽能是可商業化的。**地球接收約一
小時的太陽能源，就足以供應全球一年的總能源消耗量**，太陽

能電池板的效率也一直以穩定的速度提升，如果太陽能注定要成為未來人類偏好的能源，就應該努力讓這個未來盡快發生。

2014年開始，太陽城更全面展現它的野心。

首先，該公司開始銷售能源儲存系統，這些組件是和特斯拉合作生產的。電池組在特斯拉工廠製造，並堆疊在冷藏櫃大小的金屬箱內，企業和消費者客戶可以購買這些儲存系統，來強化他們的太陽能電池組。這些電池組件一旦充完電，可以幫助客戶度過黑夜，或撐過意外的停電。在收費較高的能源使用高峰期，客戶可以不靠公用事業電力網，改從電池取得電力。

太陽城目前還是以審慎的實驗性質方式推出能源儲存系統，但該公司預期未來數年，它的多數客戶將會購買這個系統，如此一來太陽能在使用上將更順暢，並可幫助一般用戶和企業客戶徹底脫離對電力網的倚賴。

接著在2014年6月，太陽城以2億美元收購太陽能電池製造商希樂弗（Silevo）。這項交易代表巨大的策略轉變，太陽城將不必再向外購買太陽能電池板，它要在紐約的一座工廠內製造所需的太陽能電池板。據說希樂弗的電池將光轉為電能的效率為18.5%，而多數的太陽能電池是14.5%，預期在更精確的製造技術下，將幫助這家公司達到24%的效率。

向外購買而不自製太陽能電池板，一直是太陽城的一大優勢，讓它可以在市場供給過剩時，取得便宜的太陽能電池板，還可避免建造和經營工廠的大筆資本支出。然而，隨著客戶數增加至11萬，太陽城開始消耗大量的太陽能電池板，它需要確保市場供給和價格的長期穩固。「我們目前裝設的太陽

能電池板，比多數製造商生產的還要多，」太陽城共同創辦人暨技術長彼得・賴夫說，「如果我們自己製造，並利用我們獨特的技術優勢，成本將會更低，在這個行業，降低成本永遠是關鍵。」

在增加租約、連續推出能源儲存系統和太陽能電池製造業務之後，對密切觀察該公司的人來說，太陽城已明顯轉型成類似公用事業的公司，而且已建立起一個完全由該公司軟體自行控管的太陽能系統網絡。

到2015年底，太陽城預計將會裝設產能2吉瓦的太陽能電池板，每年產生2.8兆瓦小時的電力。在季度財報中宣布這些數據之後，該公司說：「這將使得我們更能朝向我們的目標前進，那就是成為美國最大的電力供應商之一。」雖然目前太陽城在供應美國年度能源消耗量的占比還非常小，要成為主要電力供應商仍有很漫長的路要走，但無庸置疑的是，馬斯克打算讓該公司成為太陽能產業和整個能源產業的主力。

跨領域創新整合的事業體

在馬斯克的統一場論（united field theory）中，太陽城可被視為關鍵部分。馬斯克的每家公司不管從長期或短期來說，都是互相連結的。特斯拉製造電池組，太陽城則可將這些電池組賣給終端客戶；而太陽城供應的太陽能電池板，則可用在特斯拉充電站，讓特斯拉車主免費充電。Model S車主通常選擇開始過馬斯克風格的生活，並給自己的房子裝設太陽能板。

至於特斯拉和SpaceX，也是關係緊密，雙方在材料、製

造技術，以及複雜的工廠作業方面，進行知識與經驗交流，尤其是在從頭建造如此多物件的工廠作業方面，更需要互相幫忙，彼此協同合作。

太陽城、特斯拉和SpaceX在各自市場的發展歷程中，多數時間都是處於明顯的劣勢，而且競爭對象都是財大氣粗、根基穩固的大企業。

太陽能、汽車業和航太產業仍舊充斥著行規和官僚作風，有利於既有廠商生存。對這些產業裡的人來說，馬斯克表現得像是個異想天開的科技人，很容易讓人忽略並當成笑柄，就身為競爭對手而言，馬斯克則介於令人討厭和滿口胡言之間。既有大企業按照慣例，利用在華盛頓的人脈，想盡辦法讓馬斯克這三家公司吃足苦頭，而且他們相當擅長這麼做。

自2012年起，馬斯克的事業變成他們真正的威脅，太陽城、特斯拉或SpaceX，也變得更難以個別公司的身分發展。馬斯克的明星魅力更勝以往，不管是正面或負面消息，都會衝擊這三家公司。特斯拉股票大漲時，太陽城經常也同步上揚；當SpaceX發射成功時，市場人士對另外兩家公司也會更加樂觀。

這三家公司任何一家成功，都證明馬斯克知道如何完成最困難的事，而投資人似乎也願意投資更多在馬斯克的其他冒險事業上。航太、能源和汽車公司的經理人與政治說客，突然開始必須傾其全力對付這個在大產業中竄起的後起之秀，而這個人同時是工業界的名人。馬斯克的一些對手開始害怕與歷史潮流為敵（或至少是與馬斯克的盛名為敵），但也有更多人使盡

各種手段來對付他。

馬斯克花了幾年的時間與民主黨建立關係，並曾經數度造訪白宮，他的想法也獲得歐巴馬總統的重視。不過，他並非盲目效忠政黨。他的首要之務是全力支持他的三家企業背後的信念，並利用他能運用的務實手段來推進他的事業。比起多數共和黨人士，馬斯克扮演殘酷資本家與冷酷無情的工業家似乎更淋漓盡致，而且他有很好的理由這樣做，也得到了支持。有些政治人物曾想保護洛克希德馬丁在阿拉巴馬州的工廠員工，也有人試圖在紐澤西州幫忙汽車經銷商當說客，現在他們必須對抗一個擁有橫跨全美就業市場和製造帝國的人。

從矽谷到太空，成為製造業巨人

就在我寫這本書的同時，SpaceX在洛杉磯有一座工廠、在德州中部有個火箭測試設施，還有德州南部的太空中心也剛開始動工；SpaceX在現有的加州和佛羅里達的發射場也接了不少訂單。特斯拉在矽谷有自己的車廠、在洛杉磯有設計中心，並在內華達州開始建造電池廠；來自內華達州、德州、加州、新墨西哥州和亞利桑那州的政治人物都極力向馬斯克爭取設廠，內華達州最後因提供特斯拉14億美元的獎勵方案，贏得這筆生意。太陽城已經創造數千個白領和藍領的潔淨科技工作，而且正在紐約建造太陽能電池板工廠，將創造更多製造業的就業機會。

全部加總起來，馬斯克的事業在2014年底雇用了大約15,000人。馬斯克的計畫遠不止於此，在更具野心的產品支持

下，他們還會再創造數以萬計的工作。

　　特斯拉在2015年的主要重心是推動Model X上市，馬斯克期許這台休旅車至少賣得跟Model S一樣好，並希望特斯拉工廠在2015年底前，能達到年產量10萬輛，以滿足這兩台車的市場需求。Model X的主要缺點在於它的價格，這台休旅車將會和Model S一樣以昂貴的價格上市，這當然會限制潛在客戶群，不過，他們希望Model X變成家庭豪華車的選擇，並強化特斯拉品牌與女性的連結。

建造超級工廠

　　馬斯克保證在2015年將會建造更多的超級充電網絡、服務中心和電池交換站，以迎接這款新車的到來。除了Model X之外，特斯拉已經著手研發第二版的Roadster、討論製造卡車，並很認真的著手設計可從陸地轉換至水裡的潛水車。馬斯克花了100萬美元購買羅傑·摩爾在電影「007：海底城」片中，水底駕駛的蓮花Esprit，並想證明自己也可以製造出這樣的車子。「或許我們會做個兩或三台，不會超過那個數字，」馬斯克告訴《獨立報》（Independent），「我認為潛水車的市場相當小。」

　　相對於小眾的潛水車，另一端大眾銷售市場將會（或馬斯克希望）是特斯拉的第三代車Model 3。這台四門車預計2017年推出，上市價格約35,000美元，將會是真正衡量特斯拉在這世界影響力的車子。該公司希望能銷售數十萬輛的Model 3，並讓電動車真正成為主流。BMW每年銷售約30萬輛迷你系列

（Minis）和50萬輛BMW3系列，特斯拉希望也能達到這個成績。「我認為特斯拉將會製造許多車，」馬斯克指出，「如果我們延續目前的成長率，我認為特斯拉將會是全球最有價值的公司之一。」

特斯拉已經大量消耗這世界上的鋰離子電池供應量，未來將需要非常多電池來生產 Model 3。因此，馬斯克在2014年宣布將建造他所謂的超級工廠（Gigafactory），也就是世界最大的鋰離子電池製造廠。每個超級工廠將會雇用約6,500人，並幫助特斯拉達成各種目標。它的首要之務將是能夠滿足特斯拉電動車和太陽城銷售的儲存系統對電池的需求。

特斯拉也期許能夠在提升能量密度的同時，降低電池成本，它將與長期電池夥伴松下合作建造超級工廠，但特斯拉將會負責經營工廠和調整作業。根據史特勞貝爾的說法，超級工廠生產的電池組會比今日的價格便宜很多，品質也更好。這讓特斯拉不僅能夠達到 Model 3 的35,000美元售價目標，也會為它的電動車續航力達到800公里以上的前景鋪路。

如果特斯拉真的可以做出一台續航力800公里又不是太昂貴的電動車，這將會是多年來汽車產業中許多人堅信不可能達成的成果。在達成那個目標的同時，特斯拉還將建設全球性的免費充電站網絡、改造車輛的銷售方式，並促成汽車技術的革命，這將是資本主義歷史上一項非凡成就。

2014年初，特斯拉透過發行債券，募集了20億美元的資金。特斯拉發現，能夠向熱切的投資人募集資金，對他們是一種新奢華。特斯拉成立以來，多數時間都瀕臨破產邊緣，還常

被視為來自沒人要的技術、是一大科技錯誤。如今募得這筆龐大資金，加上特斯拉上揚的股價和強勁的銷售，已經讓該公司得以開設許多新的店面和服務中心，同時可用來提高它的製造能力。

「我們現在還不需要超級工廠的建造資金全部到位，但我決定預先募到這筆錢，因為你永遠不知道什麼時候會出現一些該死的危機，」馬斯克說，「可能會有外部因素，有一些無預警的召回，然後突然之間，除了應付種種狀況之外，我們又必須募集新資金。我覺得我有點像我的祖母，她經歷過經濟大蕭條和一些非常困難的時期。一旦你經歷過了，它會影響你很長一段時間，你不確定它曾經真正消失。所以，我現在確實覺得很開心，但仍隱隱覺得一切可能全部消失。即便是在後來的人生中，我的祖母了解不可能再遭遇飢餓，但她還是對食物有種不安全感。為防範於未然，我決定先為特斯拉募到大筆資金，以免有可怕的事情發生。」

馬斯克對特斯拉的大好未來是相當樂觀的，所以他告訴我一些更古怪的計畫。他希望重新設計位於帕羅奧圖的特斯拉總部，這是一個會受到員工歡迎的改變。這棟建築有著1980年代空間侷促的接待廳，以及幾個人同時在裡面泡麥片會嫌擠的廚房，一點都沒有典型矽谷寵兒的特殊待遇。「我覺得我們的特斯拉總部看起來很遜，」馬斯克說，「我們要弄得漂漂亮亮的，但不是像Google那樣，你必須毫不費力的賺進大把鈔票，才能夠像Google那樣花錢。但我們要大幅改善我們的總部了，並為員工設置一間餐廳。」

當然，馬斯克還有一些跟提升機械有關的想法。「我想讓這裡的所有人，在他們的接待廳都有個滑梯，」他說，「事實上，我在考慮設置一座雲霄飛車，例如在費利蒙的工廠，放一個真的能用的雲霄飛車。你一坐進去，它就會載著你在工廠到處跑，還會上下起伏。你想有誰會有雲霄飛車呢？我也想在SpaceX打造一個，那個規模可能要更大，因為SpaceX現在有大約十棟建築。這可能非常昂貴，但我喜歡這個點子。」

讓人驚奇的是，早已晉升富豪的中年馬斯克，仍然願意拚盡全力，賭上一切。

要做就做市場領頭羊

他不是只要建造一座超級工廠，而是要蓋好幾座，而且他需要這些工廠快速並完美的建成。等 Model 3 開發完成，這些工廠就能生產出大量的電池。如果有需要，馬斯克會建造第二座超級工廠，與內華達州的工廠競爭，並讓自己的員工彼此競爭，看誰先製造出更先進的電池。

「我們沒有要逼迫任何人，」馬斯克說，「只是必須確保這件事要準時完成。我們不會希望在整地、打地基時，才突然發現我們是在一個印第安墓地上蓋工廠，我們不能說：『喔，見鬼了。讓我們改去別的地方，想辦法再花六個月重來一次。』對這座工廠而言，六個月的時間絕對是大事。做個基本的計算就知道了，假設產能全開，那會是每個月超過10億美元的營收損失。[58]換個角度來看，如果我們可以讓費利蒙的車廠增加三倍產量，從每年15萬輛提高至45萬或50萬輛車，並

雇用和訓練所有的人，然後卻只能坐在那裡枯等這座超級工廠正式運轉，我們等於是在快速大量的燒錢，我認為那可能會毀了這家公司。」

「六個月的停擺，會像是加里波利之役（Gallipoli），你必須確保轟炸之後立即進攻。不要該死的呆坐兩小時，這樣土耳其人會回到戰壕。時機很重要，我們必須盡可能降低時間掌控上的風險。」

馬斯克想不通的是，為什麼其他財力雄厚的大車廠沒有採取類似行動。至少特斯拉似乎已經對消費者和汽車產業造成足夠影響，未來電動車需求預期將會激增。「我認為我們已經對傳統汽車工業做出重大意義的改變，」馬斯克說，「光是2013年，我們銷售的22,000輛全電動車，就在推動這個產業邁向永續能源技術上，發揮了極大的槓桿作用。」

鋰離子電池的供應有限，特斯拉看起來是唯一採取實際行動去解決這個問題的公司。

「這些競爭對手全對超級工廠嗤之以鼻，」馬斯克說，「他們認為這是個愚蠢的點子，電池供應商應該去建造像那樣的東西，但我可以告訴你，我認識的所有供應商，他們都不喜歡花好幾十億美元在電池廠上的想法。這是『雞生蛋、蛋生雞』的問題，大車廠沒有大量生產的決心，因為他們不確定是否能夠賣出足夠的電動車，所以，我知道，將來我們無法得到足夠的鋰離子電池，除非我們自己建造這個超級工廠，而且我知道沒有別人在建造。」

就像蘋果當年率先推出 iPhone，特斯拉也準備搶占市場先

機。蘋果推出iPhone的第一年，對手對這個產品根本不屑一顧，一直等到iPhone明顯熱賣，競爭對手必須迎頭趕上時，他們才發現，即便這台機器就在手上，宏達電、三星等公司在幾年時間內，仍然無法生產任何足以媲美的產品，而諾基亞、黑莓公司等曾經表現傑出的業者，則是沒有挺過這個衝擊。如果特斯拉Model 3大賣 —— 因為購買別的車子只是花錢買過時產品，每個負擔得起的人都想要這部新車，那麼對手車廠將會陷入嚴重困境。.

多數大車廠以試水溫的心態製造電動車，它們持續購買笨重的現成電池，而不是開發自己的技術。不管他們多麼想要對特斯拉Model 3做出回應，汽車製造商可能還需要數年的時間，才能推出真正具挑戰性的產品，但到那時候，很可能沒有現成的電池可供應它們。

「我認為未來情況有點像這樣，」馬斯克說，「第一座非特斯拉的超級工廠，什麼時候會建造呢？或許至少六年以後，大車廠是學人精，他們要看到別人成功之後，他們才會通過計畫並開始推進，看來或許比較像是會落後七年，但我希望我是錯的。」

讓人類成為星際公民

馬斯克充滿熱情的談論電動車、太陽能板和電池技術，很容易讓人忘記這些領域其實還不算是市場主流。他如此深信技術，以致他認為，為了人類更美好的生活，這些新技術是我們理當追求的。當然，這些事業也帶給他名聲和財富，不過馬斯

克的終極目標仍是讓人類變成星際公民。對某些人而言，這聽起來可能不可思議，但毫無疑問，這是馬斯克存在的目的。馬斯克認定，人類的生存取決於開拓太空，在另一個星球設立殖民地，而他應該畢生致力於實現這個任務。

從白手起家到成為富豪，在我寫作這本書時，馬斯克已擁有百億美元身價。

但十幾年前，當他成立SpaceX時，他手上可支配的資金卻是極為有限，他既沒有像貝佐斯那樣擁有可隨意花用的龐大財富，也不可能像貝佐斯那樣，有一大筆如國王賞賜般的資金，讓他的太空公司藍色起源去實現他的夢想。

如果馬斯克想要登陸火星，他就必須親力親為，將SpaceX打造成真正的航太事業，才能實現夢想。目前看來SpaceX未來的發展方向，似乎是朝馬斯克的目標大步前進了，這家公司已經能夠製造便宜又高效能的火箭，並有能力進一步推展航太科技的極限。

近期SpaceX將會開始測試它載人進入太空的能力，計劃在2016年以前進行載人測試飛行，並於隔年替航太總署載送太空人至國際太空站。該公司也可能大舉進入衛星市場，建造並銷售衛星，這代表該公司將擴大進入航太事業最賺錢的領域。除了這些努力，SpaceX一直在測試重型獵鷹號（該公司的巨大火箭，有運送世界上最大酬載的能力），以及可以重複使用火箭的技術。2014年底，SpaceX成功的收回幾枚首節火箭，並讓它們和緩的降落在海上平台，它也將開始在陸地上進行這些測試。

同樣於2014年，SpaceX在德州南部開始建造自己的太空中心，它已經取得數十畝用地，計畫建設一個前所未見的現代火箭發射設施。馬斯克想要將許多發射程序自動化，讓火箭可以自行補充燃料、立起、發射，由電腦處理所有的安全程序。SpaceX計劃每個月進行多次火箭飛行服務，擁有自己的太空中心將有助於達成這個目標。登陸火星任務，將需要更多元、更卓越的能力和技術才能完成。

「我們必須想辦法解決在一天內多次發射火箭的問題，」馬斯克說，「從長遠來看，重要的是在火星上建立一個自給自足的基地。為了能成功在火星上有個自給自足的城市，將需要數百萬噸的設備與數百萬人。所以，那要發射多少次火箭呢？如果一次送上去100人，以這樣的長途旅程來說，這個數目算是相當多的，你必須進行10,000次的飛行才能達到百萬人。所以，需要多久的時間才能完成10,000次的飛行呢？假如只能每兩年一次出發前往火星（因火星每兩年會最接近地球一次，那時候要盡可能發射最多火箭），也要大約40或50年的時間。

「每次前往火星的航程，都需要發射太空船進入軌道，並讓它停留在軌道上，然後要為它補充推進劑。基本上，太空船要耗用大量推進劑來進入軌道，然後你還要為它送上一個燃料補給太空船，加滿這艘太空船的推進劑槽，這樣它就可以高速前進火星，而且不用六個月，而是在三個月內就抵達火星，還可以攜帶大量酬載。我沒有詳細的火星計畫，但我至少知道某些事是可行的，像是有巨大推進器的全甲烷系統、一艘太空船

和可能需要的補給太空船。我認為，SpaceX在2025年以前，將會研發出一台能夠載運大量的人和貨物至火星的推進器和太空船。

「重要的是，進行火星之旅的每人成本，如果是每人10億美元，以這個經濟門檻就不會有火星殖民地了。我認為，每人成本在50萬至100萬美元之間，有可能可以創造一個自給自足的火星殖民地。將會有足夠多的人感興趣，他們會賣掉在地球上的財產，並移民至火星。火星之旅不是一種旅遊，而像是人們在『新世界』（New World）探險時期來到美國。你移民到新世界、在那裡找到新工作，並讓一切可以運行。如果能夠解決交通運輸問題，要建造一個加壓透明的溫室來居住並非難事。但如果你一開始就到不了那裡，其他的也就無所謂了。

「最後，如果你想要火星變成一個類似地球的行星，必須把火星加熱，我對此並無計畫。即使在最順利的情況下，也要花很長的時間。我不知道，或許要花上一百年，甚至一千年。我這輩子沒機會看到它變成類似地球的行星了，機率不是零，而是0.001%，而且你必須對火星採取非常極端的手段。」[59]

一連好幾個月馬斯克幾乎每晚在洛杉磯的家中踱步，思考這些火星計畫，還跟萊莉分享他的想法；他在2012年底又跟萊莉再度結婚了。[60]「我的意思是，你沒有太多人可以談論這類事情，」馬斯克說。他們討論的內容，包括馬斯克夢想成為第一個踏上這個紅色星球的人。「他絕對想要成為登上火星的第一人，」萊莉說，「我求他不要。」或許馬斯克喜歡捉弄他的老婆，也或許他是故作姿態，但他在我們的一次深夜訪談中

否認了這個野心。

「我要參加火星首航的唯一可能是，如果我有信心，倘若我死了，SpaceX仍然可以正常營運，」馬斯克表示，「我想去，但重點不在於我是否要成為造訪火星的第一人，而是要讓很多人可以去。」馬斯克並不打算參加SpaceX即將進行的人類測試飛行，「我認為那不是明智之舉，」他說，「那就像是波音公司的老闆親自去擔任新飛機的測試駕駛一樣。說實話，如果我一輩子都沒上太空，也不要緊，重點是讓人類的生存時間盡可能最大化。」

一個非典型創業家的英雄之旅

很難判斷一般人有多認真看待馬斯克討論的這件事。幾年前，多數人會把他歸為對噴氣式飛行背包、機器人，以及任何矽谷正迷戀的新發現會大肆吹噓的人。然而，隨著馬斯克陸續完成一個又一個的成就，他讓自己從說大話的人，變成矽谷最可敬的實踐者。

提爾一直在觀察馬斯克是如何走過這段蛻變成熟期：從一個非常想要成功、卻缺乏自信的PayPal執行長，變成一個備受尊敬、自信滿滿的執行長。提爾表示：「我認為，歷經時日，他在很多方面都有巨大進步。」

最讓提爾欽佩的是，馬斯克有能力找到最聰明、有抱負的人，並吸引他們加入他的公司。「他有航空業最有才華的人為他工作，特斯拉也是一樣，如果你喜歡建造車子，又是有才能的機械工程師，那麼你會去特斯拉，因為這家公司或許是全美

唯一可以讓你嘗試新奇又有趣新事物的地方。這兩家公司都是懷抱這種願景而創立的：激勵一大群有才能的關鍵人士，去開創振奮人心的新事業。」

提爾認為，馬斯克把人送上火星的目標，應該被認真看待，他相信這個目標會賦予大眾希望。不是每個人都會認同這項任務，但有個人就在那裡推動、探索，不斷推進我們技術能力的極限，這是很重要的。「比起其他人試圖在太空做的事，送人上火星的目標更激勵人心，這是一種前進未來的概念，讓人對探索未知充滿熱情與動力，」提爾說，「太空計畫長久以來逐步停擺，我們也放棄了在1970年代初期對未來的樂觀願景，但SpaceX證明有辦法實現那個未來，伊隆正在做的事情是很有價值的。」

2013年8月，馬斯克公布一個名為Hyperloop（超高速管道列車）的計畫，有點出乎他意外的是，這個計畫很快引發許多人高度興趣。這項全新的高科技運輸系統，運用的是大規格的氣送管，有點像是辦公室傳送郵件用的管道。馬斯克提出，將透過這種高速管道列車連接洛杉磯和舊金山等城市，並利用艙室運送乘客和車子。過去曾有人提過類似想法，但馬斯克提出的這個運輸科技，有一些獨特的要素：Hyperloop的管道將在低壓環境下運行，而艙室則是懸浮在底部滑行裝置產生的氣床上，電磁脈衝會將每個艙室往前推動，管道中裝設的馬達則會提供所需的額外動力。

這項全新的高科技運輸系統可以時速1,200公里以上的速度前進，從洛杉磯到舊金山只要30分鐘。整個系統當然是利

用太陽能動力，目標是連接距離1,600公里之內的城市。「適用城市有洛杉磯至舊金山、紐約至華盛頓、紐約至波士頓，」馬斯克說，「超過1,600公里，管道成本就會變得過高了，而且你不會想要走到哪都看到管道，你不會想要住在管道的世界裡。」

在對外公布前，馬斯克已經思考Hyperloop計畫好幾個月了，他曾私下與幾個朋友談過。在我們的一次訪談中，是他首度對非屬於他小圈子裡的人提及這個計畫。馬斯克告訴我，這個想法源於他不喜歡加州提出的高鐵系統。

「他們正在提議的子彈列車計畫，造價600億美元，是全世界每公里造價最高、速度卻最慢的子彈列車，」馬斯克指出，「他們正在以全盤皆錯的方式創造紀錄。」加州高速鐵路預計2029年完工（有得等了），屆時人們從洛杉磯到舊金山，大約要花兩個半小時。今天這兩座城市之間的交通，搭飛機約1小時，開車5小時，而子彈列車所需時間剛好居於中間，這點尤其折磨馬斯克。他強調Hyperloop造價約60億美元至100億美元，速度比飛機還快，乘客還可以把車開進艙室，到站後直接開進新城市。

當初馬斯克提出Hyperloop，似乎只是想讓大眾和立法者重新考慮高速鐵路，並不是真的打算建造，他的主要用意是要告訴人們，還有更具創意的點子，或許能真正解決問題，並推動加州的進步。然後幸運的話，這個高速鐵路計畫就會被取消。馬斯克在一連串的電子郵件和電話訪談中，對我透露了很多，最後他說：「將來我可能會資助這個Hyperloop計畫或提

供建議，但現在我最關注的，仍是SpaceX或特斯拉，還無暇他顧。」

不過，就在馬斯克對外發布他的Hyperloop報告之後，他的態度開始改變了。《彭博商業週刊》率先報導了這份報告，讀者湧入我們的雜誌網站閱讀這項發明，網路伺服器甚至難以承受激增的網路流量，推特用戶也開始瘋狂傳閱。

馬斯克對外發布這項訊息一個小時之後，就召開電話會議討論Hyperloop計畫，他在我們稍早的討論和這個時刻之間的某個時間點，決定了要建造這個全新的高科技運輸系統。他告訴記者，他考慮至少做出一個原型，來證明這項技術可行。

當然還是有人把這一切當成笑話。網路論壇「矽谷閒話」一如以往嘲笑道：「億萬富翁公布了想像的太空列車。我們喜歡馬斯克的瘋狂決定——確實，電動車和私人太空飛行似乎也很蠢，但更蠢的莫過於這個大富豪的荒唐想像。」不同於早期猛烈攻擊特斯拉的時候，「矽谷閒話」現在的影響力已大不如前。

人們認真看待Hyperloop的程度，讓馬斯克大感意外，並促使他承諾要建造出這個高速列車。馬斯克似乎經歷一段很奇妙的心智轉折，既真實又虛幻，讓他成為世界上最像電影「鋼鐵人」主角東尼史塔克的人，而且他不能讓愛戴他的群眾失望。

公布Hyperloop計畫不久，馬斯克的友人兼投資人彼西瓦（Shervin Pishevar）帶了這項技術的詳細說明書，在白宮與歐巴馬總統進行了長達90分鐘的會面。彼西瓦表示：「總統愛上了

這個構想。」

歐巴馬總統的幕僚研究了這些文件，並安排馬斯克於2014年4月和總統單獨會面。那次會面之後，彼西瓦、布洛根和前PayPal主管薩克斯成立了超迴路技術公司（Hyperloop Technologies）。他們希望在洛杉磯和拉斯維加斯之間建造第一段Hyperloop，理論上這兩個城市之間的旅程將來只需10分鐘。內華達州參議員瑞德（Harry Reid）也聽取了該構想，為了實現這項高速運輸工程，有關單位正在15號州際公路沿線收購土地使用權。

嚴苛高標的管理作風

對於蕭特威爾、史特勞貝爾等人來說，與馬斯克共事，意味必須在充滿不確定的條件下，促成一些全新技術的開發。他們位居幕後，是馬斯克最得力的助手。蕭特威爾幾乎從到任的第一天起，就是SpaceX最忠實員工，不遺餘力推動公司前進，她保持低調，確保馬斯克得到所有注目。蕭特威爾真心相信將人類送上火星是個崇高事業，這個使命比個人欲望來得更重要。

同樣的，史特勞貝爾一直是特斯拉的忠實員工，其他員工可以倚賴他當中間人，傳達訊息給馬斯克，他也是對特斯拉所有電動車的一切瞭如指掌的人。儘管史特勞貝爾在公司頗有聲望，他仍直言要求我審慎處理我們交談所留下的言論紀錄。馬斯克喜歡代表公司發言，如果員工的說法被認為與馬斯克的觀點不符，或是與他想要讓大眾認知的不符，即使是對他最忠實

的主管們，他也完全不留情面。

史特勞貝爾一心只想製造電動車，不希望某個蠢記者的錯誤報導毀了他的嘔心瀝血之作。「我非常努力的退居幕後，並將自己的私心放一邊，」史特勞貝爾指出，「為伊隆工作確實是不容易，但他的嚴苛要求，主要是因為他對他的理念充滿熱情，他有時會不耐煩的說：『該死！這是我們必須做的！』有些人可能因此嚇壞了，並緊繃神經。我會試著幫助周邊的人了解他的目標和願景是什麼，當然我也有自己的目標，但我會確保我們的想法一致，然後確保公司內部的步調也是一致。歸根究柢，伊隆是領導者，他用盡心力去推動這些事業，他冒的風險遠高於任何人，我非常敬重他的成就。沒有伊隆，根本無法成功。就我的觀點，他已經在產業界贏得領導地位。」

一般員工對馬斯克的看法不一。他們敬畏他的幹勁，並尊重他的高規格要求，但也認為他很嚴厲甚至刻薄，而且很善變。有些員工想要更接近馬斯克，卻也害怕溝通過程中他會突然改變主意，每次跟他互動，感覺隨時有可能被開除。一名離職員工說：「顯然我們這些為他工作的人就像他倉庫裡的彈藥一樣，是為了特定目的而存在的，哪天沒有利用價值了，就會被丟棄了。」

SpaceX和特斯拉的公關部門最常遇到這種狀況，馬斯克以不可思議的速度消耗了一大票公關人員。他喜歡親上第一線對外溝通，自行撰寫新聞稿和聯絡他覺得適合的媒體。馬斯克經常不把他在做的事情告知他的公關人員，例如在他對外公布Hyperloop計畫之前，他的公關代表正跟我以電子郵件確認

記者會的時間和日期。但沒過多久，記者們又收到緊急通知說，馬斯克即將在幾分鐘後召開電話會議。這並非公關人員未善盡傳遞活動訊息的職責，事實是馬斯克幾分鐘前才讓他們知道他的計畫，然後他們就要趕緊應付他的突發奇想。

當馬斯克確實交付任務給公關人員時，他期待他們毫不耽擱，立即進入狀況，並展現最高水準的執行力。在這種混雜壓力和意外連連的環境下，有些公關人員只待了幾週或是幾個月就離職了。還有一些人硬撐了幾年，最後不是精力耗盡，就是被開除。

馬斯克看似無情的管理作風，最經典例子發生在2014年初開除布朗。布朗是眾人公認忠心耿耿的主管助理，她就像馬斯克的分身，橫跨他所有世界的人。十幾年來，她為了馬斯克放棄自己的人生，每週奔波於洛杉磯和矽谷之間，經常工作至深夜，週末也加班。布朗去找馬斯克，並要求與SpaceX頂尖經理人相同的報酬，因為她處理馬斯克橫跨兩家公司的繁忙行程、做公關工作，也常協助做商業決策。但馬斯克的回應是，布朗應該休假幾週，他會承擔她的工作，判斷這些工作有多辛苦。布朗回來後，馬斯克讓她知道，他再也不需要她了，他要求蕭特威爾的助理開始幫他安排會議行程。對馬斯克仍然忠心的布朗對此感到非常傷心，但也表明不想再談論這件事。馬斯克說，她已經變得太輕率就代表他說話，而且坦白說，她需要一個完整的人生。有人為布朗打抱不平，說她是因為和萊莉起衝突才被趕走。[61]

無論如何，外界對這起事件的觀感很糟。電影中的東尼史

塔克不會開除忠心耿耿的助理小辣椒，他愛慕她並照顧她，她跟他一起經歷了所有風風雨雨，是他唯一可以信任的人。馬斯克讓布朗離開，並以如此粗暴的方式，讓 SpaceX 和特斯拉內部的人覺得震驚和反感，並從根本上證實了他的冷酷無情。

布朗離職的故事，成了馬斯克欠缺人性的傳說之一，為馬斯克對待員工的惡形惡狀傳言再添一筆。人們也將馬斯克的這類行為與馬斯克其他古怪特質結合在一起。例如他以無法忍受電子郵件的錯字聞名，程度誇張到他無法無視錯誤去閱讀實質的訊息內容；在社交場合，他可能招呼也不打就起身離桌，走到戶外看星星，只因他無法忍受笨蛋或閒扯。布朗離職事件之後，有數十個人向我表達了他們的結論：馬斯克有某種程度的自閉症，而且他無法體會別人的感受，也不在乎別人好不好。

人們有種習慣，尤其在矽谷更是如此，喜歡把有點與眾不同或古怪的人，貼上自閉症或是受亞斯柏格症所苦的標籤，因為一般人不願費神深究那些難以診斷、甚至難以分類的奇怪狀況。但給馬斯克貼上這個標籤，其實是對他了解不夠多，也太輕率了。

馬斯克對待最親密的朋友和家人，跟他對待員工（即便是那些長期在他身邊工作的人）的表現是截然不同的。在他最親密的小圈子裡，馬斯克是溫暖、有趣且充滿感情的人。[62] 他可能不會熱絡的寒暄，問候朋友的孩子，但如果朋友的孩子生病或有麻煩，他會發揮他的影響力盡全力幫忙。他也會不惜代價保護他身邊最親近的人，並在必要時想辦法回擊那些對不起他或他的朋友的人。

　　馬斯克的行為比較接近神經心理學家形容的天才。這些人在童年時期展現非凡的知識深度，並在智商測試成績突出。這些孩子很容易探索世界並挑錯 —— 挑出這個體系裡的小缺點，並在他們的心裡構築邏輯思維去解決它們。對於馬斯克而言，確保人們是多星球公民的使命，部分是源於一個深受科幻小說和科技影響的人生，同時也是源自童年時代的道德責任，這點以某種形式已經內化成了他畢生的使命。

　　馬斯克的每個人生面向，或許都是試圖解決一種人類存在的憂慮，這種憂慮似乎深深折磨著他。他看到人類自我設限並陷入險境，他想要解決這些情況，而在會議中提出糟糕意見的人，或在工作上犯錯的人，是這一切的阻礙，並拖累他的速度。他不是不喜歡這些人，而是受不了他們犯的錯誤，這些錯誤可能大幅延長了人類處於危險的時間。

　　馬斯克有時候覺得，只有自己才真正了解這些使命有多急迫，表現在他的行為上，就被人們認為是冷酷無情。他比較不在乎別人的感受，也比較沒耐心，因為在他的思維裡，錯誤所造成的利害關係太嚴重了，員工必須將能力發揮到極致去幫助解決問題，否則就必須滾開不要擋路。

　　對於這些意圖，馬斯克的態度一向直率。他非常認真的要求人們了解，他不是在追求賺錢商機，而是試圖解決數十來一直折磨他的問題。在我們的談話中，馬斯克一再提及這個重點，強調他花了多久的時間來思考電動車和太空，確保我真的了解。相同的模式，也顯現在他的行為中。

　　馬斯克於2014年宣布，特斯拉將會開放它的專利原始碼，

分析師試圖判斷此舉究竟是宣傳噱頭，還是它背後隱藏別有用心的目的或陷阱。但對馬斯克而言，這個決定是很直接也理所當然的，他想要人們製造並購買電動車。就他的觀點來看，人類的未來取決於此。如果特斯拉開放專利的原始碼，意味其他公司可以更容易建造電動車，那對人類是有利的，因此這些專利應該免費。相信人性是自私的人，肯定對此嗤之以鼻。不過，馬斯克一路走來始終如一，在向大眾解釋他的想法時，也總是表現得極為誠懇。

與馬斯克最親近的人，是最早學習理解他的思考模式的人。他們可以認同他的願景，但也要有智慧去挑戰他想要完成的這個願景。有一次我們共度晚餐，他問我是否認為他是瘋子，這是某種測試。我們之前已經談了很多，他知道我對他在做的事情有興趣，但他想要再次確認，我是真的理解他追求的那些事物有多麼重要。他最親密的友人，有許多人都通過了更大、更嚴格的測試。他們投資他的公司，為他受到的批評提出辯解，幫助他度過2008年破產危機。他們證明了他們的忠實和對他的目標的認同。

賈伯斯與蓋茲的合體升級版

科技業人士很容易把馬斯克的幹勁和野心程度，拿來跟蓋茲和賈伯斯相提並論。「跟這兩個人一樣，伊隆有著對科技的深刻理解、一個懷抱願景不受限制的態度，以及追求長遠目標的決心。」曾為賈伯斯和蓋茲工作，後來成了微軟首席軟體架構師的早慧天才榮格指出，「他有賈伯斯對消費者的敏感度，

也有能力雇用非他專業領域的人才，這點比較像蓋茲。」人們或許樂見蓋茲和賈伯斯有個基因改造的私生子，那或許應該好好研究伊隆。

　　投資SpaceX、特斯拉和太陽城的創業投資人喬維特森，曾經為賈伯斯工作，也與蓋茲熟識。他形容馬斯克是這兩人的混和升級版本。「伊隆就像賈伯斯，無法容忍不是一流的玩家，」喬維特森說，「但我會說他為人比賈伯斯好，也比蓋茲優雅些。」[63]

　　但當你愈了解馬斯克，就愈難以在同儕之間為他定位。賈伯斯也是執行長，經營兩家改變產業的大公司 —— 蘋果和皮克斯，但這兩個男人實質的相似處卻僅止於此。賈伯斯奉獻在蘋果的心力遠高於皮克斯，而馬斯克卻是投入同等心力給SpaceX、特斯拉這兩家公司，剩下的則留給太陽城。

　　賈伯斯也以講究細節聞名，不過馬斯克更深入監督公司非常多的日常作業。在行銷策略和媒體應對上，馬斯克比較不圓滑，他的演說通常不排練，講稿也不潤飾，來自特斯拉和SpaceX的聲明稿多數都是臨場發揮。馬斯克還會在週五下午，記者回家度週末、可能會漏稿的時候，發出重大訊息，只因為那時候他剛寫完新聞稿，或想要發布之後繼續去進行接下來的事。相較之下，賈伯斯非常重視每次的訊息發布和記者會，但馬斯克就是沒有多餘時間那麼做。「我沒有幾天的時間可以去演練那些，」他表示，「我必須即席演說，而結果可能有好有壞。」

　　馬斯克是否會跟蓋茲和賈伯斯一樣，帶領科技業進入新的

境界，專家們意見不一。一邊陣營主張，太陽城、特斯拉和
SpaceX為開創重大創新提供了不切實際的希望；另一邊陣營
則認為，馬斯克是真正能帶領科技業到達新高度的人，在他們
眼中，他是這場科技革命中最閃亮的明星。

譁眾取寵？典範建立！

　　經濟學家柯文屬於第一個陣營，近年來，他撰寫了深具洞
見的科技產業現況與未來觀察文章，贏得一定聲譽。在《大停
滯》一書中，柯文感歎這個時代欠缺巨大的科技進步，並認為
美國經濟已經放緩，因此薪資一直處於低迷狀態。「在象徵意
義上，自從至少17世紀以來，美國經濟一直享受許多唾手可
得的果實，無論它是免費的土地、大量的移民勞工或強大的新
技術，」他寫道：「然而在過去的四十年間，那些唾手可得的
果實開始消失，而且我們開始假裝那些果實還在那裡。我們未
能了解，我們正處於科技高原期，而且果樹比我們願意認為的
還要少。就是這樣，那是出錯的地方。」

　　柯文在他的另一本書《再見，平庸世代》裡，預言了一
個不浪漫的未來，在這個未來中，貧富之間有一道很大的鴻
溝。在柯文的未來裡，人工智慧的巨大進展將會導致今日許多
高就業的工作消失，在這種環境中成功的人，將會是非常聰
明，並且能夠與機器配合及有效合作。至於大批失業的人？好
吧，他們當中有許多人終究會幫有錢人工作，後者會雇用成群
的保母、家管和園丁。

　　柯文認為，馬斯克正在做的事情不能夠改變人類命運，讓

人類邁向更美好的未來。根據柯文的看法，今日要提出真正具有突破性的概念比過去要難多了，因為我們已挖掘出大量的大發現。柯文有一次在維吉尼亞州與我共進午餐時，他形容馬斯克不是天才發明家，而是一個想要成名的人，而且做得不太漂亮。「我認為許多人不在乎去火星，」他說，「而且不管你可能從中得到什麼突破，看起來這都是所費不貲的方式。還有Hyperloop，我認為他並沒有做這件事的意圖，你不得不懷疑這是否只是為了幫他的公司宣傳。至於特斯拉，它可能成功，但你只是把這些問題推回別的地方，你還是必須發電，他在挑戰傳統方面可能不如人們想像的。」

曼尼托巴大學（University of Manitoba）榮譽退休教授斯密爾（Vaclav Smil）也持類似的看法。斯密爾在能源、環境和製造方面有豐富的著作，蓋茲曾盛讚他是重要作家。斯密爾的最新作品之一《美國製造》（*Made in the USA*），探索美國過去製造業的光榮事蹟，以及之後令人鬱悶的產業衰敗。任何相信美國是自然而聰明的從製造業轉向更高報酬的資訊產業的人，都會想要讀這本書，並一窺這項改變的長期後果。

斯密爾舉出許多例子，說明製造業是如何產生重大的創新發明，以及如何以這些發明為中心，創造大規模就業生態環境和技術人才。斯密爾寫道：「大約三十年前，美國幾乎停止生產所有『商品形式的』消費電子設備和顯示裝置，也失去開發和量產先進平面螢幕和電池的產能，這兩類產品是可攜式電腦和手機的精髓，而大規模進口這些可攜式商品讓美國的貿易赤字雪上加霜。」

在《美國製造》一書最後，斯密爾強調，特別是航太工業一直是美國經濟的一大優勢，也是主要輸出之一。「維持這個領域的競爭力必然是提高美國出口的關鍵所在，而且出口必然是這個領域的銷售主力，因為未來二十年世界最大的航太市場將會在亞洲，尤其是中國和印度，而且美國飛機和航空引擎製造商將會受惠於這個擴張中的市場。」

斯密爾非常擔心，美國相對於中國的競爭能力正在消退，而他看不出馬斯克和他的公司能阻止這個頹勢。「身為科技進步及其他領域的歷史學家，我只能把特斯拉看成一個無獨創性、過度吹捧的玩具，目的是為了譁眾取寵，」斯密爾在寫給我的信裡說，「對於一個有5,000萬人仰賴食物券且每月負債增加850億美元的國家而言，最不需要的東西就是太空，尤其是提供給超級富翁更多飛行玩具的太空。而Hyperloop的提議，根本只是利用大家早就知道的老舊動力學空想實驗，來欺騙那些連簡單物理原理都不懂的人……。美國有許多善於創造的人，但馬斯克的排名遠遠落後。」

從斯密爾在新書中盛讚的一些事情來看，這些評論顯得很不客氣又令人詫異。他花許多時間證明，福特的垂直整合對於提升汽車產業和美國經濟的正面影響。他也長篇大論描寫「機電設備」的崛起，機電設備指的是仰賴許多電子設備和軟體的機械。「到了2010年，一台普通轎車的電子控制系統所需的軟體程式碼行數，比起操作最新波音噴射客機所需的指令還要多，」斯密爾寫道，「美國製造已經將當代車變成卓越的機電設備。21世紀的第一個十年也帶來了從新材料的運用

（航空業的碳複合材料、奈米結構）至無線電子設備的種種創新。」

由於打從一開始對馬斯克實際作為的誤解，批評者很容易將馬斯克貶為無足輕重的夢想家。斯密爾等人顯然並未深入了解馬斯克，他們似乎是偶然看到一篇報導，或是突然在電視節目看到馬斯克說要遠征火星，就立刻將他和太空旅遊的那幫人混為一談。但馬斯克幾乎沒有談論過太空旅遊，而且從公司成立的第一天起，就逐步將SpaceX打造成一家在太空工業極具競爭力的公司。

如果斯密爾認為波音銷售飛機對於美國經濟是重要的，那麼他應該熱情看待SpaceX在商業火箭發射市場上的成就。SpaceX在美國建造它的產品，在航太科技方面已取得令人振奮的進展，也在材料和製造技術方面取得類似的進步。事實勝於雄辯，在未來的數十年中，SpaceX是美國與中國競爭的唯一希望。

至於機電設備，SpaceX和特斯拉已經在整合電子設備、軟體和金屬方面樹立一個典範，他們的競爭對手現在正苦苦追趕。所有馬斯克旗下的事業，包括太陽城在內，正以令人振奮的方式靈活運用垂直整合，並將公司內部的零件控制轉化為真正的優勢。

讓科幻成真

想要深入了解馬斯克的努力可能會對美國經濟造成多大影響力，或許可以想想過去幾年最具影響力的機電設備：智慧型

手機。

在iPhone之前，美國是通訊產業的落後國家。所有吸引人的手機和行動服務都是在歐洲和亞洲，美國消費者則是用過時的設備在講電話。直到2007年iPhone問市，改變了一切。蘋果的設備模仿電腦的許多功能，並以應用軟體、感應器和定位功能，為設備增加新的能力。後來Google也以它的Android軟體和相關的手持設備進攻市場，美國異軍突起成了行動產業的驅動力。智慧型手機允許硬體、軟體和服務一起運作的方式，是它的革命性所在，而這種協同運作所需的技術正是矽谷的強項。智慧型手機的崛起導致一個大規模產業的快速興起，蘋果成為美國最有價值的公司，而它的數十億台智慧型裝置則散布全世界。

前蘋果主管法戴爾被認為是推動iPod和iPhone上市的幕後功臣，他將智慧型手機歸類為是「超級循環」下的代表性產物，在這個循環當中，硬體和軟體已經達到成熟的關鍵點。電子設備物美價廉，而軟體功能也更為複雜可靠。前所未有的軟硬體組合，讓那些很久以前就被提出、有如科幻小說般的事物一一成真。

Google有自己的自動駕駛車，他們在發展軟體和硬體結合的過程中，收購了數十家機器人公司；法戴爾的公司耐斯特，有智慧型恆溫器和煙霧警報器；奇異公司（GE）有裝滿感應器的噴射機引擎，這些感應器能夠向技師提出異常預警；還有許多新創公司已開始將強大的軟體置入各種醫療設備中，幫助人們監控和分析他們的身體，並診斷健康狀況。

　　現在一次可將20顆小型衛星送入軌道，這些衛星在飛行時，可被重新設定以進行各種不同的商業和科學任務，有別於過去，一個衛星只有一項固定任務。位於加州山景城的新創公司Zee Aero有幾名前SpaceX的員工，目前正在祕密研發一種新型運輸工具。飛行車終於要出現了嗎？不是不可能。

　　對於法戴爾而言，馬斯克的工作是這個趨勢的先行者。「他原本可以只製造電動車，」法戴爾說，「但他還做了像是利用馬達來啟動車門手把之類的事情。他將消費電子設備和可精密演算的軟體加以結合，帶動其他車廠也起而效尤。不管是特斯拉，還是SpaceX拿乙太纜線並讓它們在火箭太空船內運轉（譯注：此指SpaceX在火箭太空船內部進行網路通信），都是將舊世界的製造科學和低成本、消費等級的科技結合在一起。這樣的結合，轉化成某種前所未見的事物，然後突然間，出現了一種大規模的改變，」他說，「這種轉變是以階梯函數（step function）來發展，是躍進式的變化。」

　　誰會是下一個賈伯斯？誰能成為未來主導科技產業的力量？馬斯克已脫穎而出，成為最可能的人選。許多新創公司的創辦人、成功的事業經理人和傳奇人物都說馬斯克是他們最欽佩的人。

　　特斯拉愈能成為主流產品，馬斯克的聲望就愈高。Model 3若熱賣，將證明馬斯克的產業地位：他是罕見能夠重新思考一個產業、讀懂消費者，並有執行力的人物。一旦他的產業地位獲得證明，他肯定還會提出更多異想天開的構想。

　　「伊隆是少數幾個我覺得成就高於我的人，」解碼人類基

因組並進而創造人工生命形式的文特說。他希望將來與馬斯克就一種可以被送到火星的DNA列印機進行合作。理論上，它將讓人類可以為早期的火星移民創造醫藥、食物和有用的微生物。「我認為生物遠程傳送機（biological teleportation）是真正能實現太空殖民的東西，」他指出，「伊隆和我一直在討論如何實現。」

Google共同創辦人、現任執行長的佩吉，是馬斯克最熱情的粉絲，也是他的摯友之一。馬斯克的借宿名單上有佩吉的名字。「他有點像是流浪漢，這點我認為有點好笑，」佩吉說，「他會傳電子郵件說：『我今晚不知道要住哪，我可以過來嗎？』我是還沒給他鑰匙或是其他什麼的。」

在科技公司當中，Google投入最多資金於類似馬斯克火星計畫的月球探測器計畫：自動駕駛車、機器人，以及一個現金獎項徵求以低成本方式登陸月球的機器。然而，員工已達數萬名的Google，要隨時接受投資人的檢視與分析，它得在種種的限制和期許下作業，這讓佩吉有時候不得不嫉妒馬斯克，因為馬斯克已成功的讓激進改革理念深植於他的公司DNA中。

好理念總是很瘋狂

「矽谷或一般企業領導人，他們通常不缺錢，」佩吉說，「如果你擁有想花都花不完的財富，那麼你幹嘛還要花時間在一個吃力不討好的事業上呢？那是為什麼我發現伊隆是個格外鼓舞人心的例子。他說：『好吧，我在這個世界上真正應該做的是什麼呢？解決車子問題、全球溫室效應和讓人類成為多星

球公民。」我認為，他說的那些目標，是相當令人信服的，現在他有幾家公司正在實現這些理想。」

「這也成了他的一項競爭優勢。如果可以為一個竭盡全力想要登上火星的人工作，你為什麼還要為國防承包商工作呢？你可以用一種對公司真正有利的方式來精確界定問題。」

有一段引述佩吉的話，一度四處流傳，說他想要把他所有的錢都留給馬斯克。佩吉覺得他的話被錯誤引用，但卻支持這個想法。「我目前不會把我的錢留給他，」佩吉說，「但是伊隆為人類擁有一個多星球社會提出相當令人信服的理由，否則我們可能都會死，為了種種不同的理由，這似乎是悲哀的。我認為他的計畫是非常可行的，在火星成立永久的人類殖民地，而我們需要的是相對少的資源。我只是試圖強調那真的是很強大的理念。」

佩吉指出：「**好的理念在實現之前總是瘋狂的。**」這是他試圖運用於Google的原則。佩吉和布林公開表示有興趣開發書本全文搜尋技術時，他們諮詢的專家們都說，將所有的書本都數位化是不可能的。但這兩個Google創辦人決定進行測試，以決定在合理的時間內掃描這些書本是否實際可行。他們的結論是可行的，而且Google從那時起至今已經掃描了數百萬本書。

「後來我了解到，對於我們不太了解的事物，直覺並不可靠，」佩吉說，「伊隆談論這點的方式是：你永遠必須從問題的首要原則開始。它的物理性質是什麼？要花多久時間？成本多少？我可以讓它便宜多少？你需要有這種水準的工程和物理

知識，去判斷什麼是可能的、有趣的。伊隆特別的地方在於這些知識他都知道，他也了解商業、組織、領導力，及政府相關事項。」

有時候，馬斯克和佩吉會在Google於帕羅奧圖市中心的一間祕密公寓裡會談，這間公寓位於一棟比較高的建築內，可遠眺環繞史丹佛大學校園的山景。佩吉和布林會在這間公寓進行私人會議，並請專屬廚師為賓客準備食物。馬斯克出席時，對話通常比較天馬行空。

「我曾經去過那裡一次，伊隆在談論建造一架能夠垂直起飛和降落的電動噴射飛機，」創業投資人、也是馬斯克友人的扎克瑞說，「佩吉說這架飛機應該能夠降落在滑雪坡道上，布林說它必須能夠停泊在曼哈頓港。然後他們開始討論建造一架一直繞著地球飛行的通勤飛機，你可以跳上去，並以驚人的速度飛到各地。我認為所有人都在開玩笑，但結束時，我問伊隆：『你真的要做那個嗎？』他說：『對。』」

「我想這些討論有點像是我們的娛樂消遣，」佩吉說，「我們三個談論有點瘋狂的事情，除了好玩，我們也常發現最後真的可行的東西。我們討論了數以百計或數以千計有可能發展的東西，最後得出幾個最有發展潛力的。」

有時候，佩吉談論馬斯克，就好像他是得天獨厚、天生有一股力量，能夠完成商業界人士永遠不會去嘗試的事情。「我們認為，SpaceX和特斯拉的風險極高，但我認為伊隆無論如何都會讓它們成功，他願意忍受一些個人必須付出的代價，而且我認為，他的勝算事實上相當高。如果你與他有私交，你就

會知道，回顧他創辦這些公司的經歷，你會說他的成功率超過90%。我的意思是，現在我們正好有個典範證明，你可以對某件別人認為瘋狂的事情充滿熱情，而且你可以非常成功。從這點看伊隆，你會說：『好吧，或許這不是運氣，他成功了兩次，不可能完全是運氣。』我認為，在某種意義上，或許我們應該讓他做更多的事。」

思考下一代的質量危機

在商人和政客短視近利的時代，佩吉把馬斯克當做創新典範，希望其他人會效法馬斯克。「我認為，**我們這個社會並不善於判斷什麼事情是真正重要且值得去做的**，」佩吉說，「我們也並未以全面性的考量去教育下一代。你應該有相當淵博的工程和科學背景，也應該有領導力、商業的訓練，具備管理、組織或募集資金的相關知識。我認為多數人都未具備這些能力，這對未來發展將會是個大問題。工程師通常接受的是專屬領域的專業訓練，但當你能夠將這些學科全部融會貫通思考，你會有不同的思維，並可以激盪出夠瘋狂的點子，以及可能的做法。我認為，那對於這個世界來說真的很重要，那是我們取得進步的方式。」

或許因為覺得必須拯救世界，馬斯克給自己極大壓力，有時候碰到他，他看起來像是已筋疲力竭，眼袋暗沉，眼眶凹陷，更糟的時候，是在經過連續幾週嚴重睡眠不足，他的眼睛看起來就像陷入頭骨裡。他的體重隨著壓力起伏，尤其嚴重過勞時更加明顯。馬斯克花了那麼多的時間心力來談論人類生存

問題，卻不願意去解決他的生活方式對自己健康的影響，讓人不解。「伊隆在他的事業生涯初期，曾得出這個結論：生命是短暫的，」史特勞貝爾說，「如果你真的接受這點，它帶給你的明顯結論是：你應該盡可能努力付出。」

忍受痛苦，一直是馬斯克的強項。在中學時，同儕霸凌折磨他、他的父親跟他玩殘忍的心理遊戲，長大成人之後，馬斯克透過常人難以忍受的工時和無止境的要求，逼迫自己和他的員工不斷突破極限。一般人希望在工作與生活之間找到平衡的觀念，對他似乎毫無意義。對馬斯克而言，這就是人生，而他的妻子和孩子則是盡可能融入這場人生大戲裡。「我是相當好的父親，」馬斯克說，「孩子一週有超過一半以上的時間跟著我，我花相當多的時間陪他們。我到外地時，也帶著他們。最近我們到摩納哥一級方程式賽車錦標賽現場觀賽，還和摩納哥王子和公主出遊。他們在非常特殊的經驗中成長，等他們更大一點才會了解這些經驗的特殊性。」

馬斯克有點擔心的是，他的孩子生活太過安逸，不像他嘗過痛苦成長的經歷。他覺得忍受痛苦有助於他成為現在的自己，並賦予他毅力和意志力，讓他儲備比別人更多的能耐。「他們在學校可能偶爾會有一點不順心，但現在的學校老師都非常保護孩子，」他說，「如果你對人出言不遜，你就會被送回家。當年我上學時，如果有人揍你，沒有流血，你的態度就是：『無論如何，就是自己要克服。』就算流點血，只要不是太嚴重，那也還好。對我的孩子，我該怎麼辦呢？創造假的逆境？又要怎麼創造？我與他們最大的角力，就是限制他們玩電

子遊戲的時間，因為他們老是想要玩。我的原則是讀書時間必須多於玩電子遊戲，而且不能玩不用大腦的電子遊戲。最近他們下載了一個名叫『Cookies』或是類似名稱的遊戲（全名 Cookies Clicker），就只是點該死的餅乾，這就像基礎心理學實驗一樣（讓人不由自主的猛按甚至上癮），我叫他們刪除這個遊戲。他們必須玩『飛舞的高爾夫』（Flappy Golf），這是像『飛舞的小鳥』（Flappy Bird）這類電玩遊戲，至少可以學到一些物理學原理。」

馬斯克曾說過要生更多的孩子，他還針對這個主題，發表過一些頗具爭議性言論，「賈治（Mike Judge，「瘋四與大頭蛋」製作人和編導）在影片「蠢蛋進化論」（Idiocracy）中有這個觀點：聰明人應該想辦法至少維持他們的數量，」馬斯克表示，「根據達爾文的進化論，如果聰明人的數量愈來愈少，顯然不是好事，至少應該持平。如果聰明人的後代愈來愈少，那是不好的。我的意思是，歐洲、日本、俄羅斯、中國都邁向人口萎縮。基本上財富所得愈高、教育程度愈高或沒有宗教信仰，都是低生育率的指標。我並不是說只有聰明人才應該有孩子，我只是說聰明人也應該有孩子，至少維持人口替代率的水準。事實是，我注意到許多非常聰明的女人沒有孩子或只有一個孩子。讓人感覺：『哇！那可能不妙。』」

改變對未來的想像

下一個十年，馬斯克的三個事業應該會有更加卓越傲世的成果，馬斯克將有機會成為史上最偉大的創新者和企業家之

一。到了 2025 年，特斯拉很可能已發展出五或六款車，電動車市場將會蓬勃發展，而且特斯拉將成為主宰市場的力量。太陽城以目前的成長率來看，屆時應該已脫穎而出，成為具規模的公用事業公司，以及太陽能市場的領導者，而這個市場則已達到它該有的規模。

SpaceX 呢？它或許是最吸引人的。根據馬斯克的計算，SpaceX 應該每週都有飛往太空的載人和載貨航班，並已淘汰多數的競爭對手。它的火箭應該能夠繞行月球數圈，然後精確降落回到德州太空中心，而且首批前往火星的幾十架次飛航準備工作，應該已進行多時。

如果這一切真的發生，屆時年近 55 歲的馬斯克很可能會是世界上最富有的人，也會是最有權力的人之一。他會是這三家公司的主要股東，歷史也將對他的成就給予讚揚。在國家和企業都紛紛因為無定見或無作為而癱瘓的時代，馬斯克應該已採取最可行的行動對抗全球暖化，同時提供人類一個逃亡計畫（只是以防萬一）。屆時他也已經將大量的關鍵製造事業帶回美國，同時為其他想要利用新神奇機器時代的創業家們，起了示範作用。如提爾所言，馬斯克很可能已賦予人們希望，並重新燃起人們對科技能夠造福人類的信心。

當然，這個未來仍然充滿變數，馬斯克的三家公司都將不斷面對重大的挑戰與技術問題。他賭上人類的創造力，深信太陽能、電池和航太科技將會跟上他預測的價格和性能曲線，就算這個賭注如願達標，特斯拉還是可能面臨各種無法預期的車輛召回，SpaceX 也可能發生載人火箭爆炸，這類事件一旦發

生，很可能當場終結這家公司。

　　戲劇性的高風險，幾乎緊緊跟隨著馬斯克所做的每件事，就算事事順遂進行，他還是要持續面臨新的風險。

　　「我希望能死於火星上，」他表示，「不是撞上去的那種。理想的情況是，我想要去拜訪火星，回來一陣子，然後等我大約70歲左右去那裡，接著就待在那裡。如果事情順利，情況就會是那樣。」

後記

伊隆・馬斯克依舊馬不停蹄。

當你看到這本書時，馬斯克和SpaceX很可能已經成功的讓一枚火箭降落在海上接駁船，或是回到佛羅里達的發射台；特斯拉可能又公布了Model X一些特殊功能；馬斯克也許已正式向Google資料中心裡誕生的人工智慧機器人宣戰。誰知道呢？

可以確定的是，馬斯克不停的想要做更多事。就在本書即將定稿前，馬斯克公布了一些重大行動，其中最受矚目的一項計畫是發射數以千計圍繞地球飛行的小型通信衛星，馬斯克實際上想要做的是，在太空上建造高速衛星網路。在這個網路中，衛星會在足夠接近地球的距離，高速下傳無線電訊號。發展這樣的系統，主要原因有二：在沒有光纖連接的貧窮或偏僻地區，人們將可以取得高速網際網路連接，可望嘉惠數十億還沒能上網的地球人有機會連上網路；此外，這個系統還可以做

為有效的回程網路，提供企業和消費者服務。

當然，馬斯克也將這個太空網路視為長期發展火星抱負的關鍵重點。「對火星而言，有個全球通信網路是很重要的，」他表示，「我認為這必須做，而且我沒看到別人在做。」SpaceX計劃在一座新工廠製造這些衛星，隨著技術的提升與改善，也將銷售衛星給商業用戶。SpaceX向Google和富達投資公司（Fidelity）取得了10億美元的融資，資助這個雄心勃勃的空前大計畫。

馬斯克很難得的沒有提出太空網路確切的啟用日期，他預估建造成本將超過100億美元。「人們不應該期待這項計畫能在五年內啟用，」他表示，「但我們把它當做是長期的營收來源，可以讓SpaceX有足夠資金在火星上蓋一座城市。」

與此同時，太陽城已經在矽谷的特斯拉工廠附近買下一座新的研發設施，目的是支援它的製造業務，這棟建築原本是索林卓的製造工廠，這是另一個象徵，證明馬斯克有能力在哀鴻遍野的綠色科技產業中蓬勃發展。

至於特斯拉，則是繼續在內華達州建造超級工廠，而它的充電站網絡已省下了超過400萬加侖的汽油。史特勞貝爾在季度財報中承諾，特斯拉將於2015年開始生產家庭用電池系統，這將使得用戶可以不用完全仰賴一般電力網。

馬斯克更進一步宣稱，他認為特斯拉的價值最終可能超過蘋果，而且可能挑戰蘋果，成為首家突破1兆美元的公司。有幾個團隊已經開始著手在加州及鄰近地區建造Hyperloop的原型系統。哦，對了！馬斯克還擔綱主演一集「辛普森家庭」，

劇名為「落入地球的馬斯克」，劇中荷馬成了馬斯克的創造力繆斯。

儘管有這些傲人又炫目的擴張計畫，以及馬斯克的豪言壯語，但仍然難掩這些冒險事業的許多缺陷。2015年初，華爾街貶低馬斯克的聲浪再起。特斯拉在中國的銷售乏善可陳，一些分析師再度質疑市場對 Model S 的長期需求。特斯拉股價重挫，馬斯克已有一段時間沒有這麼慌亂，他再度親上火線捍衛公司。

馬斯克的私人生活也面臨嚴重問題，他宣布與萊莉二度離婚。根據馬斯克的說法，萊莉厭惡洛杉磯，想要在英國過比較簡單的生活。「我試圖挽回，但她一意孤行，」馬斯克告訴我，「有可能未來她會改變心意，但肯定不會是近期。」

寫完這本書後，我有機會和馬斯克的一些親信及員工，以比較輕鬆的方式聊天，了解他們的不同想法。我非常確信，馬斯克是個肩負使命的人，而且始終如一。馬斯克強烈的使命感，遠超越我們多數人所能承受的。在外人眼中，他看起來總是野心勃勃，似乎是對擴張上了癮，才對外發布 Hyperloop、太空網路等新計畫。但我更加確信，馬斯克是個有深刻情感的人，他的悲喜是以一種史詩般的方式呈現，他感受最深刻的是自己改變人類命運的使命，因而難以意識到周遭人的強烈情緒，以致他的情感面向被掩蓋，讓馬斯克顯得冷酷無情。我認為，他的同理心是獨一無二的，他將人類當成一個整體，而非考量個體的想望和需求，而且很可能正是這種人，才能將太空網路的奇思異想變為現實。

謝辭

　　從寫作過程來看，這不只是一本書，而是兩本書：馬斯克加入之前，以及馬斯克同意為了這本書接受專訪之後。

　　前十八個月的寫書過程有緊張、難過，也有喜悅。如同我在正文中提過的，馬斯克最初並不打算協助這個寫書計畫。這使得我只能一一找人訪談，每次試圖說服特斯拉以前的員工或馬斯克的老同學接受訪問，總要大費周章。對方同意接受訪談時，我的情緒變得高昂；關鍵人物拒絕訪談並要求別再打擾時，我的心情就會感到低落。有時候連續碰四、五個釘子，會讓我覺得好像要寫好一本關於馬斯克的書是不可能的事情。

　　讓我堅持下去的動力是，有一些人確實同意接受訪談，接著又有一些人同意了，隨著一個又一個訪談不斷的進行，我開始了解關於馬斯克過去的來龍去脈。我對於這幾百名受訪者願意撥出時間接受訪談心存感激，尤其是那些我一次又一次拿著問題回去找他們的那些人。這些人因為人數太多而無法一一列

名,特別感謝霍爾曼、布洛根、里昂斯、賈維丹、科隆諾、辛格,他們提供了寶貴的見解,以及許多技術性的幫助。我也誠摯感謝艾博哈德和塔本寧,他們為特斯拉的故事提供了第一手關鍵又豐富的訊息。

在馬斯克加入之前的階段,他其實還是允許他的一些較為親密的友人接受我的訪談,而且這些友人非常大方提供了他們的時間和智慧。我特別感謝扎克瑞和彼西瓦,尤其感謝李比爾、葛拉西亞斯和喬維特森,為了這本書費心。

也非常感謝馬斯克的前妻潔絲汀、母親梅伊、弟弟金博爾,以及賴夫三兄弟彼得、林登、羅斯,以及舅舅史考特,他們花了許多時間告訴我有關馬斯克家族的故事。萊莉也非常好心的接受我的訪談,並允許我不斷打探她丈夫的生活。她確實點出馬斯克性格的某些方面,而這些方面是我在別的地方不曾看到的,她也幫助我們對馬斯克有更深入的了解。對我而言,這些細微觀察意義重大,我認為,這些對讀者來說也一樣重要。

馬斯克一同意跟我合作,伴隨報導而來的壓力大幅減輕,取而代之的是興奮感。我得以接觸到諸如:史特勞貝爾、范霍茲豪森、歐康內爾、慕勒和蕭特威爾,在我多年報導生涯中,他們是我遇到過最聰明和最令人信服的一群人。我永遠感謝他們為我耐心解說公司歷史的點點滴滴和技術基礎知識,還有他們的坦誠相待。

我也非常感謝沙克林(Emily Shanklin)、波斯特(Hannah Post)、喬治森(Alexis Georgeson)、賈爾維斯—席恩(Liz

Jarvis-Shean）和泰勒（John Taylor），謝謝他們對我持續不斷的請求和糾纏，一一耐心的回覆與解答，並安排在馬斯克的公司進行如此多次的訪談。在本書接近尾聲時，布朗、羅（Christina Ra）和漢德瑞克斯（Shanna Hendriks）都不再是馬斯克事業王國的一員了，但她們真的都很幫忙，幫助我了解馬斯克、特斯拉和SpaceX。

我最為感激的，當然是馬斯克。當我們剛開始做這些訪談時，訪談之前的幾個小時我都顯得謹慎又緊張，老實說我永遠不知道馬斯克會願意參與這個計畫多久。他或許會給我一次訪談機會，或許是十個。

過程中，我給自己非常大的壓力，希望我提出的是最關鍵的問題，而且能夠得到最直接的答案，我迫切希望這些得來不易的訪談能切中要點。幸運的是，隨著馬斯克接受訪談，我們每次談話時間都變得更久，也更順利，同時更啟人深思。這些訪談成為我每個月最期待的事情。

馬斯克是否將會以一種大規模的方式改變人類歷史的進程，仍有待觀察，但我深感榮幸，有機會去了解一個正在達到這樣高度的人的想法。儘管馬斯克最初不願接受訪問，但他一旦投入這項計畫，他就全心投入，對此我充滿感謝，也很榮幸事情是這樣發展。

在專業方面，我想要感謝我多年來的編輯和同事們：馬坦斯（China Martens）、尼可萊（James Niccolai）、賴提斯（Johan Lettice）、高艾爾（Vindu Goel）和史派克特（Suzanne Spector），他們每個人都教了我在寫作技巧上的不同課題。

我特別感謝歐爾羅斯基（Andrew Orlowski）、歐布萊恩（Tim O'Brien）、達爾林（Damon Darlin）、阿力（Jim Aley）和卡稜（Drew Cullen），他們在我對寫作和報導的認知上，影響我最深，也是不可多得的最佳良師。我必須感激我在《彭博商業週刊》的老闆維納斯（Brad Wieners）和泰倫吉爾（Josh Tyrangiel）給予我自由去進行這項計畫。他們對高品質新聞工作的支持堪稱無人能比。

我特別感謝史東（Brad Stone），他是我在《紐約時報》和《彭博商業週刊》的同事。史東幫助我構思本書、耐心誘導我度過重重難關，他也是無以倫比的參謀。我很抱歉持續不斷拿問題和疑惑來騷擾史東。他是一名模範同事，總是隨時樂於提供所有人意見，或是站出來承擔責任。他是非常好的記者與作家，也是非常好的朋友。

我也感謝李（Keith Lee）和山德佛特（Sheila Abichandani Sandfort），他們是我認識的最聰明、最善良也最真誠的人，他們對初期的文章提供了寶貴的意見。

我的經紀人派特森（David Patterson）和編輯瑞德蒙（Hilary Redmon）在幫助推動這項計畫方面起了很大的作用。派特森似乎總是能夠在我處於低潮的時候鼓勵我，讓我振作起來。老實說，如果計畫初期沒有大衛的鼓勵和推動，我很懷疑這本書是否能順利完成。計畫展開之後，瑞德蒙在最棘手的時刻給了我指點，將本書內容提升到一個出人意料的高度。她容忍我發脾氣，並且讓這個作品大幅提升，能夠在這樣兩位好朋友的幫助下，完成這樣的著作，真的很棒。非常感謝他們。

　　最後，我要感謝我的家人。在兩年多的寫作時間裡，這本書成了一個活生生的怪物，讓我的家人過得很辛苦。在這段期間，我無法如我所願的經常看到我的兒子們，但每次我見到他們，他們總是給我充滿活力的笑容和擁抱。這個計畫似乎也引起了他們對於火箭和電動車的興趣，對此我深感欣慰。至於我的妻子梅琳達（Melinda），好吧，她是聖人。實際上，如果沒有她的支持，就沒有這本書。梅琳達是我的最佳讀者，也是我最重要的知己。她是最好的朋友，知道什麼時候給我鼓勵及什麼時候放手。儘管這本書在相當長的一段時間裡打擾了我們的生活，但它最終使得我們更親近。我有幸有這樣一位伴侶，而我也會永遠記得梅琳達對我們的家庭所做的一切。

附錄 1

　　科技業很常上演劇情曲折、衝突不斷的創業故事,如果再加一點暗箭傷人、一隻披著羊皮的狼,就太完美了。但媒體從未真正深究馬斯克成立Zip2的陰謀傳聞,也從未有記者去檢驗關於馬斯克矛盾就學紀錄的嚴重指控是不是真的。

　　2007年4月,有個名叫歐瑞利(John O'Reilly)的物理學家控告馬斯克的Zip2剽竊他的構想。根據這個在聖塔克拉拉加州高等法院提出的訴訟案,歐瑞利於1995年10月與馬斯克初次碰面。歐瑞利當時創辦了一家公司,名為網際網路商家頻道(Internet Merchant Channel),計劃讓企業創造早期、資訊密集的線上廣告,例如:餐廳可以做廣告來展示菜單,或甚至是前往餐廳的路線規劃。歐瑞利的構想大多是理論性的,但Zip2後來提供了非常類似的服務。歐瑞利聲稱,馬斯克是在應徵IMC的銷售工作時,首度獲悉這種技術。根據這份控訴,歐瑞利和馬斯克至少見了三次面來討論這份工作。歐瑞利後來去海

外旅行，回來後卻聯絡不上馬斯克。

歐瑞利不願意和我談論他與馬斯克的訴訟案。不過，在這場訴訟案中，他聲稱，他是在多年之後才偶然得知Zip2這家公司。歐瑞利於2005年閱讀一本關於網路經濟的書，意外看到一個段落，提到馬斯克創辦Zip2並於1999年以3.07億美元的現金賣給康柏電腦。這名物理學家非常激動，意識到Zip2聽起來很像是他的IMC（該公司從來沒做出什麼名堂）。歐瑞利回想起他與馬斯克的幾次接觸。他開始懷疑馬斯克故意避開他，而且他沒有成為IMC的銷售人員，而是用相同的概念去自行創業。歐瑞利想要馬斯克償付他的原創商業構思。他花了大約兩年跟馬斯克打官司。這個案子在法院的檔案厚達數百頁，有好幾呎高。有證人證詞支持歐瑞利對這件事情的部分說法。然而，一名法官發現，由於有關之前IMC結束的種種問題，歐瑞利對馬斯克的訴訟欠缺必要的法律依據。2010年，這名法官要求歐瑞利支付馬斯克125,000美元的訴訟費用。幾年過去了，馬斯克還是沒有要歐瑞利付這筆錢。

歐瑞利扮演偵探挖掘出一些關於馬斯克過去的資訊，可說比這個訴訟案裡的指控還要精采。他發現賓大於1997年才頒發學位證書給馬斯克 —— 比馬斯克向來對媒體宣稱的時間晚了兩年。我打電話給賓大註冊組查證歐瑞利的發現。馬斯克的就學紀錄顯示，他於1997年5月拿到經濟和物理的雙學位。歐瑞利也曾傳喚史丹佛大學註冊組，查證馬斯克的1995年物理博士班的入學許可。主管研究生入學許可的負責人寫道：「基於你提供的資訊，我們的辦公室無法找出伊隆‧馬斯克的紀

錄。」訴訟案期間，歐瑞利要求馬斯克的律師拿出文件證明馬斯克是否有在史丹佛註冊，但對方不願意，並稱這項要求為「不合理的負擔」。我聯絡幾名於1995年任教於史丹佛的物理系教授，他們不是沒有回應，就是不記得馬斯克。諾貝爾獎得主、也是當時物理系的系主任歐薛洛夫（Doug Osheroff）說道：「我想我不認識伊隆，而且相當確信他不在物理系。」

之後幾年中，馬斯克的敵人總是迫不及待提出他的史丹佛入學許可疑雲。艾博哈德控告馬斯克時，他的律師曾援引歐瑞利的研究。還有幾名Zip2、PayPal和特斯拉早期不屑馬斯克的人，在接受我的訪問時直言：菜鳥創業家馬斯克捏造了史丹佛入學經歷，來提升自身的資歷，然後Zip2起飛之後，不得不堅持這個故事。

在採訪期間，我發現了似乎不利於歐瑞利的事件時間表證據。舉例來說，馬斯克曾為其工作的加拿大銀行家尼克森，在馬斯克離開前往史丹佛就讀之前，於多倫多的一條木棧道上和馬斯克一起散步，談論將一個類似Zip2的點子商業化。在此之前馬斯克已經對金博爾勾勒這個構想，並且開始在寫一些初期的軟體。「他很苦惱是否要去史丹佛念博士班，還是拿著他利用空閒時間寫好的這個軟體去做生意，」尼可拉斯說，「他稱這個東西為『虛擬城市導航儀』（Virtual City Navigator）。我告訴他，網際網路正熱門，人們會花大錢買該死的幾乎所有東西。這個軟體是一個大好良機，至於博士，他什麼時候都可以去念。」金博爾和馬斯克家族的其他成員也有類似的回憶。

馬斯克首度針對這個主題做出詳細的說明，他否認歐瑞利

的所有指控，甚至不記得見過這個人。「他根本就是一個卑鄙小人，」馬斯克說，「我好像是第七個被他告的人。過去大約六個人都和解了事。他最初提告時，提出的事實完全不對，跟現實毫無關係。但隨著他知道更多事情之後，他不斷修正他的案子，直到它聽起來真的像一回事 —— 直到它確實有點不是完全地荒謬，我當然沒有跟這個傢伙面談過。

「歐瑞利就像一個沒用的物理學家，變成一個到處興訟的訟棍。其他人都和解了，而我告訴這傢伙：『喂，我不會就一個不公平的案子進行和解，所以你最好別試。』但他還是不肯放手，他的案子因為立案有異議而被否決兩次，這代表基本上即使他的案子裡所宣稱的事實都是真的，他還是會敗訴。這個人公然說謊，這整個訴訟根本就是謊言。

「他盡其所能透過我的朋友或是親自折磨我。然後簡易判決出爐，他敗訴。他上訴，然後幾個月後又敗訴，而我的態度是：『好吧！去他的，讓我們跟他要訴訟費用。』他上訴時，法官判他要支付我們訴訟費用。我們請治安官員跟他要錢，他聲稱他根本沒有錢。他有沒有錢我不知道，他當然說他沒錢。所以我們要不就是沒收他的車子，不然就是扣他老婆的薪水。但那些好像都不是好選擇。所以，我們決定，只要他不要再無端興訟，他就不用還我錢。而事實上，去年底，或是今年初（2014 年），他還是嘗試做一樣的事情。但所有被他告的人都知道我的判例，並聯絡我之前的律師，後者告訴歐瑞利：『喂，你必須撤銷對這些人的提告，否則每個人都會跟你要錢。對他們無端興訟沒有多大意義，因為你得把贏的錢給伊

隆。』這些話就像是說你的人生應該去做些有意義的事。

「那時，我的維基網頁突然充滿了憤怒攻擊的負面編輯。這些文字是來自於一個名為迪瑞克（Dirac）不知名的物理學家 —— 就像一個不得志的聰明物理學家。那很可能是約翰，他是白痴。」

而那些就是馬斯克對歐瑞利能說的比較好聽的話。

至於他的就學紀錄，馬斯克確實拿出一份日期為2009年6月22日的文件，來函者為註冊辦公室的研究生入學許可主管哈考（Judith Haccou）。上面寫著：「按照工程學院同仁的特別要求，我已經搜尋過史丹佛的入學資料庫，並承認你於1995年申請過並取得材料科學與工程研究所的入學許可。由於你並沒有註冊，史丹佛大學無法發給你正式的證明文件。」

關於馬斯克取得賓大學位的時間質疑，他也提出了解釋。「我與賓大達成協議，我會在史丹佛修讀一個歷史和一個英文的學分，」他表示，「然後我延後在史丹佛的學業。之後，賓大的要求改變了，不需要英文和歷史學分，於是他們在1997年給了我學位，因為當時很清楚我不會去念研究所，而且他們也沒有那個要求了。」

「我於1994年完成了華頓商學院的學位要求，他們實際上已經郵寄了一個學位文憑給我。之後，我決定再花一年完成物理學位，但是當時有歷史和英文學分的要求。我一直到要申請H-1B工作簽證，並打電話給賓大要求一份學位證書時，他們才告知我還有這個歷史和英文學分的事情，原本，他們跟我說我還沒畢業，後來他們查看新的規定，就說沒關係了。」

附錄2

今日的PayPal比2001年底糟？

雖然馬斯克已經對他在PayPal的日子，以及這場政變，公開表示看法，不過在我們一次時間較長的訪談中，他進一步做出更詳細的說明。

自從他被踢出公司的那段令人心煩的日子以來，許多年過去了，馬斯克已經能夠更加平心靜氣的思考：什麼事情做對了、什麼出錯了和原本可能是什麼樣子。一開始，他探討的是他出國並將商務旅行及延遲的蜜月結合的決定，最後解釋金融業為什麼還是無法解決X.com想要處理的問題。

「我離開的問題是，我沒能待在那裡消除董事會對幾件事情的疑慮，例如：品牌的變更，我認為它原該是一項正確的行動，但不必急在一時。當時的情況是這種奇怪的X.com和PayPal混合物。我認為，如果想要成為所有交易發生的中心，X是正確的長期品牌。這個X就像是transaction（交易）的

縮寫。當我們談論的事物已經超過個人支付系統的涵義時，PayPal 就不合適了。我認為 X 是比較合理的做法，但就時機而言，不需要在當時就變更品牌，或許應該等更久的時間。

「至於技術的改變，那實在是肇因於缺乏更妥當的理解。乍看之下，用微軟 C++ 取代 Linux 來寫我們的前端程式碼好像不太合理。但這麼做的原因，是微軟在個人電腦設計的編碼工具實際上極其強大。它們是為了遊戲產業開發的。我的意思是，對矽谷而言，這聽起來像是異端邪說，但是你寫程式的速度可以更快，你可以在個人電腦的 C++ 世界裡，更快實現（你想要的）功能。所有 Xbox 的遊戲都是用微軟 C++ 寫的，個人電腦上的遊戲也是。寫這些遊戲的程式是非常複雜和困難的，拜遊戲產業所賜，這些很棒的工具被開發了出來。

「遊戲產業裡的聰明程式設計師比其他任何領域都要多。我不確定一般大眾了解這點，當時還是 2000 年，不像今日你可以找到大量支持 Linux 的軟體庫。微軟當時有大量的支援軟體庫，所以你可以獲得能做所有事情的動態連結程式庫（DLL），但是你無法獲得 ── 無法獲得能做所有事情的 Linux 軟體庫。

「有兩個傢伙離開 PayPal，去了電子遊戲開發商和發行商 Blizzard，並幫助創造了『魔獸世界』。看著個人電腦上跑用微軟 C++ 寫的如此複雜的東西，相當令人驚歎。這令其他網站相形見絀。

「回顧過去，我應該延緩品牌的過渡時期，而且我應該花更多時間幫助馬克思熟悉這項技術。我的意思是，這件事有點

困難，因為馬克思創造的這個Linux系統就叫做「馬克思程式碼」（Max Code）。所以馬克思對「馬克思程式碼」有一種相當強烈的親近感。這是馬克思和他的朋友寫的一堆軟體庫。但是它使得開發新的功能變得很困難。我的意思是，如果你看今日的PayPal，他們沒有開發任何新功能的部分原因是，要維持舊系統是相當困難的。

「基本上，我沒有不同意董事會在PayPal這件事上的決定，根據董事會持有的資訊，我或許會做出相同的決定。我可能會，但是在Zip2這件事，我不會，我認為他們純粹是基於他們所知的資訊做出了可怕的決定。我覺得X.com董事會基於他們有的資訊，並沒有做出可怕的決定，但是它確實讓我想要慎選我的公司未來的投資人。

「我曾經想過要拿回PayPal，只是太沉迷於其他的事情而分身乏術。幾乎沒有人了解，PayPal實際上是如何運作，或是它何以能成功，而前仆後繼的對手卻做不到。多數在PayPal工作的人並不了解這點，它成功的原因在於PayPal的交易成本低於其他所有的系統。而交易成本較低的原因是，我們的系統能夠處理愈來愈大量的自動清算系統（automated clearing house；簡稱ACH）交易、電子交易和最重要的內部交易。

「內部交易基本上沒有詐欺風險，而且不花我們一毛錢。ACH交易成本，我不知道（確切數字），大約20美分左右。但是它很慢，所以不好。它取決於銀行的批次處理時間。就信用卡處理費用來看，信用卡交易是快速而昂貴的，而且很容易出現詐騙行為。那是Square（電子現金支付系統）目前有的問

　「Square在做的是錯誤版本的PayPal。關鍵的事情是達成內部交易，這點非常重要，因為內部交易迅速、無詐欺疑慮且免手續費。如果你是賣家且有各種不同的選擇，而PayPal有最低的手續費也是最安全的，明顯PayPal就是正確的選擇。

　「假設某家公司獲利10％ —— 扣除掉所有成本，賺10％的獲利。一年營收扣掉支出後賺10％。如果利用PayPal，意味著你支付2％的交易費用，而利用一些其他的系統，意味著你支付4％，換句話說，利用PayPal，你的獲利能力提高20％。你必須笨死了才不用PayPal，對吧？

　「所以，因為2001年夏天大約半數的PayPal交易是內部交易或ACH交易，我們的基本交易成本是一半，因為我們有一半的信用卡交易，我們有那一半，然後另一半是免費的。問題是你如何給人們一個理由，把錢放在這個系統裡。

　「這就是我們創造PayPal現金卡的原因，它有點違反常識，若你讓人們更容易從PayPal提錢出去，他們就越不想要這麼做。但是如果他們唯一花錢的方式或是使用錢的方式是把資金轉移到傳統銀行，他們會立刻這麼做。另一件事是PayPal貨幣市場基金。我們做那個服務，因為如果考慮人們把錢提出的幾個理由，他們可能把錢拿去在實質的世界進行交易，或是為了得到更高的收益。所以我創立這個國家報酬率最高的貨幣市場基金。基本上，我們不打算靠它賺錢，希望鼓勵人們把錢存在這個系統。然後PayPal也有讓客戶支付日常帳單的能力，例如你的電費帳單等等。

　　「有一堆事情早就該做，例如：支票。因為即使人們沒有大量使用支票，他們還是會用到。所以如果你強迫人們說：『好吧！我們永遠不會讓你使用支票，』他們可能會說：『好吧！我猜我必須有一個銀行帳戶。』看在上帝的份上，就給他們一些支票吧！

　　「我的意思是，今日的PayPal比2001年底時的PayPal來得糟糕，這是非常荒謬的。這些新創公司都不了解這個目標，這個目標應該是實現基本價值。我覺得，重要的是，從什麼才是真正對經濟好的觀點來看事情。如果人們可以快速又安全的進行交易，對他們而言是比較好的；如果管理他們的財務變得更容易，對他們而言也是比較好的。所以，如果你的所有財務都無縫接軌的整合在一起，要做交易是很容易的，而且相關的交易費用也低。這些都是好事，他們為什麼不做呢？這是極愚蠢的。」

附錄3

寄件人：伊隆·馬斯克
日期：2013年6月7日西岸時間凌晨12點43分6秒
收件人：SpaceX全體員工
主旨：股票上市

　　按照我最近的談話，我愈來愈擔心SpaceX在火星運輸系統準備就緒之前上市。創造在火星上生活所需的技術，一直都是SpaceX最根本的目標。如果成為一家上市公司會減弱該可能性，那麼我們應該等到火星計畫穩固後才做。我對於重新考量上市的問題抱持開放的態度，但是有鑑於我在特斯拉和太陽城方面的經驗，我對於強迫SpaceX上市是很猶豫的，特別是考慮到我們的使命是一個長期目標。

　　SpaceX有些人不曾經歷公司股票上市的經驗，可能認為上市是值得嚮往的。事情並非如此，尤其如果上市公司有重大

技術變革，公司股價會因為內部營運結果或外在經濟環境變化而巨幅震盪，大眾很容易陷入集體恐慌，而把創造偉大產品的美好理想忘得一乾二淨。

有一件重要的事情需要強調，特斯拉和太陽城上市是因為別無選擇。這兩家公司的私人資本結構變得龐大，而且必須募集更多資金。太陽城也必須以最低的利率來舉債，以提供太陽能租賃服務所需的資金。債權銀行希望太陽城上市，以便公司受到令人痛苦的額外監督。那些法律規定，即沙賓法案（Sarbanes-Oxley；譯注：美國防止上市公司財務醜聞發生的法律規定），透過要求上市公司提供詳盡至差旅費用的報告，實質上是徒增公司執行面的負擔，而且你可能因為很小的疏失而受到處罰。

沒錯，但是如果我們上市，可以賺更多錢

對於那些自以為比公開市場投資人更聰明，並會在「對的時間」賣出SpaceX股票的人，讓我幫你打消這個念頭。如果你真的比多數避險基金經理人厲害，那麼你也不必擔心你的SpaceX股票價值了，因為你可以乾脆投資其他上市公司股票，並在市場賺數十億美元。如果你認為：「啊，但我知道SpaceX真正的情況，那將會給予我優勢。」你也錯了，上市公司股票內線交易是違法的，因此對員工出售公司股票有時間限制，即使那樣，你還是可能因為內線交易而被起訴。在特斯拉，我們有一名員工和一名投資人因為一年多前出售股票，而經歷大陪審團調查，儘管他們不管從法律條文和立法精神來

看，全都站得住腳。這並不好玩。

另一件發生在上市公司的事情，是變成訴訟律師的目標，他們創造了一種集體訴訟，透過讓某人購買幾百張股，然後只要股票一跌，就假裝代表所有投資人要控告這家公司。由於去年發生的股價下挫問題，特斯拉目前正面臨這樣的情況，即使我們的股價相對較高。

另外，不要以為特斯拉和太陽城股票價格目前處於高點，就認為SpaceX也會一樣。上市公司是以季度業績表現來被評估。某些公司表現不錯，並不代表所有的公司都會不錯。這兩家公司（尤其是特斯拉）的第一季業績不錯，但SpaceX並不理想。事實上，就財務而言，我們的第一季很糟糕。如果我們上市，空頭將會給我們重擊。

每次火箭發射或太空船有什麼異常，例如發生在第四次飛行的火箭引擎故障和第五次發射時天龍號單向進火閥出問題，我們也會被狠狠痛擊一頓。尤其V1.1延遲發射，已經落後進度超過一年，肯定會遭受嚴重懲罰，因為那是我們主要的營收來源。即便是比較不嚴重的事情，例如將某次發射時間延後數週，到下一季，都會害你被修理。特斯拉第四季產量進度只有落後三週，但市場反應卻很嚴酷。

魚與熊掌兼得

對於SpaceX，我的目標是給你上市公司和私人公司最好的一面。我們做一輪融資時，股價是基於我們大約會有的公開交易價值（不計入不理性的經濟繁榮或蕭條），但又沒有公眾

密切關注的壓力和分心。有別於股價在一個變現窗口期間上漲，並在另一個窗口期間下跌，我們的目標是一個穩定上升的趨勢，而且永遠不讓股價跌落上一輪的水準。財務上，最後結果對你或SpaceX投資人而言都是一樣的，就好像我們是上市公司，而你每年穩定出售一批股票。

如果你想要知道確切的數字，我敢說，我有自信，如果獵鷹9號和天龍號太空船執行得很好，我們的長期股價將會超過100美元。為了達成這個目標，我們必須要有一個穩定快速的發射節奏，必須遠比過去做得更好。讓我從財務上讓你了解這些事：今年SpaceX的支出大約是8億至9億美元（順帶一提，這讓我大吃一驚），由於每趟獵鷹9號的飛行收入是6,000萬美元，重型獵鷹或獵鷹9號加天龍號太空船的收入則是兩倍，我們每年必須有十二趟飛行，其中四次是天龍號或重型獵鷹，才僅僅能達到10%的獲利！

接下來幾年，我們有來自航太總署商業機員計畫的資金幫忙，支持我們的財務數據，但在那之後，我們得靠自己。沒有多少時間可以完成獵鷹9號、重型獵鷹和天龍2號，並達成每月至少一次的平均發射頻率。還有記住，那是平均值，如果我們因為任何理由（甚至可能因為衛星因素），延遲三週發射火箭，我們只有一週時間去進行下一次的飛行。

我的建議

以下是我對出售SpaceX股票或選擇權的建議。不需要複雜的分析，因為這些經驗法則相當簡單。

　　如果你相信SpaceX會比一般上市公司管理得更好，我們的股價將會持續以高於股市的速度升值，長期而言，股票市場會是下一個投資回報最高的地方。因此，你應該只出售改善短、中期生活水準所需的數量。即使你確定股票會升值，我還是誠心建議你出售部分持股，人生苦短，多點現金能多點樂趣，並減輕家庭壓力（只要你不要同比例提高個人支出）。

　　為了讓你得到最多的稅後所得，你或許最好行使你的選擇權，將它們轉換成股票（如果你負擔得起的話），然後持有股票一年，之後在我們大致一年兩次的變現時賣掉股票。這讓你可以按資本所得稅率繳稅，而不是按個人所得稅率繳稅。

　　最後，我們計劃只要獵鷹9號在一、兩個月內完成合格條件後，我們計劃馬上進行變現。我不知道確切的股價會是多少，但基於與投資人的初步討論，我預估或許介於30至35美元之間。這使得SpaceX的市值介於40億至50億美元，這是如果我們現在上市的話，可能會有的金額，而且坦白說，考量新的獵鷹9號、重型獵鷹和天龍2號尚未發射升空，這是很好的價格。

　　伊隆

注釋

第二章

1. 在兒子出生兩年後,約翰開始出現糖尿病的跡象。當時情況惡化到醫生宣告年僅32歲的約翰,可能只剩下大約六個月的壽命。有一點護理背景的阿爾米達靠自己找到一種萬靈療法延續了約翰的生命。根據家族傳說,她偶然發現脊骨神經醫學是一種有效的療法,而約翰在原先的糖尿病診斷之後又活了五年。這個救命的過程成了郝德曼家族一個富傳奇色彩的脊骨神經醫學傳統。阿爾米達在位於明尼亞波利斯市的脊骨神經學校念書,並於1905年拿到學位。馬斯克的外曾祖母後來開設自己的診所,成了眾所皆知的首位在加拿大執業的脊骨神經醫師。

2. 郝德曼也進入政界,試圖在薩克其萬省創辦自己的政黨。他發行時事通訊,並支持保守、反社會主義者的觀點。他後來競選議員失利,並擔任社會信用黨主席。

3. 這趟旅行帶著他們沿非洲海岸往北,橫越阿拉伯半島,一路走過伊朗、印度和馬來西亞,然後南下帝汶海峽至澳洲。光是準備所有必要的簽證和文件就花了一年的時間。「父親在橫

415

越帝汶海峽時昏厥，母親必須接手駕駛，直到抵達澳洲。父親在即將降落時醒了過來，」史考特說道，「昏厥原因是過度疲勞。」

4. 約書亞和妻子都是技藝高超的神射手，曾多次贏得全國射擊競賽。1950年代中期，他們開著自己的福特旅行車，打敗眾職業車手，在開普敦至阿爾吉爾的8,000英里汽車拉力賽中並列冠軍。

5. 馬斯克不記得有這段對話。「我想他們可能擁有富有創造力的記憶，」他說，「有可能我在高中最後幾年有許多深奧的談話，但我比較關心的是技術層面，而非金融業。」

第三章

6. 梅伊去加拿大找地方住，14歲的托絲卡趁機出售他們在南非的家。「她也賣了我的車子，而且正打算把家具也賣了，」梅伊說道，「我回來問她原因，她說：『沒必要耽擱，我們要離開這裡了。』」

第四章

7. 此時馬斯克兄弟並非最富攻擊性的生意人。「我記得，從他們的事業計畫來看，他們原先要求10,000美元的投資，以換取公司25%的股票，」創業投資人喬維特森（Steve Jurvetson）指出，「好廉價！當我聽到莫爾戴維多投資300萬美元時，我懷疑他們是否真的讀過這本事業計畫書。無論如何，這兩個兄弟最後募集到一筆正常水準的創業資金。」

8. 馬斯克也向他的母親梅伊和潔絲汀炫耀這間新的辦公室。梅伊有時候會列席會議，她提出在Zip2地圖上增加「反向」按鈕的構想，讓人們可以規劃往返行程，結果這成了所有地圖

服務上都有的功能，而且非常受歡迎。

第五章

9. 這些創辦人一度認為，解決問題最簡單方式，就是買下一家銀行予以改造。雖然那並未發生，但他們確實遇到美國銀行的一名財務主管，這名主管反過來巨細靡遺的向他們解釋貸款資金來源、匯款和保護客戶的複雜性。

10. 富里克駁斥他渴望擔任執行長的說法，他說其他員工鼓勵他接手，因為馬斯克正苦於無法讓公司取得進展。曾經是密友的富里克和馬斯克仍舊對彼此沒有太好的評價。「伊隆有自己的道德和榮耀標準，而且非常努力的玩這套標準，」富里克說道，「對他而言，歸根究柢，商業是戰場。」馬斯克則說：「哈里斯非常聰明，但我認為他不是善類。他有非常強烈的欲望要主導這場秀，而且他想要以可笑的方向來帶領公司。」富里克後來擔任加拿大金融服務公司 GMP Capital 執行長，事業非常成功。潘恩則在多倫多創辦了一家小型證券公司。

11. 馬斯克被 X.com 的投資人解除執行長職務，投資人希望由更有經驗的經理人來帶領公司邁向首次公開募股。1999 年 12 月，X.com 聘請金融軟體製造商 Intuit 前執行長哈里斯（Bill Harris）擔任新執行長。公司合併後，全公司突然開始把矛頭對準哈里斯，董事會解除他的職務，馬斯克回任執行長。

12. 受訪的 PayPal 人員一致表示，Confinity 主管薩克斯（David Sacks）是趕走馬斯克的主謀。儘管有這段歷史，這兩個男人後來還是一起製作電影、繼續往來，並合力投入、追求冒險事業。

13. 生病幾天後，馬斯克去史丹佛醫院看病，並告知他們，他之前待過瘧疾疫區，不過醫生們無法在檢測裡找到寄生蟲。醫

生進行了脊椎抽液，並診斷他得了病毒性腦膜炎。「我很可能也得了病毒性腦膜炎，他們針對此進行治療，而且病情確實有好轉，」馬斯克說道。醫生讓馬斯克出院，並警告他，有些病狀會再出現。「幾天後，我開始覺得不舒服，而且愈來愈嚴重，」馬斯克說道，「最後，我不能走路了。這就像是『好吧，這比第一次還要糟糕。』」潔絲汀帶馬斯克搭計程車去看普通科醫生，他倒在醫生辦公室地板上。「我脫水得如此嚴重，她無法量我的生命徵象，」馬斯克說道。醫生叫救護車將雙臂打著點滴的馬斯克送到紅木市紅杉醫院，馬斯克又再度碰到誤診 —— 這次是瘧疾的類型。醫生們不願意給馬斯克更積極的治療，因為這種治療有非常嚴重的副作用，包括心悸和器官衰竭。

第六章

14. 朱布林和其他火星同好聽到馬斯克的植物計畫時覺得很不高興，「這一點意義也沒有，」朱布林說道，「完全只是做象徵性的東西，而且門一打開，數百萬的微生物就會逃逸，並破壞所有航太總署的污染控制規定。」

15. 多數觸及馬斯克這段時期的文章都說他去過莫斯科三次。但是根據坎特瑞爾的詳細紀錄，事實並非如此。馬斯克與俄羅斯人在莫斯科見了兩次面，還有一次在南加州的帕薩迪納（Pasadena）。他也與亞利安太空公司（Arianespace）和薩里衛星（Surrey Satellites）分別在巴黎和倫敦會面，馬斯克考慮收購後者。

16. 巴扎了解霍爾曼在波音的工作表現，在SpaceX創辦約6個月之後，成功勸誘他到這間公司工作。

17. 包括1,300磅的銅塊。

18. 霍爾曼在回到埃爾塞貢多之前,用鑽床移除眼鏡的安全防護罩。「我不想要在飛回家的路上看起來像個怪咖。」

19. 在這次事件之後,霍爾曼於2007年11月離開這家公司,然後回來一段很短的時間訓練新人。本書所採訪的許多人都表示,霍爾曼是SpaceX初期非常重要的人物,當時他們擔心,少了他,這家公司可能會徹底完蛋。

第七章

20. 在宣告這一輪融資的一份新聞稿中,馬斯克並未被列為公司的創辦人。在「關於特斯拉汽車」的部分,該公司指出:「特斯拉電動車是於2003年6月由艾博哈德和塔本寧創辦,目的是為喜愛開車的人們創造高效率的電動車。」馬斯克和艾博哈德後來長期針對馬斯克的創辦人身分爭論不休。

21. 他後來告訴同一名員工:「我希望你事先想清楚,而且每天都要非常努力去想,想到頭痛。我希望你每晚上床時都頭痛。」

第八章

22. 馬斯克在《赫芬頓郵報》寫了一篇長文,以提供他的說法端正視聽。馬斯克堅稱,這份婚後協議是兩造經過兩個月協商後達成的,雙方資產分開,如此一來,馬斯克可以得到他的公司的收益,潔絲汀則是獲得她寫書的收入。「1999年中,潔絲汀告訴我,如果我向她求婚,她願意,」馬斯克寫道:「由於這是我的第一家公司Zip2出售給康柏,以及後續共同創辦PayPal之後不久的事情,朋友和家人勸我,無論這場婚姻是為了愛情還是金錢,財產都要分開。」簽下離婚協議之後,馬斯克要求《赫芬頓郵報》創辦人赫芬頓(Arianna Huffington)將他的文章從該網站上移除。「我不想要陷在過去的不愉

快，」馬斯克說，「你總是可以在網路上找到東西，所以這不是說不見了，只是沒那麼容易找到。」

23. 這對離婚夫妻持續鬧彆扭。有很長一段時間，馬斯克將雙方照顧孩子的時間表，全部交給他的助理布朗安排，不願意直接與潔絲汀交涉。「我真的很氣這點，」潔絲汀說。在我們的訪談中，潔絲汀哭得最多的部分，是她在衡量孩子在一個大舞台上成長的優缺點，孩子們臨時接到通知，馬上就被私人噴射機送到超級盃或西班牙，或是被要求在特斯拉車廠玩。「我知道孩子們真的很崇拜他，」她指出，「他帶著他們到處跑，並提供他們許多生活體驗。我身為母親的角色是創造真實，讓他們感受平凡生活。他們不是在一個擁有平凡父親的平凡家庭裡長大。他們和我一起生活低調許多。我們有不同的價值，我比較重視同理心。」

24. 馬斯克回憶他們的相遇：「她確實看起來美極了，但我心裡閃過的念頭是：『好吧！我猜有幾個模特兒。』你知道的，你跟多數的模特兒就是無法聊得起來，就是無法對話。但是，你知道，妲露拉真的有興趣談論火箭和電動車，那是令人感興趣的事。」

25. 馬斯克要求萊莉跟他走，但是她拒絕。

26. 此時，馬斯克已經建立了太空業中「最具攻擊性男人」的名號。在決定建造獵鷹9號之前，馬斯克曾經計劃建造某個名為BFR的東西，又名Big Falcon Rocket（大獵鷹火箭）或Big Fucking Rocket。馬斯克希望它擁有史上最大的火箭引擎。馬斯克更大、更快的心態讓一些供應商覺得好笑、害怕又印象深刻，SpaceX偶爾會求助科羅拉多州的火箭引擎、渦輪泵和其他航太機械製造商巴柏尼可斯公司（Barber-Nichols Inc.），該公司幾名主管如林登（Robert Linden）、弗瑞（Gary Frey）和佛爾沙

（Mike Forsha），友善的描述他們與馬斯克在2002年中碰面及後續與他打交道的經歷。下面是其中一個片段：

「伊隆和慕勒一起出現，開始告訴我們，以較低的成本來把東西射入太空，並幫助我們成為有能力探索太空的人，是他的宿命。我們喜歡慕勒，但不是很確定是否要認真看待伊隆。他們開始提出不可能的要求，他們想要以低於100萬美元的價格，在不到一年的時間內建造一個渦輪泵。波音可能以1億美元，花五年以上的時間，做那樣的計畫。慕勒要我們全力以赴，我們在13個月內造好了。快速建造並快速學習是伊隆的思維。他毫不留情的想要把成本壓低，無論我們用白紙黑字告訴他材料的成本有多少，他就是想要更低的成本，因為那是他商業模式的一部分。與伊隆共事可能非常令人沮喪，他有著非凡觀點並堅持到底。據我們所知，多數跟他共事過的人都不太開心。這也意味，他已經將SpaceX的成本壓低，並忠於他原先的事業計畫。波音、洛克希德和其他的軍火商已變得過度謹慎並花費許多錢，SpaceX則有膽量。」

27. 為了一窺馬斯克有多了解這些火箭，下面是馬斯克在事件發生六年之後，回憶事件經過所做的說明：「那是因為我們已經將Merlin火箭引擎升級成再生冷卻式引擎，該引擎的推力瞬變增加了幾秒，只是大約增加1.5秒的1％推力。而艙壓只有10 PSI（每平方英吋磅數，壓力單位），為總數的1％。但那是低於海平面的壓力。在測試台上，我們沒有注意到任何情況。我們認為沒問題。我們認為，它跟之前的一樣，但是事實上，它已經有這種細微的改變。周圍的海平面壓力較高，為約15 PSI，在測試期間掩蓋了一些效應。額外的推力造成第一節火箭在兩節火箭分離後，持續移動，並撞擊另一節火箭。節間艙還沒脫離，上面那節火箭的引擎就點燃，噴出的電漿

回彈，摧毀上節火箭。」

28. 馬斯克後來以一種別出心裁的方式找到這名員工。他將這封郵件的內文複製到 Word 的文件，檢查檔案的大小，輸入印表機，查看印表機活動紀錄找出相同大小的檔案。然後他追蹤到那個列印出這個原始檔案的人。這名員工寫了一封道歉函並辭職。

29. 葛瑞芬渴望建造一艘大型的太空船以強化他在這個產業的影響力。但歐巴馬於2008年當選美國總統，由布希總統任命的葛瑞芬知道，他的航太總署署長的任期即將結束，而 SpaceX 看來準備要建造最有趣的機器向前推進。

第九章

30. 這裡需要說明一下，太空產業有許多人質疑可重複性火箭的可行性，有很大部分是因為機械和金屬在發射期間所經受的應力。由於難以克服的風險，我們並不清楚，最大的客戶是否甚至會考慮發射重複使用的太空船。這是其他國家和企業尚未尋求這項技術的一大理由。有一派太空專家認為，馬斯克明顯是在浪費他的時間，工程計算已經證明重複使用的火箭是不可能成功的。

31. 藍色起源也搶走一大批 SpaceX 火箭推進系統團隊的員工。

32. 馬斯克也對藍色起源和貝佐斯申請的可重複使用的火箭技術專利提起異議。「他的專利申請根本就是無稽之談，」馬斯克說道，「人們提出降落在海中浮動的平台上已經長達半世紀。這個專利根本就不成立，因為過去五十年，人們以小說和非小說的各種方式提出相同的構想。這就像蘇斯博士的「綠色的蛋和該死的火腿」（此比喻來自於蘇斯博士的同名著作 *Green Eggs and Ham*），人們用了各種方式提出這個建議。解決問題

的方法就是把它做出來，就像實際創造一枚可以實現那個構想的火箭。」

33. 這名助教就是麥可‧科隆諾。

34. 根據馬斯克的說法：「天龍號第一個版本的初期作業，只有我和三或四名工程師參與，當時我們資金吃緊，也不知道航太總署會不會給我們合約。技術上來說，在那之前已經有神奇天龍號（Magic Dragon），因為沒有航太總署的條件要求，所以簡單得多。參與神奇天龍號製作的，只有我和英國的一些高空氣球傢伙。」

35. 航太總署研究人員研究天龍號的設計，注意到這艘太空船的許多功能似乎從一開始就是為了登陸火星而設計。他們已經發表了幾篇文章，說明航太總署贊助天龍號太空船收集火星標本然後返回地球的任務是可行的。

36. 太空產業的政治拉攏活動可以變得相當醜惡。前航太總署副署長賈佛（Lori Garver）花了數年的努力爭取開放航太總署合約，如此一來，私人公司也可以競標諸如國際太空站補給等合約。她的立場是支持強化航太總署和私人部門的關係，她最終獲得勝利，卻也付出代價。她表示：「我收過死亡威脅，還有假的炭疽病毒被寄來給我。」賈佛也碰到過SpaceX的競爭對手，對方試圖散播關於該公司與馬斯克的流言，而且是沒有根據的。「他們聲稱，他違反南非稅法，並在那邊另有一個祕密家庭。我說：『你在捏造故事。』我們很幸運，伊隆、貝佐斯和畢格羅（Robert Bigelow）等擁有長期願景的人變成有錢人，想要中傷伊隆的人，真是瘋了。他可能說了什麼因此得罪別人，但在某個點上，鄉愿成不了大事。」

37. 在這次的飛行中，SpaceX偷偷在天龍號太空船裡面放了一大塊車輪狀的起司，正是當年送老鼠上火星計畫時期，斯高爾

送給馬斯克的那一塊起司。

38. 馬斯克以一種只有他行的方式，向我解釋了這個主控台的外觀。「我採取類似 Model S 的風格（利用 Model S 的相同螢幕，為太空作業進行了升級），但讓鋁合金方格露出來，提供一種比較異域的感覺。」

39. 真的是非常錯亂，航太總署正在建造下一代的巨大太空船，有朝一日可以登陸火星，即便 SpaceX 也正在獨立建造同類型的飛行器 —— 重型獵鷹。航太總署的計畫預算是 180 億美元，雖然政府研究指出，該數據是非常保守的。「航太總署根本沒有權利做這件事，」曾經嘗試進行商業太空創業的億萬富翁投資人畢爾表示，「整個太空梭系統是一場災難。他們什麼也不懂。哪個精神正常的人會使用大型固態火箭推進器，尤其是裝在需要高度密封的地方？他們很幸運，只有一次災難性的推進器故障，」畢爾嚴厲的批評來自於他多年來觀察到的：政府透過資助建造太空飛行器和火箭發射，來與私人太空公司競爭。他的公司畢爾航太公司關閉，就是因為政府不斷資助競爭的火箭。「世界各國的政府花了數十億美元試圖做伊隆在做的事情，而且他們失敗了，」他說道，「我們必須有政府，但政府出去和企業競爭的構想是不正常的。」

第十章

40. 音響系統的音量自動跑到 11 —— 此舉乃是向 Spinal Tap 致敬，它是嘲諷性的仿紀錄片電影「搖滾萬萬歲」裡虛構的英國搖滾樂團，這裡的 11 指的是片中提到的搖滾世界的終極數字，並反映了馬斯克式的幽默。

41. Model S 和其他的電動車不只是比內燃引擎車的效能高三至四倍。它們還可以充分利用由電廠和太陽能電池陣列以集中、

有效的方式所產生的電力。

42. 當第一台特斯拉運抵時，它被放在一個巨大的條板箱裡。特斯拉工程師猛力地打開箱子，安裝電池組，然後讓馬斯克開著它兜風。大約二十名特斯拉工程師跳進原型車子裡，形成護送隊伍，跟著馬斯克繞行帕羅奧圖和史丹佛。

43. 「凱鵬華盈想要一個魁儡執行長，」史特勞貝爾說，「然後他們調頭走人並投資費斯可。這整件事無恥至極，而且非常噁心。」

44. 在介於2007年底和2008年的某個時間點，馬斯克也試圖聘請催生iPod和iPhone的蘋果經理人法戴爾（Tony Fadell）。法戴爾記得是要被聘為特斯拉執行長，但馬斯克記得的是比較像是營運長之類的職務。「伊隆和我就我加入擔任特斯拉執行長一事進行了多次的討論，我要去拜訪他們的辦公室時，他甚至費心為我安排了一個驚喜派對，」法戴爾說道。這些會面傳到賈伯斯耳裡，他施展魅力把法戴爾留了下來。「有一陣子，他確實對我很好，」法戴爾說道。幾年後，法戴爾離開蘋果創辦了智慧家庭設備製造商耐斯特（Nest），Google於2014年收購了這家公司。

45. 這份能源部的申請書花了好幾年（大約2007年至2009年）才轉為實際可行的政府貸款。

46. 這項協議有兩個部分。特斯拉將會持續製造其他公司可能使用的電池組及相關技術，它也將會在美國本土生產自己的電動車。

47. 關於把汽車工廠設在加州或鄰近地區，特斯拉內部有許多反對聲浪。「所有在底特律的傢伙都說，一定要找一個勞工可以負擔得起並開心的地方，」羅伊德說，「裝配線上有許多需要訓練的技術，而且你承受不起人員的流動。」羅伊德跑

當地電腦工廠的數據發現，他們的人員流動率每年約1%，比汽車工廠有經驗員工的0.1%，高了10倍。馬斯克的回應是，SpaceX已經找到方法在洛杉磯建造火箭，特斯拉將會找到方法在北加州建造汽車，而他的固執最後對這間公司而言是幸運。羅伊德說道：「如果不是因為能源部的貸款，以及NUMMI工廠，特斯拉根本不可能以這麼快的速度做到這麼成功。」

48. 波音過去在這個SpaceX的建築裡製造747機身並上漆，這個建築後來變成特斯拉設計工作室。

49.「他故意挑最明顯的位置，」投資人兼特斯拉董事喬維特森指出，「他幾乎每週六和週日都在特斯拉，想要人們看到他並知道他們可以找到他。然後，他也可以在週末打電話給供應商，並讓他們知道，他親自花時間在工廠，並希望他們也是。」

50. 特斯拉一開始使用的是與筆記型電腦等消費電子產品內裝相同的鋰離子電池。在Roadster早期階段，這種電池提供了有風險但卻是經過計算的選擇。特斯拉想要充分利用亞洲成熟的電池供應商，並得到將會不斷改良的便宜產品。媒體大肆宣傳特斯拉使用這些類型的電池，而且消費者對於採用與消費電子設備相同的能源來驅動車子的想法也覺得新奇。

有一個很大的誤解是，人們以為特斯拉依然仰賴這類電池。沒錯，Model S內裝的電池看起來像是那些筆記型電腦內看到的電池。不過，早在Roadster後期，特斯拉就開始與松下（Panasonic）等夥伴一起開發自己的電池化學物。雖然開發出更安全且更適合其車輛密集充電需求的電池，特斯拉仍然可以利用與消費電子公司相同的製造設備。除了電池本身的祕密成分之外，特斯拉也透過開發自己的串聯和冷卻電池的

技術，加強其電池的性能。這些電池具有非常特別的散熱設計，而且還有冷卻劑貫穿整台電池組。這些電池組在特斯拉工廠內一個不對外公開的區域進行組裝。

化學物、電池、電池組設計——這些都是特斯拉從無到有建立起一個大型、持續性的系統，好讓它的車輛得以破紀錄的速度來充電。為了控制充電過程所產生的熱，特斯拉設計了散熱器和冷卻器交互連結系統，以同時冷卻電池和充電器。「你得到了所有硬體和軟體管理系統及其他控制系統，」史特勞貝爾說，「所有這些東西都以最高的速度在跑。」Model S 採取直流充電的方式，在特斯拉充電站充電20分鐘，可以續航150英哩。相較之下，一台日產 Leaf（葉子）可能要花8小時充電，最多只能跑80英哩。

51. Google的律師要求對特斯拉董事會進行報告。馬斯克要求 Google要先同意特斯拉有權利要求Google給予貸款，才能同意這項請求。這是為了防範收購談判的消息公開後，特斯拉發生現金流量的問題，因為特斯拉將無法募集資金。Google對此遲疑了幾週，就在這段時間，特斯拉的危機已經解除。

52. 這次的展示後，特斯拉難以兌現交換電池的承諾。馬斯克之前承諾，2013年底會率先開辦幾個站試行電池交換。但是一年後，特斯拉連一個站都沒有開辦。根據馬斯克的說法，公司需要處理一些更急迫的問題。「我們要做，因為我們說我們會做，」馬斯克說，「它可能沒有按照我們想要的進度，但是我們最後總是會成功達成目標。」

53. 關於Model S名稱的起源，馬斯克指出：「我喜歡直截了當的稱呼一個東西，我們有Roadster（跑車），但沒有好的用語來稱呼一台房車。你不能稱呼它Tesla Sedan，那個名稱無聊死了。英國人稱房車為saloon，但這有點像：『你是什麼？牛仔

或什麼？』我們逐步篩選，Model S聽起來最好。而且它隱約有向福特的Model T致意的意涵，電動車是延續Model T前進，並且在某種程度上，我們是走一圈回到原點，而且這個延續Model T的東西現在要在21世紀投產，因此有了Model S。但是那有點比較像是把這個邏輯給顛倒了。」

54. 汽車經銷商主張特斯拉不能直接販售它的汽車，並對該公司提起一些訴訟。但是即便是在那些禁止特斯拉商店的州內，潛在客戶通常還是可以要求試駕，然後特斯拉會有人把車子送到客戶面前。「有時候你必須把某些東西擺出來讓人們攻擊，」馬斯克說，「從長遠來看，商店將不重要，真正的成長是靠口碑。這些商店就像病毒（行銷）種子，讓事情開始發展。」

55. 或如史特勞貝爾所言：「看著人們開著Model S橫越這個國度是非常令人震撼的，沒有什麼比得上它。重點並非在於沙漠裡放一座充電站當噱頭，而是在於了解這將會有什麼樣的發展。我們將會在一個充電網絡是免費且無所不在的世界中，推出第三代汽車。這些車絕對是我們的主要產品，但是我們也是能源公司和科技公司。我們下至土裡與礦產公司討論電池的材料，上至將組成電動車的所有零件及製造很棒的產品的所有零件給商業化。」

第十一章

56. 不，真的。林登和他的妻子都玩水下曲棍球，並且因為他們達到美國需要的「傑出才能」標準，而獲得了綠卡。他們後來代表美國國家隊出賽。

57. 2013年有13,000人出席。

58. 如果你假設一年銷售30萬輛車，每輛車平均40,000美元的銷

售價格，那就是年營收120億美元，或是每月10億美元。

59. 下面是馬斯克關於太空船的物理和化學方面的更多談話，提供給太空愛好者參考：「火星計畫的最後一片拼圖是甲烷引擎。你需要能夠在（火星）表面上產生推進劑。今日火箭的多數燃料是煤油形式，而且合成煤油是相當複雜的。它是一系列長鏈碳氫化合物。合成甲烷或氫就容易多了。氫的問題在於它是深冷凍劑，它只有在非常接近絕對零度時才會變成液體。而且因為氫是小分子，會有氫滲透金屬晶格並以奇怪的方式脆化或破壞金屬的問題。氫的密度也非常小，所以儲存槽要很大，而且合成和儲存氫是很昂貴的。它不是燃料的好選擇。

「另一方面，甲烷就容易處理多了。它變成液體的溫度和氧氣液化的溫度差不多，所以你可做一節擁有普通艙壁的火箭，也不用擔心像是結凍的問題。甲烷也是地球上成本最低的礦物燃料，而去火星需要許多能量。

「然後在火星上，因為大氣是二氧化碳，土壤裡有許多水或冰，二氧化碳給你CO_2，水給你H_2O，有了它們，你合成CH_4（甲烷）和O_2（氧），可以燃燒。所以問題全解決了。

「接著，其中一個關鍵問題是，你可以搭一節火箭到火星表面，並回到地球嗎？答案是可以，如果你將回航的酬載減至大約去程的酬載的四分之一，我認為是可行的，因為你想要運送到火星的東西，比你想要從火星運回地球的多很多。至於太空船方面，隔熱板、維生系統和支架將必須非常、非常輕。」

60. 馬斯克和萊莉離婚不到一年。「完成離婚手續的過程中，我拒絕與他說話，」萊莉說，「然後，等離婚手續完成，我們馬上又復合了。」至於離婚原因，萊莉表示：「我就是不快樂。我

認為或許我為我的人生做了錯誤的決定。」而又是什麼原因
讓她重新回到馬斯克身邊，萊莉說道：「其一是別無選擇。我
看看周遭，沒有好的對象。其二是伊隆的人生不必聽任何人
的話，誰都不用聽，他不聽任何不符合他的世界觀的事情，
但是他證明他願意承受我的所有不滿。他說：『讓我聽她說，
並想辦法解決這些事情。』他證明了，他重視我對生活裡的
事情的意見，而且願意傾聽。我認為這說明了這個男人 ——
他做了努力。而且，我愛他也想念他。」

61. 馬斯克回憶道：「我對她說：『我認為你是非常重要的。或
許那個報酬是對的，你需要放假兩週，我會評估那是否是真
的。』在這件事發生之前，我多次讓她去度假並支付所有的
費用，我真的想要她去度假。她回來時，我的結論就是，這
個關係再也行不通了。12年對於任何工作而言都是不錯的歷
練，她將為某人好好打拚。」根據馬斯克的說法，他提供公
司內的另一個職務給布朗，她拒絕了，不再出現在公司。馬
斯克給了她12個月的離職金，從此再也沒和她說過話。

62. 根據萊莉的說法：「伊隆有點放肆和好笑。他是富有情感的
人，他深愛他的孩子。他很有趣 —— 非常、非常、非常有
趣。他很難捉摸，真的是我碰過最奇怪的人。當他自我意識
覺醒且洞徹事理的時候，對我而言，看起來就像另一個人。
他會說一些放肆或好笑的話，並咧嘴大笑。他在各方面都
顯得很聰明。他非常博學，並且有這種不可思議的風趣機
智。他喜愛電影。我們去看新的樂高電影，之後他堅持被稱
為『經營之神』。（Lord Business；譯注：樂高電影裡的商業
總裁，他的真實身分是意圖統領樂高世界的最邪惡的經營之
神）。他試著早點回家和我及孩子們共進家庭晚餐，有時候
和這些男孩玩一些電腦遊戲。他們會告訴我們今天發生什麼

事情，然後我們會送他們上床睡覺。接著我們會聊天並用筆記型電腦一起看點類似《柯爾伯特報告》（Colbert Report；譯注：美國深夜脫口秀暨新聞諷刺性節目）的節目。週末時，我們會去旅遊。這些孩子們很會旅行，以前我們有許多保母，甚至有一個保母主管。現在事情比較正常了，我們盡量試著做家庭做的事情。孩子一週有四天跟著我們。我喜歡說我是風紀股長。我想要他們了解平凡的生活，但是他們過著非常奇怪的生活。他們剛與偶像歌手小賈斯汀（Justin Bieber）出遊，他們對於去火箭工廠的態度就像是：『噢！不要吧！又來了。』如果你的爸爸做這行，火箭並不酷，他們習慣了。

「人們不了解，伊隆有這種不可思議的天真浪漫。有時候他就是純粹開心，有時候他就是純粹生氣。當他感受某樣東西時，他如此全然而純粹地感受它，沒有別的可以加諸其上，很少人可以那樣做。如果他看到某件好笑的事情，他會笑得非常大聲。他不會意識到，我們是在擁擠的劇院，那裡還有別人。他就像個孩子，迷人而且不可思議。他會脫口而出：『我是複雜的人，有著非常簡單但是具體的需求。』或是『沒有人是孤島，除非他強大且堅強。』我們把想要做的事情列下來。他最新寫下來的是：黃昏時在海灘上散步，在彼此耳邊輕聲說著甜言蜜語，以及多騎幾次馬。他喜歡閱讀、玩電子遊戲，以及與朋友相聚。」

63. 喬維特森詳細說明：「伊隆有蓋茲的非凡工程能力，但是他有比較多的人際交流。你必須與蓋茲處於相同的頻率才能對話。伊隆在人際關係上比較有魅力。伊隆與賈伯斯一樣都不喜歡笨蛋，但是為賈伯斯工作比較像是英雄變狗熊的雲霄飛車，員工一路從受寵到失寵。我也認為，伊隆的成就比較高。」

財經企管 BCB598

鋼鐵人馬斯克

作者 —— 艾胥黎‧范思（Ashlee Vance）
譯者 —— 陳麗玉
事業群發行人／CEO／總編輯 —— 王力行
副總編輯 —— 周思芸
研發副總監暨責編 —— 張奕芬
內文審訂 —— 吳宗信、邱昱仁
封面設計 —— 張議文

出版者 —— 遠見天下文化出版股份有限公司
創辦人 —— 高希均、王力行
遠見‧天下文化‧事業群　董事長 —— 高希均
事業群發行人／CEO —— 王力行
出版事業部副社長／總經理 —— 林天來
版權部協理 —— 張紫蘭
法律顧問 —— 理律法律事務所陳長文律師
著作權顧問 —— 魏啟翔律師
社址 —— 台北市 104 松江路 93 巷 1 號 2 樓
讀者服務專線 ——（02）2662-0012
傳　真 ——（02）2662-0007；2662-0009
電子信箱 —— cwpc@cwgv.com.tw
直接郵撥帳號 —— 1326703-6 號　遠見天下文化出版股份有限公司

電腦排版／製版廠 —— 立全電腦印前排版有限公司
印刷廠 —— 祥峰印刷事業有限公司
裝訂廠 —— 源太裝訂實業有限公司
登記證 —— 局版台業字第 2517 號
總經銷 —— 大和書報圖書股份有限公司　電話／（02)8990-2588
出版日期 —— 2015 年 9 月 25 日第一版第一次印行

國家圖書館出版品預行編目(CIP)資料

鋼鐵人馬斯克 / 艾胥黎‧范思(Ashlee Vance)著
; 陳麗玉譯. -- 第一版. -- 臺北市 : 遠見天下文化,
2015.09
　面；　公分. -- (財經企管；BCB598)
譯自：Elon Musk : Tesla, SpaceX, and the Quest for a
Fantastic Future
ISBN 978-986-320-815-0(平裝)

1.馬斯克(Musk, Elon) 2.企業家 3.傳記 4.美國

490.9952　　　　　　　　　　　104016240

定價 —— 480 元
ISBN —— 978-986-320-815-0（英文版 ISBN：978-0-06-230123-9）
書號 —— BCB598
天下文化書坊 —— www.bookzone.com.tw
本書如有缺頁、破損、裝訂錯誤，請寄回本公司調換。
本書僅代表作者言論，不代表本社立場。